"十二五""十三五"国家重点图书出版规划项目

新 能 源 发 电 并 网 技 术 丛 书

陈志磊　秦筱迪　夏烈　包斯嘉 等　编著

光伏发电并网认证技术

U0217597

中国水利水电出版社

www.waterpub.com.cn

·北京·

内 容 提 要

　　本书为《新能源发电并网技术丛书》之一，从认证的定义、分类以及发展演化过程出发，对认证技术和认证行业的整体情况进行了系统阐述，并结合光伏发电并网存在的问题和认证的技术特点，首次将认证技术应用在光伏发电并网领域。书中对光伏发电产品并网检测认证技术和光伏发电站并网检测认证技术进行了介绍，对并网认证过程中的关键环节和技术手段进行了详细讲解，并选取具有代表性的光伏发电产品并网检测认证案例和光伏发电站并网检测认证案例进行实例分析。希望本书能够为光伏发电行业提供一种有效的质量管控技术手段，为保障我国光伏发电行业良性发展提供支撑。

　　本书对从事相关领域的研究人员、检测认证从业人员、电力公司技术人员、光伏发电系统运行人员等具有一定的参考价值，也可供光伏发电领域的工程技术人员借鉴参考。

图书在版编目（CIP）数据

光伏发电并网认证技术 / 陈志磊等编著. -- 北京：
中国水利水电出版社，2018.12
　（新能源发电并网技术丛书）
　ISBN 978-7-5170-7125-9

　Ⅰ．①光… Ⅱ．①陈… Ⅲ．①太阳能发电－认证－研
究 Ⅳ．①TM615

中国版本图书馆CIP数据核字（2018）第257589号

书　　名	新能源发电并网技术丛书 **光伏发电并网认证技术** GUANGFU FADIAN BINGWANG RENZHENG JISHU
作　　者	陈志磊　秦筱迪　夏烈　包斯嘉　等 编著
出版发行	中国水利水电出版社 （北京市海淀区玉渊潭南路1号D座　100038） 网址：www.waterpub.com.cn E-mail：sales@waterpub.com.cn 电话：（010）68367658（营销中心）
经　　售	北京科水图书销售中心（零售） 电话：（010）88383994、63202643、68545874 全国各地新华书店和相关出版物销售网点
排　　版	中国水利水电出版社微机排版中心
印　　刷	北京瑞斯通印务发展有限公司
规　　格	184mm×260mm　16开本　15.75印张　337千字
版　　次	2018年12月第1版　2018年12月第1次印刷
定　　价	**58.00**元

丛 书 编 委 会

本 书 编 委 会

主　　编　陈志磊

副 主 编　秦筱迪　夏　烈　包斯嘉

参编人员（按姓氏拼音排序）

胡文平　阚建飞　雷　震　梁志峰

林小进　马金辉　时　珉　孙维真

吴蓓蓓　徐亮辉　杨青斌　杨　忠

赵俊屹　周荣蓉

序 XU

随着全球应对气候变化呼声的日益高涨以及能源短缺、能源供应安全形势的日趋严峻，风能、太阳能、生物质能、海洋能等新能源以其清洁、安全、可再生的特点，在各国能源战略中的地位不断提高。其中风能、太阳能相对而言成本较低、技术较成熟、可靠性较高，近年来发展迅猛，并开始在能源供应中发挥重要作用。我国于2006年颁布了《中华人民共和国可再生能源法》，政府部门通过特许权招标，制定风电、光伏分区上网电价，出台光伏电价补贴机制等一系列措施，逐步建立了支持新能源开发利用的补贴和政策体系。至此，我国风电进入快速发展阶段，连续5年实现增长率超100%，并于2012年6月装机容量超过美国，成为世界第一风电大国。截至2014年年底，全国光伏发电装机容量达到2805万kW，成为仅次于德国的世界光伏装机第二大国。

根据国家规划，我国风电装机容量2020年将达到2亿kW。华北、东北、西北"三北"地区以及江苏、山东沿海地区的风电主要以大规模集中开发为主，装机规模约占全国风电开发规模的70%，将建成9个千万千瓦级风电基地；中部地区则以分散式开发为主。光伏发电装机容量预计2020年将达到1亿kW。与风电开发不同，我国光伏发电呈现"大规模开发，集中远距离输送"与"分散式开发，就地利用"并举的模式，太阳能资源丰富的西北、华北等地区适宜建设大型地面光伏电站，中东部发达地区则以分布式建筑光伏为主，我国新能源在未来一段时间仍将保持快速发展的态势。

然而，在快速发展的同时，我国新能源也遇到了一系列亟待解决的问题，其中新能源的并网问题已经成为社会各界关注的焦点，如新能源并网接入问题、包含大规模新能源的系统安全稳定问题、新能源的消纳问题以及新能源分布式并网带来的配电网技术和管理问题等。

新能源并网技术已经得到了国家、地方、行业、企业以及全社会的广泛关注。自"十一五"以来，国家科技部在新能源并网技术方面设立了多个"973""863"以及科技支撑计划等重大科技项目，行业中诸多企业也在新能源并网技术方面开展了大量研究和实践，在新能源并网技术方面取得了丰硕的成果，有力地促进了新能源发电产业的发展。

中国电力科学研究院作为国家电网公司直属科研单位，在新能源并网等方面主持和参与了多项国家"973""863"以及科技支撑计划和国家电网公司科技项目，开展了大量与生产实践相关的针对性研究，主要涉及新能源并网的建模、仿真、分析、规划等基础理论和方法，新能源并网的实验、检测、评估、验证及装备研制等方面的技术研究和相关标准制定，风电、光伏发电功率预测及资源评估等气象技术研发应用，新能源并网的智能控制和调度运行技术研发应用，分布式电源、微电网以及储能的系统集成及运行控制技术研发应用等。这些研发所形成的科研成果与现场应用，在我国新能源发电产业高速发展中起到了重要的作用。

本次编著的《新能源发电并网技术丛书》内容包括电力系统储能应用技术、风力发电和光伏发电预测技术、光伏发电并网试验检测技术、微电网运行与控制、新能源发电建模与仿真技术、数值天气预报产品在新能源功率预测中的应用、光伏发电认证及实证技术、新能源调度技术与并网管理、分布式电源并网运行控制技术、电力电子技术在智能配电网中的应用等多个方面。该丛书是中国电力科学研究院等单位在新能源发电并网领域的探索、实践以及在大量现场应用基础上的总结，是我国首套从多个角度系统化阐述大规模及分布式新能源并网技术研究与实践的著作。希望该丛书的出版，能够吸引更多国内外专家、学者以及有志从事新能源行业的专业人士，进一步深化开展新能源并网技术的研究及应用，为促进我国新能源发电产业的技术进步发挥更大的作用！

中国科学院院士、中国电力科学研究院名誉院长：周孝信

前言
QIANYAN

　　能源是人类经济与社会发展的基础。人类对能源的开发与利用经历了传统生物质、煤炭、油气时代，气候变化、环境安全、能源枯竭、公民健康等问题使能源的清洁替代成为全球的共识。开发利用太阳能已成为世界上许多国家可持续发展的重要战略方针。2017年，以中国、印度为代表的亚洲市场新增装机容量保持快速增长，并成为支撑全球光伏增长的重要力量，巴西、澳大利亚等新兴市场开始崭露头角，增长势头较为明显。截至2017年年底，我国光伏新增装机容量已连续5年世界第一，累计装机容量连续3年居世界第一，累计装机容量超过130GW，达到全球装机总容量（400GW）的三分之一。

　　随着光伏发电的快速发展，我国陆续出台政策文件加强对光伏发电产品及系统质量的管控。《国务院关于促进光伏产业健康发展的若干意见》（国发〔2013〕24号）提出："实行光伏电池组件、逆变器、控制设备等关键产品检测认证制度，未通过检测认证的产品不准进入市场。"《国家能源局关于印发光伏电站项目管理暂行办法的通知》（国能新能〔2013〕329号）指出："光伏电站项目应符合国家有关光伏电站接入电网的技术标准，涉网设备必须通过检测认证。"《国家能源局关于印发分布式光伏发电项目管理暂行办法的通知》（国能新能〔2013〕433号）指出："分布式光伏发电项目所采用的光伏电池组件、逆变器等设备应通过符合国家规定的认证认可机构的检测认证，符合相关接入电网的技术要求。"《国家认监委、国家能源局关于加强光伏产品检测认证工作的实施意见》（国认证联〔2014〕10号）明确要求"接入公共电网的光伏发电项目和享受各级政府补贴的非并网独立光伏发电项目，建设单位进行设备采购招标时，应明确要求采用获证产品。"近年来，国内外有关研究、检测机构开展了大量光伏发电检测认证技术研究和测试工作，为光伏发电检测认证工作的全面推广奠定了基础。

2010—2017年间受国家鼓励性政策的影响，分布式光伏发电、光伏"领跑者"基地、光伏扶贫工程等建设持续深入推进，我国实现了光伏发电装机总容量和新增总容量的双领先，光伏电站安装成本下降比例超过70%。2018年我国光伏"531"新政出台，进一步推动光伏发电实现平价上网。光伏发电装机量的持续增长带来的是并网光伏电站数量的快速增加，这给电网安全运行和有效消纳光伏发电量带来严峻的挑战。光伏电站安装成本的大幅下降，一方面是技术进步带来的成本下降；另一方面也增加了光伏发电产品和光伏电站并网安全质量下降的风险。如何有效管控光伏发电产品和光伏电站并网安全质量，保障光伏发电安全并网运行和有效消纳是光伏发电快速发展过程中急需解决的问题。

认证是确保产品质量的有效手段，是传递质量信任的途径，其出现已有百年历史，现已深入影响到人们生活的各个方面，如家庭用品、食品药品、工业产品等。在光伏发电领域，基于科学公正检测数据的认证是保障光伏发电产品质量，传递其质量信任的有效手段和途径。目前国内光伏发电行业在材料、光伏组件、平衡部件等环节都针对产品的安全质量引入了相应的认证模式和认证技术，然而在整个光伏发电行业最为重要的并网环节却存在认证的缺失。

光伏发电并网认证包括光伏发电产品并网认证和光伏发电站并网认证，是光伏发电行业认证的最后一个环节。本书将全面介绍光伏发电并网认证技术，针对认证过程中光伏产品和光伏电站性能无法全面客观掌握，性能质量无法有效传递的问题，研究设置了软硬件一致性核查、基于实测数据的电站整站性能评估等关键认证技术环节，从而实现光伏发电并网认证结果的有效与可靠。通过建立相应的并网认证制度，将实现我国光伏发电产品和电站并网性能的有效管控，实现整个光伏发电行业认证制度的闭环，并与国际接轨，为我国光伏发电装机容量快速增长，尽快保质保量实现平价上网提供技术支撑和管理保障手段。

本书共5章，其中第1章由周荣蓉、吴蓓蓓、陈志磊、阚建飞和马金辉编写，第2章由夏烈、周荣蓉、杨忠、徐亮辉和胡文平编写，第3章由包斯嘉、林小进、梁志峰、雷震、孙维真和时珉编写，第4章由吴蓓蓓、夏烈、陈志磊、赵俊屹和杨青斌编写，第5章由林小进、周荣蓉和陈志磊编写。在本书编写过程中得到了李红涛、董玮、刘美茵、李臻、张晓琳、郭重阳、姚广秀、张双庆、董颖华、沈致远等人员的大力协助，全书由陈志磊、秦筱迪、夏烈和包斯嘉等审稿，陈志磊统稿完成。

本书在编写过程中参阅了很多前辈的工作成果，引用了大量的标准和光伏逆变器型式试验与现场试验的运行数据，在此对中国电力企业联合会、国网青海省电力公司、国网甘肃省电力公司、国网山西省电力公司、国网河南省电力公司、复旦大学、合肥工业大学、阳光电源股份有限公司、华为技术有限公司等单位表示特别感谢。本书在编写过程中得到中国电力科学研究院王伟胜、丁杰、吴福保、朱凌志、张军军等专家的高度重视和帮助，在此一并表示衷心感谢！

限于作者的学术水平和实践经历，书中难免有不足之处，恳请读者批评指正。

作者

2018 年 11 月

目 录
MULU

第1章 认证技术现状

认证作为保障市场体制有效运转和促进国民经济健康发展的重要手段，为实现国家中长期总体发展战略做出了显著贡献。认证在国民经济和社会发展中的作用主要体现在保障市场经济体制有效运行；提升产品与服务的质量和管理水平；有利于开拓市场，降低交易成本，节约社会资源；提升企业和国民经济竞争力，提高政府管理社会经济的能力与效率；保障消费者权益，促进环境保护，维护社会和谐稳定等多个方面。

自中国国家认证认可监督管理委员会（简称"国家认监委"）成立以来，国内认证事业的发展取得了显著的成就，不仅对我国的现代化建设发挥了巨大推动和支撑作用，也形成了具有中国特色、适合我国国情的认证制度，构建形成了相对完善的认证认可体系，使我国认证认可工作水平整体迈入世界前列。

本章从认证的定义入手，对国内外认证体系、认证分类、认证发展的历史、国内外光伏发电认证机构的基本情况、国内外光伏发电并网标准、光伏发电当前遇到的问题以及并网认证在光伏发电中的作用等方面进行了阐述。

1.1 概述

1.1.1 认证的定义

认证（certification）的英文原意是"一种出具证明文件的合格评定活动"。《合格评定 词汇和通用原则》（ISO/IEC 17000：2004）中将认证定义为有关产品、过程体系或人员的第三方证明。《中华人民共和国认证认可条例》中对认证的定义是指由认证机构证明产品、服务、管理体系符合相关标准、技术规范或其强制性要求的合格评定活动。因此，从这些定义得出，认证的本质是独立于供方和需方的，由具有权威性和公信力的第三方依据一定的法规、标准和技术规范对产品、服务、体系、人员等进行合格评定，并通过出具书面证明确认评定结果的活动。

认证体系的基本结构如图 1-1 所示。

1.1.2 认证的分类

1. 按照认证对象分类

认证按照对象一般分为产品认证、体系认证、服务认证和人员认证四种类型，具体如下：

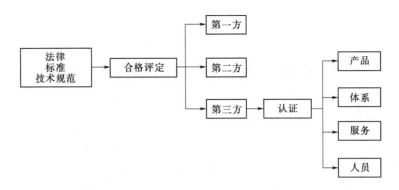

图 1-1　认证体系基本结构

（1）产品认证是指证明产品符合相应标准和技术要求的合格评定活动，认证过程需要经认证机构确认，并颁发认证证书和认证标识。产品认证的对象是特定产品。产品认证的依据和条件是产品质量应符合的相关标准，证明产品获准认证的方式是通过颁发产品认证证书和认证标志，认证标志可用于获准认证的产品上。

（2）体系认证是对组织的质量管理体系、环境管理体系以及职业健康安全管理体系等进行评定，依据已公开发布的管理体系标准和相关文件，经评定合格的企业可获得认证机构颁发的具有认证标志的体系认证证书，需注册公布并接受定期监督。体系认证的对象是企业的质量管理体系、环境管理体系、职业健康安全管理体系等。常见的体系认证一般有《供应链安全管理》（ISO/PAS 28000：2005）、ICTI 国际玩具业协会商业行为守则认证、《社会责任管理体系认证》（SA 8000：2001）、《危险物品进程管理系统要求》（QC 08000）、《汽车工业质量管理体系认证》（ISO/TS 16949：2002）、《食品卫生安全管理体系认证》（ISO 22000：2005/HACCP）、《医疗器械质量管理体系认证》（ISO 13485：2003）、《质量管理体系认证》（ISO 9001：2008）、《环境质量管理体系认证》（ISO 14000：2004）、《职业健康安全管理体系认证》（OHSAS 18000：1999）、森林认证 FSC 等。

（3）服务认证是证明服务符合相关的服务质量标准要求的合格评定活动。目前国家认监委批准的服务认证有商品售后服务评价体系认证、体育场所服务认证、汽车玻璃零配安装服务认证、环境服务认证等。商品售后服务评价体系认证是目前服务认证涉及面最多最广的服务认证。

（4）人员认证是证明从业人员能力符合规定要求的认证，以此表明获得认证的人员满足认证制度的要求。从事认证活动的人员符合相关程序规则的合格评定活动。人员认证制度包括对人员能力进行评估、监督和定期复评的承认活动。

2. 按照法规性质分类

认证按照法规性质还可分为强制性认证和自愿性认证两种。

（1）强制性认证，即法规性认证，是政府主管部门对相关产品强制性实施的合格评价活动，评价产品是否满足标准或技术规范的要求。强制性认证由政府机构强制执行，可有效保护消费者的人身安全和健康。在许多国家，强制性认证的要求是由政府机构独自制定的。中国强制性产品认证（China Compulsory Certification，CCC）是我国政府为保护消费者人身安全和国家安全，加强产品质量管理，依照法律法规实施的一种产品合格评定制度。

（2）自愿性认证，即非法规性认证，是企业自愿申请的认证活动。通过自愿性认证可表明企业的产品、服务等符合相关质量要求，提高企业的质量水平，提升企业的产品形象。

1.1.3　认证的发展史

认证自出现至今已有100多年的历史。19世纪初期，很多开展检测业务的公司已经出现。随着产品的交易数量和品种数量的增加，产品的结构、材料和性能也变得越来越复杂，安全问题增多，产品的安全性能使得公众意识到独立第三方的重要性。最早的认证活动出现于20世纪初，1903年，英国工程标准委员会（英国标准协会BSI的前身）依据国家标准，对英国铁轨进行认证并授予风筝标识，并在政府领导下正式开展规范性的认证工作，奠定了国家认证制度的里程碑。

从20世纪20年代开始，产品认证开始在世界范围内迅速开展，许多国家的认证机构都是在这个阶段建立的。第二次世界大战期间，美国大量生产军需产品，但出现了不少质量问题。因此，美国国防部第一次提出了工厂质量体系的保证要求，也就是后来在第二次世界大战后在英国、加拿大等国运用的质量体系认证。第二次世界大战结束后，由于西方发达国家之间的贸易日渐活跃，产品认证开始要求有统一的认证标准、评价方法和评价结果，产品认证逐渐普及到工业发达国家。20世纪60年代苏联和东欧国家开始采用产品认证，20世纪70年代其他一些国家才开始推行产品认证制度。1971年，国际标准化组织（International Organization for Standardization，ISO）成立了认证委员会（Committee on Certification，CERTICO），并于1985年更名为合格评定委员会（Committee on Conformity Assessment，CASCO）。认证活动和机构的日益增多，使认证日益受到各国政府的重视，相应的标准和技术法规纷纷开始制定实施，并演化成为后来的认证制度。

体系认证源自西方国家的质量保证活动。美国国防部于1959年首次提出了质量保证要求，规定军工企业需要编制实施《质量保证手册》，由政府对实施情况的有效性进行检查和评价。此后，这种质量管理方式逐渐被其他国家军工企业及民用企业采用并推广。认证机构对企业实施产品认证的同时开始对其质量管理体系进行评审。英国标准协会于20世纪70年代后期制定了《质量体系》（BS 5750—1979）标准，质量保证活动开始成为一种第三方的可独立实施的认证活动。1980年，国际标准化组织ISO成立了质量保证技术委员会从事质量保证工作。随即，"ISO 9000族"标准诞生，标志着体系认证制度的日益健全。此后，许多行业都开始建立自己的管理体系标准，如QS 9000汽车行业标准、AS 9000航天行业标准等。质量、安全、卫生和环境管理体系认证工作越来越受到人们的重视。

人员认证起源于体系认证。由于不同主体应用 ISO 9000 标准时理解的差异性，特别是应用到认证工作中，审核人员对于标准理解的不一致会对认证结果产生影响。因此，人员认证也逐渐被纳入认证的工作范围内。1985 年，英国建成了审核员注册委员会，以确认质量管理体系审核员的能力。此后，许多认证规范和标准对人员认证做出了规定。2004 年，ISO/IEC 17000：2004 将人员认证列入认证活动的范围。

国外主要认证机构基本情况见表 1-1。

表 1-1　　　　　　　　　　　国外主要认证机构基本情况

机　　构	业　　务	成立时间/年	国家
英国标准（British Standards Institution，BSI）	质量认证、体系认证	1901	英国
美国保险商试验所（Underwriter Laboratories Inc.，UL）	质量认证、体系认证、检测	1894	美国
必维国际检验集团（Bureau Veritas，BV）	质量认证、体系认证、检测	1828	法国
通用公证行（Societe Generale de Surveillance S. A，SGS）	质量认证、体系认证、检测	1878	瑞士
德国技术监督协会（Technischer Überwachungs Verein，TÜV）	质量认证、体系认证、检测	1863	德国
挪威船级社（Det Norske Veritas，DNV）	风险管理和专业认证	1864	挪威

我国认证制度的发展可分为以下阶段：

第一阶段（1981—1991 年）：1981 年，我国加入国际电子元器件认证组织，成立了中国电子元器件认证委员会，是我国第一个产品认证机构。20 世纪 80 年代中期至 90 年代初期，我国开始在各行业广泛推广认证制度，如家用电器、医疗器械、汽车、食品等众多行业。1988 年，参考 1987 版 ISO 9000 系列标准，我国制定发布了 GB/T 10300 质量管理体系系列标准，授权中国质量协会等机构对企业质量管理体系进行贯标试点。这一阶段，我国逐步形成依托原国家技术监督局系统以中国电工产品认证委员会（China Commission for Conformity Certification of Electrical Equipment，CCEE）为标志和依托原国家进出口商品检验局系统以中国商品检验局（China Commodity Inspection Bureau，CCIB）为标志的两套产品认证系统。

第二阶段（1991—2001 年）：1991 年 5 月，《中华人民共和国产品质量认证管理条例》颁布。针对国内市场的 CCEE 认证和针对进出口的 CCIB 认证全面建立和实施，强制性产品认证也开始全面推广。1992 年 10 月，GB/T 19000 质量管理体系系列标准正式发布。1992 年，出口商品生产企业质量体系（ISO 9000）工作委员会成立，并于 1997 年更名为中国国家进出口企业认证机构认可委员会（China National Accreditation Board，CNAB），从事质量管理体系认证机构的认可工作和认证人员的注册工作。1994 年，中国质量体系认证机构国家认可委员会（China National Accreditation Council for Registrars，CNACR）、中国认证人员国家注册委员会（China National Registration

Board for Auditors，CRBA）和中国实验室国家认可委员会（China National Accreditation Committee for Laboratory，CNACL）成立。1995 年，中国产品质量认证机构国家认可委员会（China National Accreditation Council for Products，CNACP）成立，负责对从事质量管理体系认证的认证机构、实验室和认证人员进行认可和注册。在该阶段，认证认可的法制化建设也得到了发展，《中华人民共和国标准化法》《中华人民共和国标准化法实施条例》等多个相关法律法规的颁布实施，在很大程度上保障了我国认证认可工作的良性发展。

第三阶段（2001 年至今）：2001 年 4 月，中国国家认证认可监督管理委员会（Certification and Accreditation Administration of the People's Republic of China，CNCA）正式成立，该委员会是由国务院批准组建并授权，对全国认证认可工作进行统一管理、监督和综合协调的主管机构。自国家认监委成立以来，我国认证认可事业的发展进入了统一监管的新时期，建立了强制性产品认证制度，加强了认证的法规化建设。2003 年 11 月，《中华人民共和国认证认可条例》颁布实施，不仅规范了认证认可活动，提高了产品、服务的质量和管理水平，同时也促进了经济和社会的发展。2005 年 9 月，中国认证认可委员会（China Certification and Accreditation Association，CCAA）成立，进一步对认证认可工作实行监管，并完善体制。2006 年 3 月，中国实验室国家认可委员会（China National Accreditation Board for Laboratories，CNAL）和中国认证机构国家认可委员会（China National Accreditation Board，CNAB）整合，成立了中国合格评定国家认可委员会（China National Accreditation Service for Conformity Assessment，CNAS），该机构是由 CNCA 批准设立并授权的国家认可机构，统一负责对认证机构、实验室和监察机构等的认可工作。

1.1.4　国内认证现状

我国认证事业发展经过不断的实践和探索已取得了显著的成就，形成了具有中国特色、适合我国国情的认证制度。我国认证体系的基本架构已经初步形成，既与我国社会主义市场经济体制改革发展方向要求相适应，也符合我国的国情特点和发展阶段，在我国国民经济和社会发展过程中发挥着重要的支撑和推动作用。

我国认证体系基本框架如图 1-2 所示。

根据《国家认监委关于发布自愿性认证业务分类目录及主要审批条件的公告》，为深入贯彻党的十八届三中全会决定精神，深化行政审批制度改革，按照简化审批、激发活力、创新发展的原则，国家认监委确定了认证机构审批改革方案。对认证业务分类及主要审批条件等有关事项作出规定。认证业务按照"认证类别""认证领域"和"认证项目"逐层分为三个层级。根据《认证认可条例》确定的原则，"认证类别"分为产品、服务和管理体系三个大类；按照专业划分"认证领域"，认证机构业务范围审批至领域；按照认证方案划分"认证项目"，认证项目按照认证规则备案方式进行管理。我国认证业务分类见表 1-2。

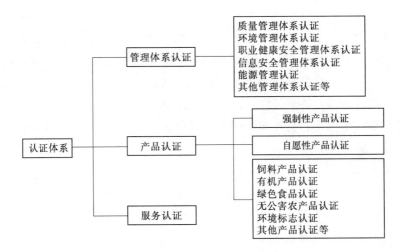

图1-2 我国认证体系基本框架

表1-2 我国认证业务分类

序号	认证类别	认 证 领 域		认证项目
1		农林（牧）渔；中药	一般食品农产品认证	绿色食品
2		加工食品、饮料和烟草		有机产品（出口类）
3		矿和矿物；电力、可燃气和水		
4		纺织品、服装和皮革制品		
5		木材和木制品；纸浆、纸和纸制品，印刷品		
6		化工类产品		
7		建材产品		
8		家具；其他未分类产品		
9		废旧物资		
10		金属材料及金属制品		
11	产品认证	机械设备及零部件	一般工业产品认证	
12		电子设备及零部件		
13		电动机、发电机、发电成套设备和变压器		
14		配电和控制设备及其零件；绝缘电线和电缆；光缆		
15		蓄电池、原电池、原电池组和其他电池及其零件		
16		白炽灯泡或放电灯、弧光灯及其附件；照明设备及其附件；其他电气设备及其零件		
17		仪器设备		
18		陆地交通设备		
19		水路交通设备		
20		航空航天设备		
21		其他（不包含在上述分类中，在 GB/T 7635.1、GB/T 7635.2 认证内容中其他涉及产品形成过程的）		

序号	认证类别	认证领域		认证项目
22	产品认证	无公害农产品	国家统一制订认证基本规范、认证规则的自愿性产品认证	
23		有机产品		
24		良好农业规范		
25		食品质量		
26		饲料产品		
27		低碳产品		
28		节能环保汽车		
29		环境标志产品		
30		信息安全产品		
31		电子信息产品污染控制		
32		可扩展商业报告语言（XBRL）软件		
33		光伏产品		
34	服务认证	无形资产和土地	一般服务认证	
35		建筑工程和建筑物服务		
36		批发业和零售业服务		
37		住宿服务；食品和饮料服务		
38		运输服务（陆路运输服务、水运服务、空运服务、支持性和辅助运输服务）		
39		邮政和速递服务		
40		电力分配服务；通过主要管道的燃气和水分配服务		
41		金融中介、保险和辅助服务		非金融机构支付业务设施技术认证
42		不动产服务		
43		不配备操作员的租赁或出租服务		
44		科学研究服务（研究和开发服务；专业、科学和技术服务；其他专业、科学和技术服务）		
45		电信服务；信息检索和提供服务		信息安全服务资质
46		支持性服务		
47		在收费或合同基础上的生产服务		
48		保养和修理服务		防爆电器设备检修服务 汽车玻璃零配安装服务
49		公共管理和整个社区有关的其他服务；强制性社会保障服务		
50		教育服务		
51		卫生保健和社会福利		
52		污水和垃圾处置、公共卫生及其他环境保护服务		

序号	认证 类别	认证 领 域		认证项目
53	服务 认证	成员组织的服务；国外组织和机构的服务	一般服务 认证	商品售后服务评价体系
54		娱乐、文化和体育服务		
55		其他服务		
56		家庭服务	国家统一 制订认证 基本规范、 认证规则 的服务 认证	
57		体育场所服务		
58		绿色市场		
59		软件过程能力及成熟度评估		
60	管理 体系 认证	质量管理体系		★●质量管理体系 GB/T 19001/ISO 9001
61				建筑施工行业质量管理特殊 要求 GB/T 50430
62				汽车行业实施质量管理的特 殊要求 TS 16949
63				汽车行业实施质量管理的特 殊要求 VDA6.X
64				航空产品设计和制造的质量 管理体系 AS 9100、AS 9110、 AS 9120
65				电讯业质量管理体系 TL 9000
66				医疗器械质量管理体系认证 ISO 13485
67				国际铁路行业质量管理体 系 IRIS
68				电气与电子元件和产品有害 物质过程控制管理体系认证 QC 080000
69		环境管理体系		★●环境管理体系 GB/T 24001/ISO 14001
70		职业健康安全管理体系		★●职业健康安全管理体系 GB/T 28001
71		信息安全管理体系		★●信息安全管理体系 GB/ T 22080/ISO 27000
72		信息技术服务管理体系		★●信息技术服务管理体系 GB/T 24405.1/ISO 20000
73		测量管理体系		★●测量管理体系 GB/ T 19022
74		能源管理体系		★●能源管理体系 GB/ T 23331
75		知识产权管理体系		★●知识产权管理体系 GB/ T 29490
76		森林认证		★●中国森林认证 CFCC

续表

序号	认证类别	认 证 领 域	认证项目
77	管理体系认证	食品农产品管理体系	★●食品安全管理体系 GB/T 22000/ISO 22000
78			零售商（和批发商）品牌食品审核标准认证 IFS
79			英国零售商协会全球消费品标准认证（BRC）
80			海洋管理理事会监管链标准认证 MSC
81			★●危害分析与关键控制点 HACCP
82			★●乳制品生产企业危害分析与关键点控制
83			★●乳制品生产企业良好生产规范
84		其他管理体系	商品和服务在生命周期内的温室气体排放评价规范 PAS 2050
85			
86			运输资产保护协会运输供应商最低安全要求（TAPA FSR 2011）
87			
88			静电防护标准 ESD 20.20
89			供应链安全管理体系 ISO 28000：2007
90			整合管理体系认证 PAS 99：2006
91			温室气体排放和清除的量化和报告的规范及指南 ISO 14064-1、ISO 14064-2、ISO 14064-3
92			清洁发展机制（CDM）
93			验证合格评定程序 VCAP
94			企业社会责任 SA 8000
95			森林认证 FSC
96			森林认证 PEFC

注：标注 ★ 的为管理体系认证领域内的基本审批项目；标注 ● 的为国家统一制订认证基本规范、认证规则的管理体系认证领域。

1.2 光伏发电行业认证现状

1.2.1 光伏发电并网认证概述

随着光伏发电行业的快速发展，光伏发电在电网中的装机容量、电力和电量占比快速增加，其带来的并网安全问题也日益凸显。为确保光伏电站并网性能与安全质量，光伏发电并网检测认证应运而生。2004 年，德国认证机构开始建立并实施新能源发电并网认证制度；2006 年德国、西班牙等新能源发电强国在"11·4"大停电后，开始认识到光伏、风电等新能源并网认证的重要性，并建立了一整套并网认证体系和认证制度。目前国际电工委员会（International Electrotechnical Commission，IEC）和欧洲电网运营商联盟（European Network of Transmission System Operators for Electricity，EN-TSO - E）已着手建立欧洲统一的并网标准和认证制度，国际电工委员会现已建立可再生能源认证体系（International Electrotechnical Committee Renewable Energy，IEC-RE），主要负责太阳能、风能和海洋能源领域的认证，目的是在 IEC 框架下通过国际技术标准和认证模式的统一来推动可再生能源领域的国际贸易与合作。

国内光伏行业作为新兴产业，近几年呈现爆发式增长态势。光伏组件、光伏逆变器等光伏发电产品生产企业一度达到千余家，由于缺乏统一监管，导致光伏产品质量良莠不齐，直接影响了光伏发电质量。为了明确光伏发电认证工作的必要性和重要性，国务院、国家能源局、国家认监委等机构发布实施了一系列的新能源政策文件，其中都明确光伏发电认证工作的必要性和重要性，如《国务院关于促进光伏产业健康发展的若干意见》（国发〔2013〕24 号）、《光伏电站项目管理暂行办法的通知》（国能新能〔2013〕329 号）、《分布式光伏发电项目管理暂行办法的通知》（国能新能〔2013〕433 号）、《国家认监委、国家能源局关于加强光伏产品检测认证工作的实施意见》（国认证联〔2014〕10 号）等。加强光伏产品检测认证和光伏发电站并网认证体系建设，规范光伏行业管理，是促进光伏产业健康、可持续发展，提高光伏产品质量，推动光伏产业技术进步，加快光伏产品更新换代和产业升级，保障用户及投资者利益的重要措施。国家通过完善光伏产品检测认证和光伏并网认证体系，严格执行检测认证制度和市场准入机制，为光伏产业发展创造良好的市场环境。

目前，我国在光伏发电认证领域存在认证环节缺失的现象。2016 年以前，国内在光伏产品领域主要以产品本体质量安全和电气性能方面的认证为主，几乎不涉及并网领域质量和性能方面的认证，在光伏电站并网领域更是没有相关的认证制度。光伏发电整个产业最重要也是最关键的并网环节缺少认证监管机制，给光伏发电大规模集中建设运行埋下了重大安全隐患，也给电网接纳光伏发电后的安全运行带来隐患。2016 年起，依托中电赛普检验认证（北京）有限公司，中国电力科学研究院开始在光伏发电领域建立光伏产品及光伏电站并网认证规则，以完善国内光伏发电认证制度，补齐认证环节。

光伏发电并网认证所依据的标准可以是 IEC 标准、国家标准、行业标准、其他国家标准等。国际认证是依据出口目的国家和地区的市场准入和认证规定的标准和要求开展。

光伏产品认证分为 6 个阶段，具体如下：

（1）产品认证申请：需要开展光伏并网认证的企业申请人提出认证申请，并提供认证所需材料。认证机构对申请人提交的材料评审合格后，安排企业送样至检测机构。

（2）产品型式试验：认证机构向检测机构下达测试任务后，检测机构依据相关标准开展并网性能型式试验，出具型式试验报告。

（3）工厂质量保证能力检查：认证机构安排检查人员开展工厂检查，检查合格后出具工厂检查报告。

（4）认证结果评定及批准认证证书：认证机构的合格评定人员收到并网型式试验报告和工厂检查报告后，对认证结果进行评定。认证机构最后根据评定结果签发认证证书。

（5）产品认证证书与标识的使用：获证企业应当在广告、产品介绍等宣传资料中正确使用产品认证标志。认证证书与标识的使用应遵守认证机构对标识使用的规定。

（6）获证后的监督：获证后，需按认证规则开展定期的认证监督。

光伏电站并网认证是对光伏电站并网性能进行认证，为采信方提供决策依据，降低并网风险。在光伏逆变器产品并网性能分级认证结果的基础上，通过对获证产品的现场一致性进行核查，结合电站现场实测数据，运用光伏电站模型参数仿真评估平台，按照"现场检查＋现场测试＋仿真分析＋获证后监督"的认证模式，对申请并网认证的"认证申请、资料审查、现场检查、建模仿真、现场测试、认证决定、持续监督"等流程进行全面评估。光伏电站的并网认证覆盖了《光伏发电站接入电力系统技术规定》（GB/T 19964—2012）标准要求的全部项目，认证结果能全面客观地反映光伏电站并网性能技术指标。

1.2.2　光伏发电并网标准

对于光伏发电产品而言，获得第三方认证，已经成为产品进入市场必不可少的环节。光伏发电产品认证是国家认可的认证机构对光伏产品是否符合相关标准的认证。标准是对重复性实物和概念所做的统一规定，是认证的依据和重要技术支撑，因此认证所依据的标准至关重要。目前国外光伏标准在光伏组件、平衡部件以及辅件等方面已经具备较为完备的标准体系，在光伏发电并网方面也基本建立了标准体系或发布了系列标准。国内积极采用 IEC 标准，基本形成了光伏组件、平衡部件等方面的标准体系，在光伏发电并网方面已经建立了较为全面的标准体系。本节主要对光伏发电并网标准进行介绍。

1. 国外光伏发电并网标准

（1）IEC 标准中光伏发电并网标准体系。IEC 组织机构中，IEC/TC 82（国际电工委员会太阳能光伏能源系统技术委员会）专门负责光伏相关国际标准制订工作。该工作组中，有众多来自世界各国的光伏领域专家，同时还有许多具有丰富电网工作经验的各国家专家。但由于 IEC 对各工作组工作范围的要求严格，因此 IEC/TC 82 更多地承担了光伏组件、光伏系统直流侧以及相关平衡部件等方面标准的制订工作。

目前部分 IEC 光伏发电并网标准见表 1-3。

表 1 - 3　　　　　　　　　　　　　　部分 IEC 光伏发电并网标准

标准号	标 准 名 称
IEC 61727：2004	《光伏系统供电机构接口要求［Photovoltaic（PV）systems - characteristics of the utility interface］》
IEC 62109 - 3：2017	《光伏电力系统用电力变流器的安全　第 3 部分：与光伏元件连接的电子设备的特殊要求（Safety of power converters for use in photovoltaic power systems - Part 3：Particular requirements for electronic devices in combination with photovoltaic elements）》
IEC 62116：2014	《光伏并网逆变器防孤岛测试方法（Utility - interconnected photovoltaic inverters - Test procedure of islanding prevention measures）》
IEC 62446 - 1：2016	《开网光伏系统　第 1 部分：并网系统文档、调试和检测最低要求［Grid connected photovoltaic（PV）systems - Part 1：minimum requirements for system documentation，commissioning tests，and inspection］》
IEC TS 62738：2018	《地面安装光伏电站设计导则和建议（Design guidelines and recommendations for photovoltaic power plants）》
IEC 62891：2017	《并网型光伏逆变器总效率（Overall efficiency of grid connected photovoltaic inverters）》
IEC TS 62910：2015	《并网光伏逆变器低电压穿越测试规程［Test procedure of Low Voltage Ride - Through（LVRT）measurement for utility - interconnected photovoltaic Inverter］》
IEC 62920：2017	《逆变器的电磁兼容性测试（EMC requirements and test methods for grid connected power converters applying to photovoltaic power generating systems）》
IEC 62446 - 2：2017	《并网光伏系统　第 2 部分　运行和维护［Grid connected photovoltaic（PV）systems - Part 2：Maintenance of PV systems］》

IEC SC8A（可再生能源接入电网）技术分委会由中国召集发起，于 2013 年 7 月正式成立，秘书处设在中国，中国电科院承担秘书处具体工作。IEC SC8A 主要负责可再生能源并网技术领域的国际标准化工作，涵盖可再生能源（包括风电、太阳能等）并网的术语和定义、并网技术要求、规划与设计、并网符合性试验与评价、功率预测、控制和保护、分析与评估等技术方向。该委员会的成立对促进未来大容量可再生能源发电发展具有重要意义，同时也成为国际组织培养人才、提升我国国际影响力的重要平台。

（2）欧美现有光伏发电并网标准体系。欧美等发达国家光伏发电并网标准制定相对较早，以美国、德国、澳大利亚、加拿大、英国、意大利等国家为代表，分别制定了符合各自国家和区域电网运行特性要求的光伏发电并网标准。

德国联邦能源与水经济协会（Bundesverband der Energie - und Wassarwirtschaft，BDEW）于 2011 年颁布了《德国光伏电站接入中压电网技术导则》（Guideline for generating plants' connection to and parallel operation with the medium - voltage network）。同年，VDE 测试认证研究院（VDE Testing and Certification Institute）发布了分布式发电系统低压并网标准《连接到低压配电网的发电系统—接入低压配电网且并联运行的最低技术要求 Power generation systems connected to the low - voltage distribution network - Technical minimum requirements for the connection to and parallel operation with low – voltage distribution networks》VDE – AR – N 4105。德国国内所有申请中压并网的光伏发电系统，尤其是并网核心部件如光伏逆变器都必须符合中压电网指令以及德国风能和其他可再生能源联盟(Förder Gesellschaft Windenergie，FGW) 发布的 TR3、TR4、TR8 技术要求。其中 TR3 是对中高压并网发电系统电气特性的评估，TR4 是对发电系统电气特性建模和仿真方面的要求，TR8 是对中高压发电系统电气特性的认证规范。德国在光伏并网发电的研究和应用上一直走在欧洲前列，因此，BDEW、VDE – AR – N 4105 和 TR3、TR4、TR8 也同时被欧盟其他国家认可作为中压并网和分布式低压并网方面的技术指引和要求。

美国的光伏发电并网产品需要满足 IEEE 1547—2003、IEEE 1547.1—2005 以及 UL 1741 标准要求，获得美国认可的实验室（Nationally Reoognized Testing Laboratory，NRTL) 或认证机构出具的测试报告即可申请并网。主要认证机构有美国电子测试实验室（Electrical Testing Laboratories，ETL)、美国保险商试验所（Underwriter Laboratories Inc.，UL) 等。另外美国有些州还有附加要求，例如作为光伏装机最多的加利福尼亚州，需要额外满足 RULE 21（美国加利福尼亚州电力公司并网要求）标准的测试，夏威夷州则需要额外满足 HECO 14H（夏威夷州电气公司并网要求）的要求。

欧美等各国主要光伏发电并网标准见表 1 – 4。

表 1 – 4　　　　　　　　欧美等各国主要光伏发电并网标准

国家	标准号	标 准 名 称
美国	FERC Order No. 2003	《发电系统互联法则规程标准化（Standardization of Generator Interconnection Agreements and Procedures)》
	FERC Order No. 2006	《小型发电系统互联法则规程标准化（Standardization of Small Generator Interconnection Agreements and Procedures)》
	IEEE Std 929	《推荐光伏系统公用接口的操作流程［IEEE Recommended practice for utility interface of photovoltaic（PV）systems IEEE]》
	IEEE 1547	《分布式电源与电力系统互连设备一致性（IEEE Standard for Interconnecting Distributed Resources with Electric Power Systems)》
	IEEE 1547.1	《分布式电源与电力系统互连设备一致性测试程序（IEEE Standard Conformance Test Procedures for Equipment Interconnecting Distributed Resources with Electric Power Systems)》
	IEEE 1547.2	《分布式电源应用指南（IEEE Application Guide for IEEE Std 1547™, IEEE Standard for Interconnecting Distributed)》
	IEEE 1547.3	《指导监测、信息交流和分布式电源的控制与互连电力系统（IEEE Guide for Monitoring, Information Exchange, and Control of Distributed Resources Interconnected with Electric Power Systems)》
澳大利亚	AS 4777.1	《采用逆变器的并网系统　第一部分：安装的要求（Grid connection of energy systems via inverters – Part 1：Installation requirements)》
	AS 4777.2	《采用逆变器的并网系统　第二部分：逆变器的要求（Grid connection of energy systems via inverters – Part 2：Inverter requirements)》
	AS 4777.3	《采用逆变器的并网系统　第三部分：电网保护的要求（Grid connection of energy systems via inverters – Part 3：Grid protection requirements)》

国家	标准号	标准名称
德国	VDE - AR - N4105	《连接到低压配电网的发电系统—接入低压配电网且并联运行的最低技术要求（Power generation systems connected to the low - voltage distribution network - Technical minimum requirements for the connection to and parallel operation with low - voltage distribution networks）》
	VDE V 0126 - 1 - 1	《发电机和公共低压电网之间的自动断开设备（Automatic disconnection device between a generator and the public low - voltage grid）》
	VDE V 0124 - 100	《发电厂的输电网集成低压与低压配电网络连接并操作并行的发电机组的试验要求（Network integration of generator systems - Low - voltage generator units - Test requirements for generation units to be connected and operated in parallel with low - voltage distribution networks）》
	TR3	《发电单元技术指导　第三部分　接入中压、高压、超高压电网的发电单元及系统技术导则（Technical guidelines for power generating units - part 3：Determination of Electrical Characteristics of Power Generating Units Connected to MV，HV and EHV Grids）》
	TR4	《发电单元技术指导　第四部分　发电单元及系统电气性能仿真建模及模型验证的技术需求（Technical guidelines for power generating units - part 4：Demands on Modelling and Validating Simulation Models of the Electrical Characteristics of Power Generating Units and Systems）》
	TR8	《发电单元技术指导　第八部分　接入中压、高压、超高压电网的发电单元及系统认证（Technical guidelines for power generating units - part 8：Certification of the Electrical Characteristics of Power Gernerating Units and Systems in the Medium -，High - and Highest - voltage Grids）》
加拿大	C22. 3 No. 9 - 08	《分布式电力供应系统互联标准（Interconnection of distributed resources and electricity supply systems）》
	C22. 2 No. 257 - 06	《基于逆变器的微电源配电网互联标准（Interconnecting inverter - based micro - distributed resources to distribution systems）》
英国	G83/1	《与公共低压配电网并联的小型嵌入式发电机（每相不超过16A）接入推荐规范［Recommendations for the Connection of Small - scale Embedded Generators（Up to 16A per Phase）in Parallel with Public Low - Voltage Distribution Networks］》
	G59/1	《与公共低压配电网并联的小型嵌入式发电机（包括三相每相16安培到5MW的发电机）接入推荐规范［Recommendations for the Connection of Small - scale Embedded Generators（covers generators from 16 Amps 3 Phase up to 5MW）in Parallel with Public Low - Voltage Distribution Networks］》
意大利	ENEL - Section F	《发电客户端与低压设备连接的意大利国家电力公司网络技术规范（Technical rules for connection of producer clients to the low tension ENEL networks）》
	CEI 0 - 21	《主动和被动的用户接入低压电网的技术导则（Reference technical rules for the connection of active and passive users to the LV electrical utilities）》
	DK 5940	《接入意大利国家电力公司配电网技术导则（Guideline for connections to ENEL distribution network）》
西班牙	PO 12. 3	《风电设备对电网骤降相应的技术要求（Requirements regarding wind power facility response to grid voltage dips）》

表1-4中大部分并网标准是将多种发电形式的接入要求统一在其中，如风电、光伏发电、小型电源等，且多数为针对分布式电源接入低压电网的技术规定和测试规程，这与欧美等国大力发展户用分布式光伏发电的发展模式有关。目前德国TR3是上述可用于光伏发电并网标准中可作为集中式大型光伏发电站并网的技术要求和测试依据。目前世界各国都在积极制定和修订光伏发电并网标准，预计在未来几年会陆续发布一些适用于集中式大规模光伏发电并网的技术标准和管理规定。

2. 国内光伏发电并网标准

为推进我国光伏标准化工作，国家标准化管理委员会于2009年12月成立了光伏发电产业化标准推进组。光伏发电产业化标准推进组下设材料、电池和组件、系统和部件、并网发电四个工作组。中国电力企业联合会作为推进组并网发电工作组组长单位，负责光伏并网发电标准化日常管理工作。并网发电工作组涵盖电网公司、发电集团公司、设计单位、工程公司、科研单位、制造单位、大专院校等方面代表。截至2018年，光伏并网发电工作组已发布和在编各类标准160项。覆盖电站设计、电站施工、工程验收、调度运行控制、技术要求、试验检测、检修维护、评估评价、监督管理等各环节。截至2018年，我国在光伏发电并网领域已正式发布国家标准29项，行业标准36项。

为做好光伏并网发电标准工作，中国电力企业联合会联合中国电力科学研究院、国网电力科学研究院和中国标准化研究院，共同开展了《光伏并网发电关键技术标准研究》质检公益性行业科研专项标准化项目研究。该项目分析研究了国内外光伏并网发电标准，构建出一套科学合理的光伏并网发电标准体系，制定多项符合我国国情的光伏发电并网标准，包括光伏发电并网的技术要求、检测方法和并网电站验收要求等关键技术标准，其中国家标准14项、行业标准10项。

我国光伏并网标准制定相对较晚，是在参考IEC、IEEE系列国际标准以及已有的风电相关标准的基础上制定的，2011年颁布实施了《光伏电站接入电网技术规定》（Q/GDW 617—2011）和《光伏电站接入电网测试规程》（Q/GDW618—2011）两项国家电网企业标准。2013年正式实施的国家标准《光伏发电站接入电力系统技术规定》（GB/T 19964—2012）和《光伏发电系统接入配电网技术规定》（GB/T 29319—2012），目前是我国光伏电站接入电网最重要的技术标准。

国家标准和行业标准的制定和发布初步建立了我国光伏发电并网标准体系，对于光伏发电规划、计划制订、管理评价、技术开发、产品生产和认证等活动起到指导作用。统一标准的广泛应用，将为光伏发电行业发展指明方向，为生产实践提供技术依据，有利于我国光伏产品的质量评价和技术提升，有助于整个光伏发电市场的规范化发展，从而使光伏发电行业获得巨大的经济效益和社会效益。

3. 光伏发电并网标准适用范围

针对我国光伏电站发展状况，国家电网公司2011年颁布的企业标准对光伏电站按照电压等级进行划分。接入380V及以下电压等级电网的光伏电站划分归为小型光伏电站；接入

10～35kV 电压等级电网的光伏电站划分为中型光伏电压；接入 66kV 以上电压等级电网的划分为大型光伏电站。在这些企业标准中分别对小型光伏电站和大中型光伏电站提出了不同的并网要求。而 2012 年颁布的国家标准则是根据光伏电站接入电网输电侧或配电侧分别编制了两套标准，在这两套标准中又根据接入电网的电压等级进行了划分：通过 35kV 及以上电压等级并网，以及通过 10kV 电压等级与公共电网连接的为光伏电站；通过 380V 电压等级并网，以及通过 10（6）kV 电压等级接入用户侧的为光伏发电系统。

美国的光伏并网标准首先是根据光伏电站的规模进行划分的。FERC order 2003 是对大于 20MW 的发电系统接入电网时的要求，FERC 2006 是对小于 20MW 的发电系统接入电网时的要求，Rule 21 是加州针对电力零售市场的要求。

德国标准光伏并网的技术要求也是根据接入电网的电压等级进行分类的，如 BDEW—2008 中规定中压电网为额定电压大于 1kV 并小于 60kV 的电网。

光伏发电并网标准适用范围见表 1－5。

表 1－5　　　　　　　　　　光伏发电并网标准适用范围

标准编号	标 准 名 称	适 用 范 围
Q/GDW 617—2011	《光伏电站接入电网技术规范》	适用于接入 380V 及以上电压等级电网的新建或扩建并网光伏电站包括有隔离变压器与无隔离变压器连接方式。不适用于离网光伏电站
GB/T 19964—2012	《光伏发电站接入电力系统技术规定》	适用于通过 35kV 及以上电压等级并网以及通过 10kV 电压等级与公共电网连接的新建、改建和扩建光伏电站
GB/T 29319—2012	《光伏发电系统接入配电网技术规定》	适用于通过 380V 电压等级接入电网以及通过 10（6）kV 电压等级接入用户侧的新建、改建和扩建光伏发电系统
FERC order 2006	《小型发电机互连协议及程序标准化（Standardization of Small Generator Interconnection Agreements and Procedures）》	FERC order 2003 是对大于 20MW 的发电系统接入电网时的要求，FERC 2006 是对小于 20MW 的发电系统接入电网时的要求。两者都是针对电力批发市场的，电力零售市场由美国各州制定相应的标准，标准主要阐述接入电网的流程，各方需要进行的动作，没有具体技术和测试要求
FERC order 2003	《发电机互连协议及程序标准化（Standardization of Generator Interconnection Agreements and Procedures）》	
SDG&E Rule 21	《非公共事业发电互连标准（Interconnection Standards for Non-utility Owned Generation）》	Rule 21 是加州针对电力零售市场的要求，用于接入分布式电网时的情况
IEEE 1547—2003	《分布式资源与电力系统互连设备一致性测试程序（IEEE Standard for Interconecting Distributed Resources with Electric Power Systems）》	适用于公共连接点的总容量为 10MVA 及以下的分布式能源
VDE-AR-N4105：2011	《连接到低压配电网的发电系统—接入低压配电网且并联运行的最低技术要求（Interconnecting Distrbuted Resources with Electric Power Systems）》	适用于所有与低压电网连接的发电站，包括发电站的新建、运营、增容、改造

续表

标准编号	标准名称	适用范围
BDEW Technical Guideline Generating Plants Connected to the Medium-Voltage Network—2008	《德国光伏电站接入中压电网技术导则（Guideline for generating plants' connection to and parallel operation with the medium-voltage netwok)》	适用于在规划、建设、运行和改造的接入中压电网运行的发电站，也适用于如果发电站的并网点在低压电网，同时公网的接入点是在中压电网中。这里发电站并入低压电网，指无公共电源接入，通过独立终端变压器连接到中压电网，但接入点在高压或特高压电网的发电站。本导则同样适用于电站组成部分的接入辅助装置

4. 光伏发电并网标准的展望

后续国内光伏发电并网标准体系将进一步完善，已立项标准将陆续发布，新标准的制定和修订工作也将继续开展。针对目前国内标准大多是推荐标准，执行力度不够的情况，酌情考虑将一些关键技术标准转化为强制标准。针对已有标准技术条款过时，无法满足光伏发电并网需要的情况，需开展标准修订工作，以适应技术发展现状。

在立足国内标准制定的基础上，积极参加国际标准化组织活动。目前我国已经是世界光伏大国，但还不是光伏强国，在国际标准化组织中所拥有的话语权与我国光伏大国地位并不相称。在光伏产业受到世界广泛关注的今天，必须确立我国在国际标准化组织中的地位，以增强我国在国际标准化组织中的影响力。与此同时，可同步开展已有 IEC 标准转化工作，积极利用国际先进成熟的标准来弥补国内标准的缺失。

1.2.3 光伏行业认证机构介绍

随着光伏行业的发展，世界各国都开始建立光伏发电检测能力，成立相应的认证机构或在现有认证机构的基础上扩展光伏发电认证能力，开拓光伏发电认证市场。其中一些比较知名的认证机构经过多年的技术创新和沉淀，具备了较高的检测认证能力水平，为光伏发电行业的快速发展提供了有效的质量保障手段。随着我国逐步成为光伏发电产业大国，光伏发电产业链催生出的检测认证需求日益旺盛，随之带来的是我国光伏产品检测和光伏发电站并网认证行业的迅速发展。

1. 国外的光伏发电认证机构

（1）德国技术监督协会（Technischer Überwachungs Vereine，TÜV）。TÜV 标志是德国 TÜV 专为元器件产品定制的一个安全认证标志。TÜV 主要开展光伏认证的机构主要有 TÜV SUD、TÜV Rheinland、TÜV NORD。TÜV SUD 拥有悠久的认证历史，能够提供完善的光伏产品测试和认证服务。检测和认证产品涵盖地面用晶体硅电池组件、地面用薄膜电池组件、接线盒、连接器、光缆、背板、逆变器。TÜV Rheinland 是全球最权威的第三方认证机构之一，测试产品包括晶体硅电池组件、地面用薄膜电池组件、聚光太阳电池组件、控制器、逆变器、离网系统、并网系统等。TÜV NORD 提供太阳能板、多晶硅、逆变器等产品的全套测试和认证。

（2）德国电气工程师协会（Verband Deuscher Elektrotechniker，VDE）。VDE 是德国电气工程师协会（现已改名为电子电器信息技术协会）的简称，在许多国家 VDE 认证标志尤其被进出口商看重和认可。VDE 在光伏领域的主要业务涵盖光伏组件、光伏系统、逆变器、安装系统、连接器等，主要市场在德国、中国、美国、日本以及韩国。

（3）美国保险商试验所（Underwriter Laboratories Inc.，UL）。UL 是一个独立的公共安全专业试验机构，主要业务为安全试验和鉴定。UL 为世界上首个开展光伏产品安全认证研究的第三方测试机构，并制定了世界首个平板型光伏组件的安全标准 UL 1703。

（4）国际电工委员会电工产品合格测试与认证组织（IEC System of Conformity Assessment Schemes for Electrotechnical Equipment and Components，IECEE）。IECEE 是在国际电工委员会（IEC）授权下开展工作的国际认证组织，IECEE 的电工产品测试证书的相互认可体系（CB 体系）是 IECEE 建立的一套电工产品全球互认体系。2003 年光伏产品被纳入 IECEE，成为 CB 体系中的 PV 产品类别。

（5）国际电工委员会可再生能源认证体系（International Electrotechnical Committee Renewable Energy ，IECRE）。主要负责太阳能、风能和海洋能源领域的认证，目的是在 IEC 框架下建立针对可再生能源的系统、关键设备和服务的评价体系，通过国际技术标准和认证模式的统一性来推动可再生能源领域的国际贸易与合作。此外，国家认监委作为中国国家成员机构加入了该体系的风能和太阳能两个分领域。

（6）国际电工委员会电子元器件质量评定体系（International Electrotechnical Commission Quality Assessment System for Electronic Components，IECQ）。IECQ 是全世界对电子元器件进行的唯一认证。IECQ 认证属于独立的第三方认证，采用最完整的质量认证形式。国内外企业均可申请 IECQ 质量认证（包括 ISO 9000 体系认证和/或产品认证）。

（7）英国微型发电产品认证（Microgeneration Certification Scheme，MCS）。MCS 是英国微型光伏系统的专业认证。英国在实行一个特殊计划：由英国微型发电产品认证计划委员会来管理补贴发放。MCS 是有政府背景的独立机构，为微型发电产品，进行标准认证。

（8）加拿大标准协会（Canadian Standards Association，CSA）。CSA 成立于 1919 年，是加拿大首家专为制定工业标准的非盈利性机构。在北美市场上销售的电子器件、电器、卫浴、燃气等产品都需要取得安全方面的认证。目前 CSA 是加拿大最大的安全认证机构，也是世界上最著名的安全认证机构之一。2007 年，CSA 开始从事逆变器的认证，并于 2008 年拓展到光伏组件的测试和认证。2009 年，CSA 正式在温哥华成立全球首个太阳能光伏实验室。在我国，CSA 目前可以依据 CSA、UL 及 IEC 标准对太阳能电池板、控制面板、逆变器、跟踪设备和汇流箱等开展测试和认证。

（9）天祥（Intertek）集团。天祥集团最初主要开展性能检测和安全认证的业务，

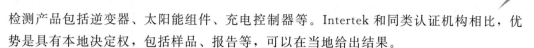

检测产品包括逆变器、太阳能组件、充电控制器等。Intertek 和同类认证机构相比，优势是具有本地决定权，包括样品、报告等，可以在当地给出结果。

（10）日本电气安全环境测试实验室（Japan Electrical Safety & Environment Technology Laboratories，JET）。JET 认证主要是针对大型屋顶、地面电站项目，该认证侧重于电气产品的安全性、可靠性和并网性能测试，想要获得 JET 认证很困难，逆变器产品目前只有很少的企业获得该认证。

除了上述几个国际机构外，国外知名的光伏认证检测机构还包括法国必维（Bureau Veritas，BV）、瑞士通用公证行（Societe Generale de Surveillance S. A.，SGS）、德国劳氏船级社（Germanischer Lloyd，GL）等。

2. 国内的光伏发电认证机构

（1）中国质量认证中心（China Quality Certification Centre，CQC）。CQC 是经中央机构编制委员会批准，由国家质量监督检验检疫总局设立，委托国家认证认可监督管理委员会管理的国家级认证机构。业务范围涵盖强制性产品认证（CCC 认证）、CQC 标志产品认证、中国推行的自愿性认证、管理体系认证、专业性培训和国际认证业务。

（2）北京鉴衡认证中心（China General Certification Center，CGC）。CGC 由中国认证认可监督管理委员会批准成立，由中国计量科学研究院组建，被授权从事燃气具、太阳能热水器、太阳能电池及电子电器部件等产品质量认证的第三方认证机构。

（3）中电赛普认证中心（北京）有限公司。中电赛普认证中心（北京）有限公司是唯一一家实施新能源发电并网认证的第三方认证机构。业务范围包括风电及太阳能发电并网认证、技术检测、技术开发、技术服务。

随着光伏发电行业的快速发展，光伏产品的检测和认证服务越来越受到重视，光伏产品的认证机构也越来越多。光伏认证机构的日益增多，不仅有助于我国光伏领域标准的制定，还进一步推动了我国光伏产业的蓬勃发展。

1.3 光伏发电并网认证的作用

1.3.1 光伏发电并网问题

由于我国太阳能资源与电力负荷在空间上存在逆向分布的特点，因此我国光伏发电的开发模式主要有两种：一种是"大规模集中开发、中高压接入、高压远距离外送消纳"；另一种是"规模化分散开发、低压接入、就地消纳"。由于国情的限制，我国在光伏发电发展建设之初选择了在西北太阳能资源富集的地区采取"大规模集中开发，高压远距离输送"的开发模式。同时光伏发电站技术门槛低、建设周期短，与电网建设进度不同步，经过几年的大规模建设之后，出现了光伏电站并网安全、光伏发电送出消纳、光伏发电站运行管理等问题，使得光伏发电发展与电网安全运行之间的矛盾日益突出，主要存在如下问题。

1．入网技术问题

随着光伏电站大规模集中建设的推进，其在并网方面存在的问题主要集中在接入安全、运行控制、有效消纳三个方面。

（1）接入安全方面。由于光伏发电具有强随机性、强相关性、弱支撑性和低抗扰性的特点，使其安全运行非常困难。随着光伏发电的大规模集中建设，装机容量占比迅速增加，光伏发电在电力系统中的角色已经从"无足轻重"转变为"举足轻重"，因此为了降低光伏发电对电网运行的影响，发挥其现有电源角色的作用，需要其在"故障穿越能力""运行适应性""功率控制能力"等方面对电网运行起到支撑作用。

目前光伏逆变器大都已通过实验室型式试验，其单机并网性能已经得到验证，但对于光伏电站整站并网性能却无法有效验证，加之部分电站在建设过程中存在设备质量"减配"等现象，使整站并网性能参差不齐，给光伏电站接入电网后的安全运行带来极大隐患。

（2）运行控制方面。精确的电网运行方式计算是电网运行方式决策的基础。由于目前没有光伏电站的精确模型，在进行电网运行方式计算时，通常采用等值的替代模型来进行计算，而等值的替代模型不能客观准确反映光伏电站的运行状况，随着装机容量的增加，计算误差越来越大，将直接影响电网运行方式决策，给电网运行安全性和经济性带来重大影响。

（3）有效消纳方面。由于光伏电站缺失精确模型，在进行安全消纳分析时，为保证电网安全运行，通常在计算时留有较大的安全裕度，从而影响了光伏发电的有效消纳。对于光伏发电的有效消纳目前采用"一刀切"的调控方式开展，对电站缺乏有效的发电能力等级评价体系，对待发电性能优异的"优质电源"和发电性能较差的"劣质电源"没有区别对待，给发电企业积极提升发电质量带来消极影响。

2．入网管理问题

随着大规模光伏电站接入电网，其在入网管理方面存在的问题主要集中在入网审核、检测资质及技术水平三个方面。

（1）入网审核方面。目前我国各地区对新能源场站接入电网的审核要求不统一，存在"有松有紧、程度不一"的现象，使各地区接入电网的新能源场站并网性能存在优劣差异。除个别地区对新能源场站有全项入网检测要求外，多数地区仅对电能质量、有功功率控制、无功功率控制3个检测项目有明确要求。对于对电网和新能源场站安全运行影响较大的电网适应性、故障穿越能力等检测项目，只审核光伏逆变器型式试验报告，未对整站性能有其他形式的审核和性能把关。

（2）检测资质方面。目前各地区对开展新能源场站入网检测相关机构的检测资质无明确要求，部分地区存在有无资质检测机构参与检测并出具检测报告的现象，使新能源场站并网检测流于形式。试验检测结果无法从体系规范性以及计量校准等方面得到有效的保障，存在较大的检测结果不确定性。

（3）技术水平方面。新能源发电较常规电源发展较晚，在各地区专业配置中都属于新专业，无法与具有多年理论和实践经验积累的传统发电专业相比。同时，由于各地区新能源发展程度以及技术实力存在差异，使得各地区针对新能源的入网检测能力和试验技术水平参差不齐。

1.3.2 认证在光伏发电并网中的作用

认证是提高和保证光伏发电产品及系统质量的重要手段。光伏发电并网性能认证可有效解决光伏发电并网问题，包括光伏发电产品并网性能认证和光伏发电站并网性能认证。

1. 光伏发电产品并网性能认证的作用

光伏发电并网性能认证的作用主要体现在以下方面：

（1）保证产品并网性能的一致性。认证机构通过质量保证能力检查、现场一致性检查等手段，保证了生产者所生产的光伏发电产品和型式试验或产品检验的样品的并网性能一致性。

（2）保证并网产品的并网质量，指导消费者选购并网性能符合标准要求的商品。供方（生产商、零售商、仓库等）通过使用产品认证，向市场表明第三方的参与，使相关方相信有关标准要求已经得到满足，指导消费者选购符合标准要求的产品。

（3）提高光伏发电站接入电网后的安全可靠性。光伏发电产品并网性能的好坏直接影响了光伏发电站的整站并网性能，因此光伏发电站使用通过认证的光伏发电产品，能够提高光伏发电站接入电网后的安全可靠性。

2. 光伏发电站并网性能认证的作用

光伏发电站并网性能认证通过对光伏发电站的整体并网性能进行全面评价，最终给出认证决定，并在一段时期内持续监督，保证光伏发电站并网性能持续满足标准要求。认证结果能够为电网企业在进行电力调度时提供决策依据，保证大规模光伏发电接入电网后的安全运行，促进光伏发电"并得上、发得出、能消纳"。光伏发电站并网性能认证的作用主要体现在以下方面：

（1）保证电站接入后电网的安全稳定运行。通过开展光伏发电站并网认证工作，为光伏发电站提供现场测试以及建模评估等服务。现场通过对光伏发电站电能质量、功率控制等方面的测试，保证电站并网性能满足要求。通过对整站"故障穿越能力""运行适应性"进行仿真评估，保证了电网故障时，电站能够不脱网运行。

（2）支撑电网运行控制。通过开展光伏发电站并网认证工作，为采信方（如电网调度机构）提供光伏发电精确模型，辅助电网调度机构进行电网运行方式决策。通过获得电站实测校验模型，取代典型模型，在进行电网运行方式计算时，客观准确反映光伏电站的运行状况，减小计算误差，支撑电网运行方式决策，提高电网运行的安全性和经济性。

（3）缓解当前消纳问题。通过开展光伏发电站并网认证工作，为光伏发电站提供并网性能、运行维护水平、人员资质等方面的评估，对光伏发电站进行分级认证。认证结果可为采信方（如电网调度机构）在现有的消纳能力内优先调度优质光伏发电站提供决策依据，有助于缓解当前光伏发电消纳矛盾。

（4）为调度机构对光伏发电监管提供手段。通过开展光伏发电站并网认证工作，为光伏发电站并网性能提供全环节、全要素、长时间尺度的有效监督，保证电站并网性能持续符合电网要求。

第2章 光伏发电产品并网认证

产品认证分为强制性认证和自愿性认证两种。一般来说，对有关人身安全、健康和法律法规有特殊规定的为强制性认证，即"以法制强制执行的认证制度"。我国从 2002 年起实行 3C（China Compulsory Certification）强制认证制度，并颁布了第一批认证产品目录，对列入目录的产品实行强制认证，其他产品实行自愿性认证制度。光伏发电并网产品因未列入强制认证产品目录，可以选择做自愿性产品认证。

2006 年 1 月 1 日，我国颁布了《中华人民共和国可再生能源法》，鼓励风能、太阳能、水能、生物质能、地热能、海洋能等非石化能源的开发和利用，截至 2006 年年底，全国累计光伏装机容量 81MW。2009 年国家能源局开展"金太阳"工程，对光伏发电项目给予 50％或以上的投资补助，住房和城乡建设部（简称住建部）开展"光电建筑应用示范"项目，分别批准了 206MW 和 152MW 的光伏发电项目。截至 2010 年年底，全国累计光伏装机容量达到了 893MW。2011—2012 年，美国针对我国光伏产品实施"双反"调查，给我国光伏产业带来了巨大的负面影响。为使国内光伏企业走出内忧外患的困境，国家能源局在 2012 年 7 月颁布《太阳能发电发展"十二五"规划》，明确了建设光伏电站是光伏企业开拓国内市场的关键性举措，是未来国内光伏产业发展的重要方向。2013 年 7 月 15 日国务院发布《关于促进我国光伏产业健康发展的若干意见》，这之后国家发展和改革委员会（简称发改委）、财政部、工业和信息化部（简称工信部）、国家能源局、住建部等多个部委支持和规范光伏产业发展的政策性文件密集出台，国内光伏产业进入飞速发展时期。截至 2016 年年底，全国光伏发电新增装机容量 3454 万 kW，2017 年分布式光伏发电与集中式光伏发电可谓是"两翼齐飞"，分别新增 19.44GW 和 33.62GW。截至 2017 年年底，全国累计光伏装机容量 130.25GW，占全国总电源装机容量的 7.3％，共有 10 个省份装机容量超 7GW，其中山东最多，达 10.52GW。光伏发电装机容量不断增加，连续几年出现"6.30""12.30"抢装潮，导致设备生产、电站施工质量下降，度电成本不断降低，压缩企业利润空间，光伏并网关键设备质量堪忧。

回顾我国光伏产业十几年的发展之路，光伏发电并网产品作为光伏电站的关键设备，其检测认证的必要性已经获得行业的普遍认可。

2.1 概述

光伏发电并网产品认证，就是在特定认证实施规则范围内，依据某一个或多个产品标准和技术要求对光伏发电并网产品的并网性能进行检测，对该产品的生产企业进行审查，经认证机构确认并通过颁发认证证书和认证标志来证明其符合特定标准和技术规范的活动。该认证由认证机构根据《产品、过程和服务认证机构要求》（CNAS CC02）以及中国合格评定国家认可委员会发布的各类文件，结合认证机构发布的认证实施规则进行。

按照国际标准化组织（ISO）的定义，认证模式可以分为八种，具体如下：

第一种认证模式：型式试验。按规定的方法对产品的样品进行试验，以验证样品是否符合标准或技术规范的全部要求。

第二种认证模式：型式试验＋获证后监督（市场抽样检验）。市场抽样检验是从市场上购买样品或从批发商、零售商的仓库中随机抽样进行检验，以证明认证产品的质量持续符合认证标准要求。

第三种认证模式：型式试验＋获证后监督（工厂抽样检验）。工厂抽样检验是从工厂发货前的产品中随机抽样进行检验。

第四种认证模式：第二种认证模式＋第三种认证模式。

第五种认证模式：型式试验＋工厂质量体系评定＋获证后监督（质量体系复查＋工厂和/或市场抽样检验）。

第六种认证模式：工厂质量体系评定＋获证后的质量体系复查。

第七种认证模式：批量检验。根据规定的抽样方案，对一批产品进行抽样检验，并据此对该批产品是否符合要求进行判断。

第八种认证模式：100％检验。

光伏发电并网产品由于是批量生产的硬件产品，对电网安全又尤为重要，适用于第五种认证模式，这种认证模式可促使企业在最佳条件下持续稳定地生产符合标准要求的产品，也是各国普遍采用的认证模式。目前我国强制性产品认证制度以及其他产品认证（比如自愿性认证、专项产品认证等）主要采用第五种认证模式。对于这种产品认证模式，ISO/IEC 导则 28《典型第三方产品认证制度通则》中明确规定应包含型式试验、质量管理体系评定、监督检验和监督检查四个基本要素。前两个要素是获取认证的必备条件，后两个要素是获取认证后的监督措施。光伏发电并网产品认证流程如图 2-1 所示。

1. 认证申请与评审

认证申请是认证活动的第一步，申请人可以是产品的生产者、销售者和进口商。申请人应具有法人地位，并承诺在认证过程中承担相应的责任和义务。

认证机构应该向认证委托人明确其应该具备的条件，并按照要求向认证机构提交相应的资料。认证委托人提交资料后，认证机构对符合要求的认证委托在 5 个工作日内进行资料评审并保存评审记录。

认证委托人至少应该具备以下条件：

（1）取得国家工商行政管理部门或有关机构注册登记的法人资格。

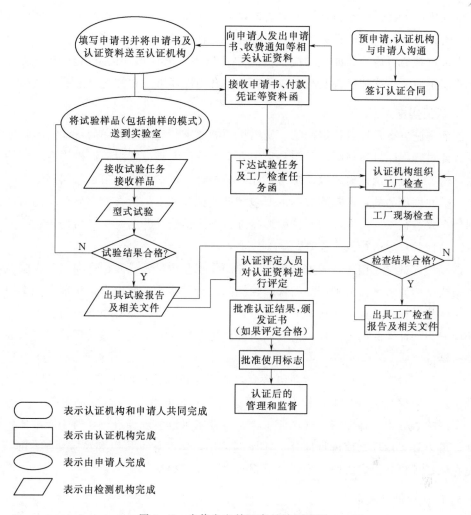

图 2-1　光伏发电并网产品认证流程

（2）光伏发电并网逆变器产品在 6 个月内未被认证机构撤销认证证书。

（3）不符合国家法律法规要求时，认证机构不得受理委托人的委托。

为明确申请人产品和申请人信息，申请人在提交申请时需要附加以下申请资料：

（1）中文使用说明书。

（2）中文铭牌和警告标记。

（3）认证委托人、生产者（制造商）、生产企业的注册证明（含营业执照、税务登记证、组织机构代码证）。

（4）光伏发电并网逆变器产品的基本信息（用于确认具体测试方案）。

（5）关键原材料生产者（制造商）和/或生产企业质量证明文件（如有）。

（6）认证委托人、生产者（制造商）、生产企业之间签订的有关协议书或合同，如 OEM 协议书、ODM 授权书等。

（7）其他需要的文件，如维修手册、配置代码等。

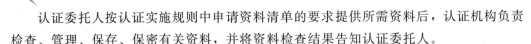

认证委托人按认证实施规则中申请资料清单的要求提供所需资料后，认证机构负责检查、管理、保存、保密有关资料，并将资料检查结果告知认证委托人。

申请审核通过后，认证机构应该为客户提供规定认证活动的具有法律约束力的协议。协议中应考虑认证机构及其客户的责任。合同经评审后双方签订生效。

2. 认证实施方案

认证实施方案是针对特定产品，使用相同的要求、规则和程序的认证流程，规定了产品认证过程中的具体规则、程序和管理方案。认证实施方案由认证机构组织相关人员根据申请方选定的认证模式以及申请认证产品的特点，结合检验项目共同制定。

光伏并网产品的认证实施方案主要包含型式试验和工厂检查。部分产品的认证实施规则规定先进行工厂检查，同时抽取样品进行型式试验，并网光伏产品是先进行型式试验（产品检验）后进行工厂检查。

（1）型式试验。型式试验方案规定了样品要求和数量、检测标准项目、实验室信息等。型式试验通常是对某种产品的代表性样品进行试验，一般由申请认证企业选择满足要求的样品送样到认证机构认可的实验室进行试验。所送样品必须与申请认证的产品型号相同。为保证样品的唯一性，需要同时提供样品编号和送检产品关键技术参数表（含主要元器件）。

（2）工厂检查。工厂检查活动包括检查前的准备和检查的实施。型式试验合格后，认证机构指定检查组进行工厂检查，主要进行工厂质量保证能力检查和产品一致性检查。工厂检查分为文件评审与现场评审，文件评审可以在现场进行，对于规模比较大的企业，可以在去现场之前进行部分文件评审工作，文件评审可以和型式试验同步进行，但是在认证评价与决定阶段，型式试验报告必须完成提交。

3. 认证评价与决定

认证机构对初始工厂检查结论、型式试验结论和有关资料/信息进行综合评价，做出认证决定。对符合认证要求的，颁发认证证书，准许使用认证标识。对型式试验结论、初始工厂检查结论任一不符合认证要求的，认证机构不予批准认证申请，认证终止。

4. 认证证书及认证标识

认证证书应至少包括：①委托人名称、地址；②产品名称、型号、规格，需要时对产品功能、特征的描述；③产品商标、制造商名称、地址；④产品生产厂名称、地址；⑤认证依据的标准、技术要求；⑥认证模式；⑦证书编号；⑧发证机构、发证日期和证书有效期；⑨其他需要说明的内容。

认证证书有效期内，证书的有效性依赖认证机构的获证后监督保持。认证证书有效期届满，需要延续使用的，认证委托人应当在认证证书有效期届满前 3 个月内重新提出认证申请。

认证证书与标识的使用应遵守认证机构对标识使用的要求。

获得产品认证的组织应当在广告、产品介绍等宣传材料中正确使用产品认证标识，可以在通过认证的产品及其包装上标注产品认证标识，但不得利用产品认证标识误导公众认为其服务、管理体系通过认证。

2.2 产品并网性能检测

型式试验（产品检验）是光伏发电产品认证模式中的重要环节。光伏逆变器性能检测包括安规和环境、并网性能、电气性能及保护、电磁兼容等多个方面，主要依据标准有《光伏发电并网逆变器技术规范》（NB/T 32004—2013）、《光伏发电站接入电力系统技术规定》（GB/T 19964—2012）、《光伏发电系统接入配电网技术规定》（GB/T 29319—2012）、《光伏发电系统接入配电网检测规程》（GB/T 30152—2013）、《光伏发电站接入配电网检测规程》（GB/T 31365—2005）、《采用逆变器的并网系统 第二部分：逆变器的要求》（AS 4777.2—2005）以及《采用逆变器的并网系统 第三部分：电网保护的要求》（AS 4777.3—2005）等。本节仅对光伏逆变器并网性能方面的检测进行重点介绍。

依据国内外相关标准或规定，光伏发电并网性能指标主要包括低电压穿越能力、高电压穿越能力、电压/频率响应特性、有功功率控制特性、无功功率控制特性、电能质量等。

2.2.1 低电压穿越能力检测

2.2.1.1 依据标准及指标要求分析

在 2008 年前后，德国、西班牙等新能源发电起步较早的国家就出台了光伏发电低电压穿越标准。标准中对低电压穿越能力都提出了具体要求，其中要求在电网故障期间光伏发电系统持续运行的最小电压为电网标称电压的 $0\%\sim25\%$，持续运行时间为 $100\sim625\text{ms}$；只有电网故障造成并网点电压低于最小持续运行电压或故障时间超过对应电压点持续运行时间，才允许光伏发电系统从电网切出；在电压跌落时，光伏发电系统应在自身允许的范围内尽可能向电网注入无功功率，以支持电网电压恢复；一旦电网电压恢复，必须在尽可能短的时间内恢复到正常工作状态。

不同国家电网对新能源发电站低电压穿越要求的差异主要表现在最低电压要求、故障持续时间、恢复时间、无功电流注入等方面，不同国家电网的低电压穿越能力要求见表 2−1。

低电压穿越检测为并网性能检测中重要的检测项目，主要考核光伏发电站在电网发生暂态故障时，能否在一定时间内维持并网运行的能力。可再生能源发展早期，德国即对低电压穿越提出要求，德标 BDEW 中关于低电压穿越曲线分为两种类型，光伏发电属于类型 2（类型 1 为同步发电机），低电压穿越曲线如图 2−2 所示。U/U_c 为逆变器

表 2-1
不同国家电网的低电压穿越能力要求

国家/省份		低电压穿越能力要求			
		最低电压要求 /p. u.	最低电压故障持续 时间/ms	恢复时间 /s	无功电流注入
丹麦		0.25	100	1	无要求
爱尔兰		0.15	625	3	无要求
德国		0	150	1.5	最高达 1p. u.
英国		0.15	140	1.2	无要求
西班牙		0.2	500	1	最高达 1p. u.
意大利		0.2	500	0.3	无要求
美国		0.15	625	2.3	无要求
加拿大	安大略	0.15	625	—	无要求
	魁北克	0	150	0.18	无要求

并网点电压的实际值与额定值之比。除了要求光伏发电站在规定时间内不脱网以外,相关标准要求光伏发电站有功功率输出在故障切除后立即恢复并且每秒钟至少增加额定功率的 10%;电网故障时,光伏发电站必须能够提供电压支撑。在故障清除后,不从电网吸收比故障发生前更多的感性无功电流。

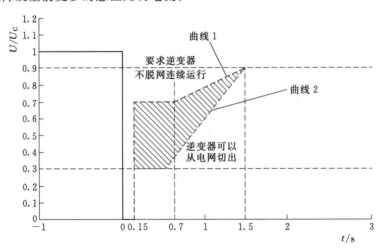

图 2-2 BDEW—2008 低电压穿越曲线

在标准 GB/T 19964—2012 中提出了零电压穿越和低电压穿越期间动态无功支撑的要求,具体如下:

(1) 光伏发电站并网点电压跌至 0 时,光伏发电站应能不脱网连续运行 0.15s。

(2) 光伏发电站并网点电压跌至图 2-3 曲线 1 以下时,光伏发电站可以从电网切出。

(3) 电力系统发生不同类型故障时,若光伏发电站并网点考核电压全部在图 2-3 中电压轮廓线及以上的区域内,光伏发电站应保证不脱网连续运行;否则,允许光伏发电站切出。针对不同故障类型的光伏发电站低电压穿越考核电压见表 2-2。

（4）对电力系统故障期间没有脱网的光伏发电站，其有功功率在故障清除后应快速恢复，自故障清除时刻开始，以至少 $30\%P_n/s$ 的功率变化率恢复至正常发电状态。

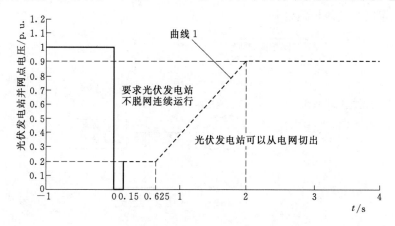

图 2-3　GB/T 19964—2012 低电压穿越曲线

表 2-2　　　　　　　　　　　光伏发电站低电压穿越考核电压

故障类型	考核电压	故障类型	考核电压
三相短路故障	并网点线电压	单相接地短路故障	并网点相电压
两相短路故障	并网点线电压		

（5）对于通过 220kV（或 330kV）光伏发电汇集系统升压至 500kV（或 750kV）电压等级接入电网的光伏发电站群中的光伏发电站，当电力系统发生短路故障引起电压跌落时，光伏发电站注入电网的动态无功电流应满足以下要求：

1）自并网点电压跌落的时刻起，动态无功电流的响应时间不大于 30ms。

2）自动态无功电流响应起直到电压恢复至 0.9p.u. 期间，光伏发电站注入电力系统的动态无功电流 I_T 应实时跟踪并网点电压变化，并应满足

$$\begin{cases} I_T \geqslant 1.5 \times (0.9 - U_T)I_n & (0.2 \leqslant U_T \leqslant 0.9) \\ I_T \geqslant 1.05 I_n & (U_T < 0.2) \\ I_T = 0 & (U_T > 0.9) \end{cases} \qquad (2-1)$$

式中　U_T——光伏发电站并网点电压标幺值；

　　　I_n——光伏发电站额定电流。

2.2.1.2　检测方法

国内外针对低电压穿越能力检测的方法基本类似，主要内容包括检测准备、空载测试、负载测试及检测结果判定方法等。逆变器实验室检测应参照上述标准进行，我国当前主要以 GB/T 19964—2012 来指导测试，具体如下：

1. 检测准备

检测前应做以下准备：

（1）进行低电压穿越测试前，被测逆变器应工作在与实际投入运行时一致的控制模式下。低电压穿越能力检测示意图如图 2-4 所示。按照图 2-4 连接可控直流源、电压跌落发生装置以及其他相关设备。

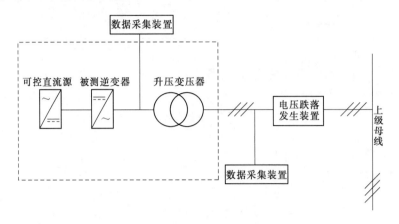

图 2-4　低电压穿越能力检测示意图

（2）检测应至少选取 5 个跌落点，其中应包含 $0\%U_n$ 和 $20\%U_n$ 跌落点，其他各点应在 $(20\%\sim50\%)U_n$、$(50\%\sim75\%)U_n$、$(75\%\sim90\%)U_n$ 三个区间内均有分布，并按照标准要求选取跌落时间。U_n 为光伏逆变器额定电压。

2. 空载测试

正式测试前应先进行空载测试，检测应按如下步骤进行：

（1）确认被测光伏逆变器处于停运状态。

（2）调节电压跌落发生装置，模拟线路三相对称故障和随机一种线路不对称故障，使电压跌落幅值和跌落时间满足图 2-5 的容差要求。线路三相对称故障指三相短路的工况，线路不对称故障包含 A 相接地短路、B 相接地短路、C 相接地短路、AB 相间短路、BC 相间短路、CA 相间短路、AB 接地短路、BC 接地短路、CA 接地短路 9 种工况。$0\%U_n$ 和 $20\%U_n$ 跌落点电压跌落幅值容差为 +5%。

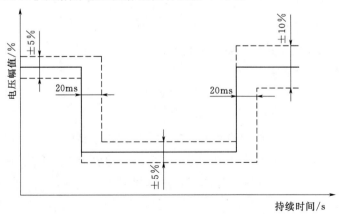

图 2-5　电压跌落容差曲线图

3. 负载测试

应在空载测试结果满足要求的情况下，进行低电压穿越负载测试。负载测试时的电抗器参数配置、不对称故障模拟工况的选择以及电压跌落时间设定均应与空载测试保持一致，测试步骤如下：

（1）将光伏逆变器投入运行。

（2）光伏逆变器应分别在（0.1～0.3）P_n 和不小于 $0.7P_n$ 两种工况下进行检测，P_n 为被测光伏逆变器总额定功率。

（3）控制电压跌落发生装置进行三相对称电压跌落和空载随机选取的不对称电压跌落。

（4）在被测逆变器交流侧通过数据采集装置记录被测光伏逆变器交流电压和电流的波形，记录至少从电压跌落前 10s 到电压恢复正常后 6s 之间的数据。

（5）所有测试点均应重复 1 次。

4. 检测结果判定方法

（1）有功功率恢复的判定方法。光伏逆变器有功功率恢复的判定方法示意图如图 2-6 所示。图中 P_0 为故障前光伏逆变器输出有功功率的 90%；t_{a1} 为故障清除时刻；t_{a2} 为光伏逆变器有功功率恢复至持续大于 P_2 的起始时刻；U_{dip} 为光伏逆变器并网点跌落电压幅值与额定电压的比值。

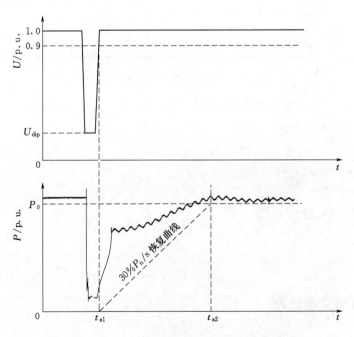

图 2-6 有功功率恢复的判定方法示意图

在 $t_{a1} \sim t_{a2}$ 的时间段内，若光伏逆变器的有功功率曲线全部在"$30\%P_n/s$ 恢复曲线"之上，则故障后光伏逆变器有功功率恢复速度满足要求，否则不满足要求。

（2）无功电流注入的判定及计算方法。电压跌落期间光伏逆变器无功电流注入的判定方法示意图如图 2-7 所示。图中 I_Q 为无功电流注入参考值；$I_q(t)$ 为电压跌落期间光伏逆变器无功电流曲线；t_0 为电压跌落开始时刻；t_{r1} 为电压跌落期间光伏逆变器无功电流注入首次大于 $90\%I_Q$ 的起始时刻；t_{r2} 为光伏逆变器并网点电压恢复到 $90\%U_n$ 的时刻；U_{dip} 为光伏逆变器并网点电压与额定电压比值。

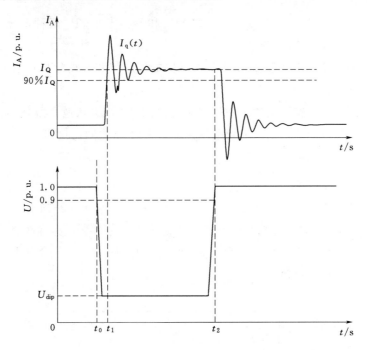

图 2-7 无功电流注入判定方法示意图

由图 2-7 可以得出电压跌落期间光伏逆变器无功电流注入的相关特性参数如下：
无功电流输出响应时间 t_{res} 为

$$t_{res} = t_{r1} - t_{r0} \qquad (2-2)$$

无功电流注入持续时间 t_{last} 为

$$t_{last} = t_{r2} - t_{r1} \qquad (2-3)$$

无功电流注入有效值 I_q 为

$$I_q = \frac{\int_{t_{r1}}^{t_{r2}} I_q(t)\,\mathrm{d}t}{t_{r2} - t_{r1}} \qquad (2-4)$$

2.2.2 高电压穿越能力

2.2.2.1 依据标准及指标要求分析

很多国家出台了高电压穿越标准，不同国家电网的高电压穿越能力要求见表 2-3。

表 2 - 3   不同国家电网的高电压穿越能力要求

技术标准组织	电压等级/kV	过压值与时间要求
AEMC（澳大利亚能源市场委员会）	100～250	$0s<t\leqslant0.7s$，$130\%U_n$ $0.7s<t\leqslant0.9s$，非线性下降 $t>0.9s$，$110\%U_n$
AESO（阿尔伯塔电力系统运营商）	TS	$t>0s$，$110\%U_n$
EIRGRID（爱尔兰国有电力供应商）	110，220	$t>0s$，$113\%U_n$
ELTRA&ELKRAFT（丹麦西部电力系统运营商 &丹麦东部电力系统运营商）（TOV Requirement）	132，150	$0s<t<0.1s$，$130\%U_n$ $t>0.1s$，$120\%U_n$
Energinet.dk（丹麦国家电力和天然气传输系统运营商）	132，150	$0s<t<0.2s$，$120\%U_n$ $t>0.2s$，$110\%U_n$
Scottish power（苏格兰电力公司）	132，275	$t>0s$，$120\%U_n$（132kV） $t>0s$，$115\%U_n$（275kV） $t>15min$，$110\%U_n$
WECC（美国西部电力管理委员会）	115，230，345	$t>0s$，$120\%U_n$ $t>1s$，$117.5\%U_n$ $t>2s$，$115\%U_n$ $t>3s$，$110\%U_n$

国内在《光伏发电站接入电网技术规定》（Q/GDW 1617—2015）中首次提出了高电压穿越的要求，主要规定如下：

（1）光伏发电站高电压穿越运行时间要求见表 2 - 4。U_T 为并网点电压。

表 2 - 4   光伏发电站高电压穿越运行时间要求

并网点工频电压值/p.u.	运行时间	并网点工频电压值/p.u.	运行时间
$1.10<U_T\leqslant1.20$	具有每次运行 10s 能力	$1.30<U_T$	允许退出运行
$1.20<U_T\leqslant1.30$	具有每次运行 500ms 能力		

（2）光伏发电站高电压穿越期间，光伏发电站应具备有功功率连续调节能力。

2.2.2.2 检测方法

国内外针对低电压穿越能力检测的方法基本类似，主要内容包括检测准备、空载测试、负载测试及判定方法等。逆变器实验室检测依参照上述标准进行，我国当前主要以 Q/GDW 1617—2015 来指导测试，具体如下：

1. 检测准备

检测前应做以下准备：

（1）进行高电压穿越测试前，被测逆变器应工作在与实际投入运行时一致的控制模式下。高电压穿越能力检测示意图如图 2 - 8 所示。按照图 2 - 8 连接可控直流源、被测逆变器、升压变压器以及其他相关设备。

（2）光伏逆变器的高电压穿越测试应至少选取 6 个高压点，应分布在（110%～

120％）U_n 和（120％～130％）U_n 两个区间内。U_n 为光伏逆变器额定电压。

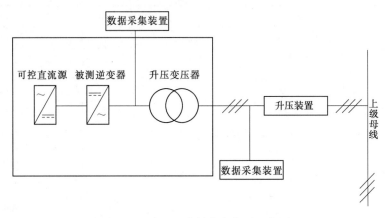

图 2-8　高电压穿越能力检测示意图

2. 空载测试

正式测试前应先进行空载测试，检测应按如下步骤进行：

（1）确定被测光伏逆变器处于停运状态。

（2）调节电压升高发生装置，模拟线路三相对称故障。

3. 负载测试

应在空载测试结果满足要求的情况下，进行高电压穿越负载测试。负载测试时的电抗器、电容器等参数配置应与空载测试保持一致，测试步骤如下：

（1）将光伏逆变器投入运行。

（2）进行高电压穿越测试前，光伏逆变器应工作在与实际投入运行时一致的控制模式下。光伏逆变器启动后通过最大功率点跟踪（maximum power point tracking，MPPT）功能达到功率最大值并稳定运行。直流侧最大功率点电压在逆变器 MPPT 电压最低点和中值点都要进行测试，测试交流侧电压点一般选取 $111％U_n$、$115％U_n$、$118％U_n$、$122％U_n$、$125％U_n$ 和 $128％U_n$ 共 6 个高压点。

（3）控制电压跌落发生装置进行三相对称电压抬升。

（4）在被测逆变器交流侧通过数据采集装置记录被测光伏逆变器交流电压和电流的波形，记录至少从电压抬升前 10s 到电压恢复正常后 6s 之间的数据。

（5）所有测试点均应重复 1 次。

4. 检测结果判定方法

通过分析测试记录的数据，确认被测逆变器在检测过程中是否脱网。

2.2.3　电压/频率响应特性

2.2.3.1　依据标准及指标要求分析

电压/频率响应特性标准内容基本相同，在适应性范围、保护限值、分闸时间，降载要求等技术参数上有所不同，检测步骤中也有差异，下面从适应性范围及保护限值设定、分闸时间要求及降载要求3个方面进行分析。

1. 适应性范围及保护限值设定

对于电压/频率适应性范围，德国和中国标准都针对小型光伏发电系统和大中型光伏电站分别进行要求。中、德标准电压/频率适应性范围对比见表2-5。其中，德国标准VDE-AR-N 4105—2011和BDEW—2008要求发电系统并网点频率为50.2～51.5Hz时，光伏发电系统应降载运行；对于接入中高压电网的光伏发电站，德国标准BDEW—2008规定了发电系统侧和电网连接点侧不同的要求；中国国标GB/T 19964—2012要求并网点电压大于110%U_n或频率在48～49.5Hz、49.5～50.2Hz范围时，光伏发电站至少能支撑一段时间，之后可断网也可不断网。

表2-5　　　　　　　　　　中、德标准电压/频率适应性范围对比

类型	项目	中国国标 GB/T 29319—2012 （接入配电网的光伏发电系统）	德国标准 VDE-AR-N 4105—2011 （接入低压电网的发电系统）
小型光伏 发电系统	电压适应性范围	$U=（85\%～110\%）U_n$	$U=（80\%～110\%）U_n$
	频率适应性范围	$f=49.5～50.2Hz$	$f=47.5～50.2Hz$，无限制要求； $f=50.2～51.5Hz$，降载运行

类型	项目	中国国标 GB/T 19964—2012 （接入电网的光伏发电站）	德国标准 BDEW （接入中高压电网的发电系统）
大中型光 伏发电站	电压适应性范围	$U=（90\%～110\%）U_n$，连续运行； $U<90\%U_n$，符合低电压穿越要求； $U=（110\%～120\%）U_n$，至少运行 10s； $U=（120\%～130\%）U_n$，至少运行 0.5s	发电系统侧：$U=（85\%～108\%）U_n$； 电网连接点侧：$U=（80\%～120\%）U_n$
	频率适应性范围	$f=48～49.5Hz$，至少运行 10min； $f=49.5～50.2Hz$，连续运行； $f=50.2～50.5Hz$，至少运行 2min， 执行调度指令	$f=47.5～50.2Hz$，无限制要求； $f=50.2～51.5Hz$，降载运行

2. 分闸时间要求

对于电压/频率保护分闸时间，德国标准和中国标准都针对小型光伏发电系统和大中型光伏发电站分别进行要求，中、德标准电压/频率保护分闸时间对比见表2-6，其主要差异在于：

（1）对于小型光伏发电系统，中国标准中的过欠压保护分闸时间有快跳和慢跳之分，即当电压虽然有偏差但仍接近正常工作电压时，可在较长时间内分闸，而当电压严重偏离正常工作电压范围时，必须在很短时间内分闸，如当并网点电压小于50%U_n时，要求最大分闸时间为0.2s；当并网点电压在（50%～85%）U_n之间时，要求最大分闸时间为2s。德国对欠压没有快跳和慢跳之分，分闸时间基本接近中国的快跳时间，对过压的要求为高于115%U_n需立即分闸，高于110%U_n的情况则为10min平均值超

过 $110\%U_n$ 才分闸，这意味着分闸时间实际上大于 10min。

（2）对于大中型光伏电站，中国标准和德国标准都要求低压时具有低电压穿越功能，高压时发电站需能支撑一段时间，中国标准的提法是至少能支撑一段时间之后可断网也可不断网；德国标准是明确规定支撑的时间之后即需断网。德国同时还规定了发电系统侧和电网连接点侧不同的要求，另外规定了单相欠压和多相同时欠压时不同的要求。

表 2 - 6 　　　　　　　　　　中、德标准电压/频率保护分闸时间对比

类型	项目	中国标准 GB/T 29319—2012（接入配电网的光伏发电系统）	德国标准 VDE - AR - N 4105—2011（接入低压电网的发电系统）
小型光伏发电系统	电压保护分闸时间	$U<50\%U_n$，$t<0.2s$； $U=(50\%\sim85\%)U_n$，$t<2.0s$； $U=(110\%\sim135\%)U_n$，$t<2.0s$； $U\geqslant135\%U_n$，$t<0.2s$	$U<80\%U_n$，$t<0.2s$； $U\geqslant110\%U_n$（10min 平均电压），$t<0.2s$； $U\geqslant115\%U_n$，$t<0.2s$
	频率保护分闸时间	$f<47.5Hz$ 或 $f>50.2Hz$，$t<0.2s$	$f<47.5$ 或 $f>50.2Hz$，$t<0.2s$
类型	项目	中国国标 GB/T 19964—2012（接入电网的光伏发电站）	德国标准 BDEW（接入中高压电网的发电系统）
大中型光伏电站	电压保护分闸时间	$U<90\%U_n$，符合低电压穿越的要求； $U=(90\%\sim110\%)U_n$，应正常运行； $U=(110\%\sim120\%)U_n$，应至少持续运行 10s； $U=(120\%\sim130\%)U_n$，应至少持续运行 0.5s	发电系统侧：$U<80\%U_n$，$t<2.8s$；$U<85\%U_n$，$t<0.5s$；　$U>108\%U_n$，$t<1min$；$U>115\%U_n$，$t<0.2s$； 电网连接点侧：$U<45\%U_n$，$t<0.3s$；$U<80\%U_n$，$t=1.5\sim2.4s$；　$U>120\%U_n$，$t<0.2s$
	频率保护分闸时间	$f>50.5Hz$，立即终止送电	$f<47.5$ 或 $f>50.2Hz$，$t<0.2s$

3. 降载要求

降载要求主要是针对发电站并网点频率超过范围时提出的，我国标准 GB/T 19964—2012 规定频率在 50.2～50.5Hz 时，光伏发电站频率降载需要听从调度机构的降载指令。德国标准 VDE - AR - N 4105—2011 和 BDEW—2008 规定频率为 50.2～51.5Hz 时，发电系统输出的有功功率满足应以 $40\%P_n$/Hz 的速度连续调节有功功率。

2.2.3.2　检测方法

依据标准《光伏发电站逆变器电压与频率响应检测技术规程》（NB/T 32009—2013），应用于通过 35kV 及以上电压等级并网，以及通过 10kV 电压等级与公共电网连接的新建、改建和扩建的光伏发电站逆变器，检测内容应包括电压适应性检测、过压适应性检测、频率适应性检测、过/欠频适应性检测，其性能应满足 GB/T 19964—2012 的要求；应用于通过 380V 电压等级接入电网，以及通过 10kV/6kV 电压等级接入用户侧的新建、改建和扩建的光伏发电系统的逆变器，检测内容应包括过压慢速跳闸

检测、过压快速跳闸检测、欠压慢速跳闸检测、欠压快速跳闸检测、过频跳闸检测、欠频跳闸检测、恢复并网检测，其性能应满足 GB/T 29319—2012 的要求。

1. 电压适应性检测

电压适应性检测步骤如下：

（1）根据制造商提供的说明书和参数标准连接逆变器。

（2）调节电网模拟装置与直流电源使逆变器运行在额定功率。

（3）调节电网模拟装置在标称频率下三相输出电压按照图 2-9 的曲线在 $91\%U_n$ 与 $109\%U_n$ 之间连续阶跃 5 次，逆变器应保持并网状态运行。U_n 为逆变器交流侧额定电压值。电压阶跃时间（即 t_0 与 t_1、t_2 与 t_3 的间隔时间）应尽可能快，一般不宜超过 20ms。电压维持时间（即 t_1 与 t_2、t_3 与 t_4 的间隔时间）应至少为 20s。

（4）通过数据采集装置记录逆变器交流侧电压、电流数据。

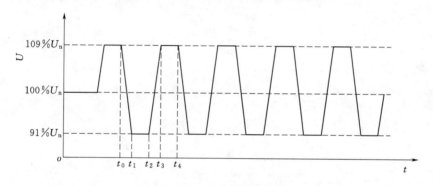

图 2-9 电压适应性曲线图

2. 过压适应性检测

过压适应性检测步骤如下：

（1）根据制造商提供的说明书和参数标准连接逆变器。

（2）调节电网模拟装置与直流电源使逆变器运行在额定功率。

（3）调节电网模拟装置在标称频率下三相输出电压分别至 $111\%U_n$、$119\%U_n$ 并保持 10s 后恢复额定值，逆变器应保持并网状态运行。

（4）调节电网模拟装置在标称频率下三相输出电压按照图 2-10 的曲线从额定电压跳变到 $109\%U_n$ 后，按照恒定的速率缓慢增长到 $119\%U_n$ 再降低到 $111\%U_n$，逆变器应保持并网状态运行。电压阶跃时间（即 t_0 与 t_1 的间隔时间）应尽可能快，一般不宜超过 20ms。电压变化时间（即 t_1 与 t_3 的间隔时间）应为 10s。

（5）调节电网模拟装置在标称频率下三相输出电压分别至 $121\%U_n$、$129\%U_n$ 并保持时间 0.5s 后，恢复额定值，逆变器应保持并网状态运行。

（6）调节电网模拟装置在标称频率下三相输出电压按照图 2-11 的曲线从额定电压跳变到 $119\%U_n$ 后，按照恒定的速率缓慢增长到 $129\%U_n$ 再降低到 $121\%U_n$，逆变器应保持并网状态运行。电压阶跃时间（即 t_0 与 t_1 的间隔时间）应尽可能快，一般不宜超过 20ms。电压变化时间（即 t_1 与 t_3 的间隔时间）应为 0.5s。

（7）通过数据采集装置记录逆变器交流侧电压、电流数据。

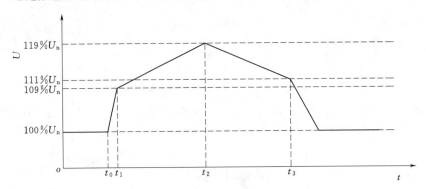

图 2-10　过压适应性曲线图 1

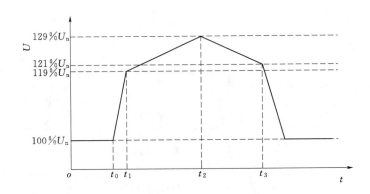

图 2-11　过压适应性曲线图 2

3. 频率适应性检测

频率适应性检测步骤如下：

（1）根据制造商提供的说明书和参数标准连接逆变器。

（2）调节电网模拟装置与直流电源使逆变器运行在额定功率。

（3）调节电网模拟装置在标称电压下输出频率按照图 2-12 的曲线在 49.55Hz 与 50.15Hz 之间连续变化，逆变器应保持并网状态运行。频率维持时间（即 t_0 与 t_1、t_2 与 t_3 的间隔时间）应不小于 20min。

（4）通过数据采集装置记录逆变器交流侧电压、电流数据。

4. 过/欠频适应性检测

过/欠频适应性检测步骤如下：

（1）根据制造商提供的说明书和参数标准连接逆变器。

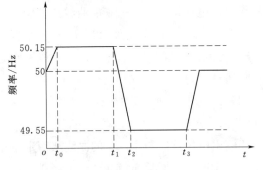

图 2-12　频率适应性曲线图

（2）调节电网模拟装置与直流电源使逆变器运行在额定功率。

（3）调节电网模拟装置在标称电压下输出频率分别至 49.45Hz、48.05Hz 并保持时间 10min 后恢复额定值，逆变器应保持并网状态运行。

（4）调节电网模拟装置在标称电压下输出频率按照图 2-13 的曲线从 50Hz 跳变到 49.55Hz 后按照恒定的速率缓慢降低到 48.05Hz，然后再升高到 49.45Hz，逆变器应保持并网状态运行。频率阶跃时间（即 t_0 与 t_1 的间隔时间）应尽可能快，一般不宜超过 20ms。频率变化时间（即 t_1 与 t_3 的间隔时间）应为 10min。

（5）调节电网模拟装置在标称电压下输出频率至 50.25Hz 并保持时间 2min 后恢复额定值，逆变器应保持并网状态运行。

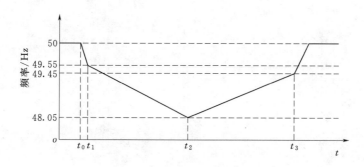

图 2-13 欠频适应性曲线图

（6）调节电网模拟装置在标称电压下输出频率按照图 2-14 的曲线从 50Hz 跳变到 50.15Hz 后，按照恒定的速率缓慢增长到 50.5Hz 再降低到 50.25Hz，逆变器应保持并网状态运行。频率阶跃时间（即 t_0 与 t_1 的间隔时间）应尽可能快，一般不宜超过 20ms。频率变化时间（即 t_1 与 t_3 的间隔时间）应为 2min。

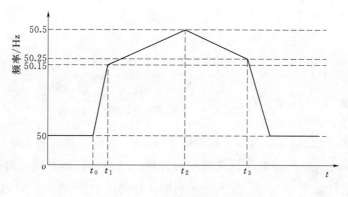

图 2-14 过频适应性曲线图

（7）调节电网模拟装置在标称电压下输出频率至 50.55Hz，记录逆变器的脱网跳闸时间。

（8）通过数据采集装置记录逆变器交流侧电压、电流数据。

5. 过压慢速跳闸检测

检测应采用式（2-5）定义的阶跃函数，只有输入信号可以改变，其他参数保持为正常值。

$$P(t)=A \times u(t-t_i)+P_b \tag{2-5}$$

式中 $P(t)$ ——输入信号；

   A ——斜率；

   $u(t)$ ——被试设备的阶跃函数，$t<0$ 时，$u(t)=0$；$t>0$ 时，$u(t)=1$；

   P_b ——阶跃函数起始点对应的输入信号的数值。

式（2-5）对应的曲线图如图 2-15 所示。

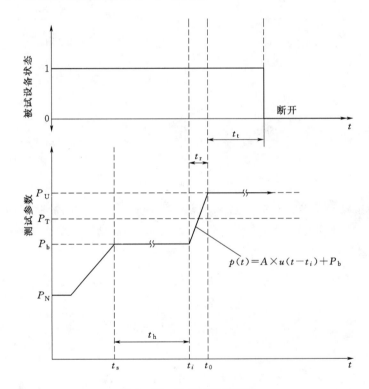

图 2-15   阶跃函数曲线图

图中 t_t 为断开时间；P_N 为输入量的正常值；P_T 为输入量的断开幅值；P_U 为阶跃函数的最终值；t_s 为阶跃函数起始点对应的时刻；t_0 为计算断开时间时采用的时间起点；t_r 为检测信号从 P_b 升高到 P_U 所用的时间，该值应小于 20ms；t_h 为至少是跳闸时间设定值的 2 倍；t_0 为斜坡函数起始点对应的时刻。

根据制造商提供的说明书和规格标准连接被测逆变器，检测步骤如下：

（1）调节电网模拟装置与直流电源使逆变器运行在额定功率。

（2）调节电网模拟装置在标称频率下输出电压至 109%U_n 并至少保持 4s，被测逆变器应保持输出稳定不跳闸。

（3）调节电网模拟装置在标称频率下输出电压至 $111\%U_n$ 并至少保持 4s，被测逆变器应在 2s 内跳闸。

（4）记录被测逆变器的切除时间。

（5）重复检测一次。

（6）对于三相逆变器，应先对每相重复步骤（1）到步骤（5），再对三相整体重复步骤（1）到步骤（5）。

三相逆变器单相过电压跳闸检测时，其他相输出电压应保持在正常工作范围内。

6. 过压快速跳闸检测

检测采用上述定义的阶跃函数，根据制造商提供的说明书和规格标准连接被测逆变器，检测步骤如下：

（1）调节电网模拟装置与直流电源使逆变器运行在额定功率。

（2）调节电网模拟装置在标称频率下输出电压至 $109\%U_n$ 并至少保持 4s，被测逆变器应保持输出稳定不跳闸。

（3）调节电网模拟装置在标称频率下输出电压从额定值阶跃至 $136\%U_n$ 并至少保持 0.4s，被测逆变器应在 0.2s 内跳闸。

（4）记录被测逆变器的切除时间。

（5）重复检测一次。

（6）对于三相逆变器，应先对每相重复步骤（1）到步骤（5），再对三相整体重复步骤（1）到步骤（5）。

三相逆变器单相过电压跳闸检测时，其他相输出电压应保持在正常工作范围内。

7. 欠压慢速跳闸检测

检测采用图 2-15 所示阶跃函数，根据制造商提供的说明书和规格标准连接被测逆变器，检测步骤如下：

（1）调节电网模拟装置与直流电源使逆变器运行在 P_n。

（2）调节电网模拟装置在标称频率下输出电压至 $86\%U_n$ 并至少保持 4s，被测逆变器应保持输出稳定不跳闸。

（3）调节电网模拟装置在标称频率下输出电压至 $84\%U_n$ 并至少保持 4s，被测逆变器应在 2s 内跳闸。

（4）记录被测逆变器的切除时间。

（5）重复检测一次。

（6）对于三相逆变器，应先对每相独立重复步骤（1）到步骤（5），再对三相整体重复步骤（1）到步骤（5）。

三相逆变器单相过电压跳闸检测时，其他相输出电压应保持在正常工作范围内。

8. 欠压快速跳闸检测

检测采用图 2-15 所示阶跃函数，根据制造商提供的说明书和规格标准连接被测逆变器，检测步骤如下：

（1）调节电网模拟装置与直流电源使逆变器运行在 P_n。

（2）调节电网模拟装置在标称频率下输出电压至 86%U_n 并至少保持 4s，被测逆变器应保持输出稳定不跳闸。

（3）调节电网模拟装置在标称频率下输出电压至 49%U_n 并至少保持 0.4s，被测逆变器应在 0.2s 跳闸。

（4）记录被测逆变器的切除时间。

（5）重复检测一次。

（6）对于三相逆变器，应先对每相独立重复步骤（1）到步骤（5），再对三相整体重复步骤（1）到步骤（5）。

三相逆变器单相过电压跳闸检测时，其他相输出电压应保持在正常工作范围内。

9. 过频跳闸检测

检测采用图 2-15 所示阶跃函数，根据制造商提供的说明书和规格标准连接被测逆变器，检测步骤如下：

（1）调节电网模拟装置与直流电源使逆变器运行在额定功率。

（2）调节电网模拟装置在标称电压下输出频率至 50.15Hz 并至少保持 0.4s，被测逆变器应保持输出稳定不跳闸。

（3）调节电网模拟装置在标称电压下输出频率至 50.25Hz 并至少保持 0.4s，被测逆变器应在 0.2s 内跳闸。

（4）记录被测逆变器的切除时间。

（5）重复检测一次。

10. 欠频跳闸检测

检测采用图 2-15 所示阶跃函数，根据制造商提供的说明书和规格标准连接被测逆变器，检测步骤如下：

（1）调节电网模拟装置与直流电源使逆变器运行在 P_n。

（2）调节电网模拟装置在标称电压下输出频率至 47.55Hz 并至少保持 0.4s，被测逆变器应保持输出稳定不跳闸。

（3）调节电网模拟装置在标称电压下输出频率至 47.45Hz 并至少保持 0.4s，被测逆变器应在 0.2s 内跳闸。

（4）记录被测逆变器的切除时间。

（5）重复检测一次。

11. 重新并网检测

（1）过压跳闸后重新并网检测，检测步骤如下：

1）调节电网模拟装置与直流电源使逆变器运行在 P_n。

2）调节电网模拟装置在标称频率下输出电压至 115%U_n 并保持该电压直至逆变器

跳闸。

3）调节电网模拟装置在标称频率下输出电压至 $111\%U_n$ 并保持至少两倍被测逆变器设定的重连时间，被测逆变器应不并网运行。

4）调节电网模拟装置在标称频率下输出电压恢复到 U_n 并保持此电压到被测逆变器重新并网运行。

5）记录被测逆变器的重连时间。

6）重复检测一次。

7）对于三相逆变器，应先对每相重复步骤1）到步骤6），再对三相整体重复步骤1）到步骤6）。

（2）欠压跳闸后重新并网检测，检测步骤如下：

1）调节电网模拟装置与直流电源使逆变器运行在 P_n。

2）调节电网模拟装置在标称频率下输出电压至 $80\%U_n$ 并保持该电压直至被测逆变器跳闸。

3）调节电网模拟装置在标称频率下输出电压至 $85\%U_n$ 并保持至少两倍被测逆变器设定的重连时间，被测逆变器应不并网运行。

4）调节电网模拟装置在标称频率下输出电压恢复到 U_n 并保持此电压到被测逆变器重新并网运行。

5）记录被测逆变器的重连时间。

6）重复检测一次。

7）对于三相逆变器，应先对每相重复步骤1）到步骤6），再对三相整体重复步骤1）到步骤6）。

（3）过频跳闸后重新并网检测，检测步骤如下：

1）调节电网模拟装置与直流电源使逆变器运行在 P_n。

2）调节电网模拟装置在标称电压下输出频率至 $50.5Hz$ 并保持该电压直至被测逆变器跳闸。

3）调节电网模拟装置在标称电压下输出频率至 $50.25Hz$ 并保持至少两倍被测逆变器设定的重连时间，被测逆变器应不并网运行。

4）调节电网模拟装置在标称电压下输出频率恢复到 $50.00Hz$ 并保持此频率到被测逆变器重新并网运行。

5）记录被测逆变器的重连时间。

6）重复检测一次。

（4）欠频跳闸后重新并网检测，检测步骤如下：

1）调节电网模拟装置与直流电源使逆变器运行在 P_n。

2）调节电网模拟装置在标称电压下输出频率至 $47.20Hz$ 并保持该电压直至被测逆变器跳闸。

3）调节电网模拟装置在标称电压下输出频率至 $47.15Hz$ 并至少保持两倍被测逆变

器设定的重连时间，被测逆变器应不并网运行。

4）调节电网模拟装置在标称电压下输出频率恢复到 50.00Hz 并保持此频率到被测逆变器重新并网运行。

5）记录被测逆变器的重连时间。

6）重复检测一次。

2.2.4　有功功率控制特性

2.2.4.1　依据标准及指标要求分析

光伏并网标准 IEEE Std.1547—2003，德国 VDE－AR－N 4105—2011，BDEW—2008 等标准均对功率特性的技术参数、测试电路和测试步骤做了详细的规定。

目前，我国已发布实施的关于并网光伏系统功率特性技术要求的国家标准为 GB/T 19964—2012、GB/T 29319—2012、Q/GDW617—2011、Q/GDW 618—2011，行业标准《光伏发电站功率控制能力检测技术规程》（NB/T 32007—2013）等。

1. GB/T 19964—2012

光伏发电站应配置有功功率控制系统，具备有功功率连续平滑调节的能力，并能够参与系统有功功率控制。

光伏发电站有功功率控制系统应能够接收并自动执行电网调度机构下达的有功功率及有功功率变化的控制指令。

在光伏发电站并网、正常停机以及太阳能辐照度增长过程中，光伏发电站有功功率变化速率应满足电力系统安全稳定运行的要求，其限值应根据所接入电力系统的频率调节特性，由电网调度机构确定。光伏发电站有功功率变化速率每分钟应不超过 10% 装机容量，允许出现因太阳能辐照度降低而引起的光伏发电站有功功率变化速率超出限值的情况。

在电力系统事故或紧急情况下，光伏发电站应按下列要求运行：

（1）电力系统事故或特殊运行方式下，按照电网调度机构的要求降低光伏发电站有功功率。

（2）当电力系统频率高于 50.2Hz 时，按照电网调度机构指令降低光伏发电站有功功率，严重情况下切除整个光伏发电站。

（3）若光伏发电站的运行危及电力系统安全稳定，电网调度机构按相关规定暂时将光伏发电站切除。

事故处理完毕，电力系统恢复正常运行状态后，光伏发电站应按调度指令并网运行。

2. VDE－AR－N 4105—2011

容量超过 100kW 的光伏电站必须能够接收电网操作者的命令按照能够以 10% 最大有功功率的步长降低有功输出，有功功率须能够在 1min 内降至指定值，有功功率降至

$10\%P_n$ 时不能断开。

3. BDEW—2008

发电设备必须能以最大步长 $10\%P_{AV}$ 的速度减少有功功率（P_{AV} 为约定的有功连接功率）。必须能在任何工作条件和任何工作点都能达到电网运营商指定的功率点。目标值一般是有步骤或无步骤的预设，与 P_{AV} 的百分比相对应。迄今为止，目标值的 100%、60%、30%、0% 已被证明是有效的。电网运营商不能干预发电厂的控制，仅负责信号的发送。

电站运营商负责实施功率馈入的减少，功率减少必须没有延时，最多在 $1min$ 内达到相应的目标值。减少到 10% 有功功率额定值时，不允许自动离网；低于 10% 时，可以离网。

当频率超过 $50.2Hz$ 时，所有发电单元必须以每赫兹 40% 瞬时有功功率减少。如果频率 f 恢复到小于 $50.05Hz$，只要实际功率不超过 $50.2Hz$，有功功率可能再次增加。

2.2.4.2 检测方法

NB/T 32007—2013 适用于通过 35kV 及以上电压等级并网，以及通过 10kV 电压等级与公共电网连接的新建、扩建和改建光伏发电站接入电网的检测项目、检测条件、检测设备和检测方法等，实验室检测方法参照此标准。

有功功率控制特性检测电路如图 2-16 所示。

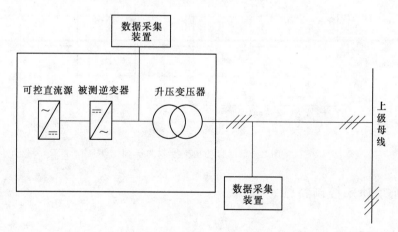

图 2-16 有功功率控制特性检测电路

（1）光伏逆变器启动工况。检测应按照以下步骤进行：

1）按照图 2-16 搭建测试回路。

2）使用数据采集装置记录光伏逆变器启动至上升到 P_n 的过程中并网点的电压和电流数据，每 $0.2s$ 计算一次有功功率平均值。

3）以时间轴为横坐标，有功功率为纵坐标，用计算的所有 $0.2s$ 有功功率平均值绘制有功功率变化曲线。

（2）光伏发电站停机工况。检测应按照如下步骤进行：

1）测试回路同上。

2）使用数据采集装置记录光伏逆变器从额定功率下降至正常运行最低有功功率的过程中并网点的电压和电流数据，每 0.2s 计算一次有功功率平均值。

3）以时间轴为横坐标，有功功率为纵坐标，用计算的所有 0.2s 有功功率平均值绘制有功功率变化曲线。

（3）有功功率控制能力。检测应按照如下步骤进行：

1）检测期间不应限制光伏逆变器的有功功率变化速度。

2）按照图 2-17 的设定曲线控制光伏逆变器有功功率，并应在每个功率基准值上保持 2min。P_0 为最大有功功率。

3）在光伏逆变器并网点测量时序功率，以每 0.2s 有功功率平均值为一点，拟合实测曲线。

4）以每次有功功率变化后的第 2 个 1min 数据计算 1min 有功功率平均值。

5）判定有功功率控制精度和响应时间。

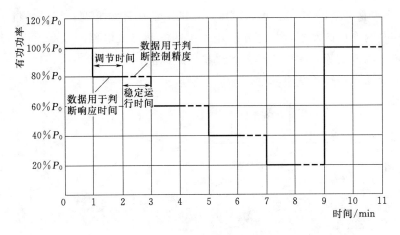

图 2-17　有功功率控制曲线图

2.2.5　无功功率控制特性

2.2.5.1　依据标准及指标要求分析

1. GB/T 19964—2012

光伏发电站安装的并网逆变器应满足额定有功出力下功率因数在 -0.95～0.95 的范围内动态可调，并应满足在图 2-18 所示矩形框内动态可调。

光伏发电站要充分利用并网逆变器的无功容量及其调节能力，当逆变器的无功容量不能满足系统电压调节需要时，应在光伏发电站集中加装适当容量的无功补偿装置，必要时加装动态无功补偿装置。

光伏发电站的无功容量应按照分（电压）层和分（电）区基本平衡的原则进行配置，并满足检修备用要求。

通过 10～35kV 电压等级并网的光伏发电站功率因数应能在 −0.98～0.98 范围内连续可调，有特殊要求时，可做适当调整以稳定电压水平。

对于通过 110（66）kV 及以上电压等级并网的光伏发电站，无功容量应满足下列要求：

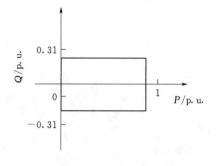

图 2-18　逆变器无功出力范围

（1）容性无功容量能够补偿光伏发电站满发时站内汇集线路、主变压器的感性无功及光伏发电站送出线路的一半感性无功功率之和。

（2）感性无功容量能够补偿光伏发电站自身的容性充电无功功率及光伏发电站送出线路的一半充电无功功率之和。

对于通过 220kV（或 330kV）光伏发电汇集系统升压至 500kV（或 750kV）电压等级接入电网的光伏发电站群中的光伏发电站，无功容量宜满足下列要求：

（1）容性无功容量能够补偿光伏发电站满发时汇集线路、主变压器的感性无功及光伏发电站送出线路的全部感性无功之和。

（2）感性无功容量能够补偿光伏发电站自身的容性充电无功功率及光伏发电站送出线路的全部充电无功功率之和。

光伏发电站配置的无功装置类型及其容量范围应结合光伏发电站实际接入情况，通过光伏发电站接入电力系统无功电压专题研究来确定。

通过 10～35kV 电压等级接入电网的光伏发电站在其无功输出范围内，应具备根据光伏发电站并网点电压水平调节无功输出，参与电网电压调节的能力，其调节方式和参考电压、电压调差率等参数应由电网调度机构设定。

通过 110（66）kV 及以上电压等级接入电网的光伏发电站应配置无功电压控制系统，具备无功功率调节及电压控制能力。根据电网调度机构指令，光伏发电站自动调节其发出（或吸收）的无功功率，实现对并网点电压的控制，其调节速度和控制精度应满足电力系统电压调节的要求。

2. VDE‐AR‐N 4105—2011

在电压上下浮动 $\pm 10\% U_n$，且有功功率输出高于 $20\% P_n$ 的情况下，有功因数 $\cos\phi$ 要满足：

（1）装机容量≤3.68kVA，$\cos\phi$ 在（−0.95，0.95）范围内。

（2）3.68kVA＜装机容量≤13.8kVA，$\cos\phi$ 在（−0.95，0.95）范围内且满足图 2-19 中无功功率输出范围 1 限值的要求。

（3）装机容量＞13.8kVA，$\cos\phi$ 在（−0.95，0.95）范围内且满足图 2-20 中无功功率输出范围 2 限值的要求。

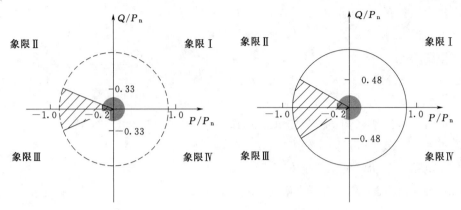

图 2-19　无功功率输出限值范围 1　　　　图 2-20　无功功率输出限值范围 2

3. BDEW—2008

伴随有功输出，任何一个运行点上运营的发电厂都至少应该有一个无功输出，并网点处的 $\cos\phi$ 应在（-0.95，0.95）范围内。

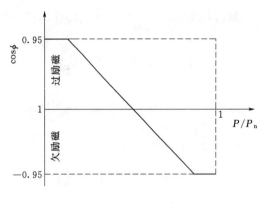

图 2-21　P-$\cos\phi$ 特性曲线图

伴随有功输出，无论是无功规定的固定目标值还是通过远程控制可变可调的目标值（或者其他控制技术）都可以在转接站被电网运营商制定。

如果电网运营商指定运行特性，任何由这个特性产生的无功功率值必须按照以下方式自动获得：①10s 内达到 P-$\cos\phi$ 特性的值；②10s～1min 的时间里调节 Q-U 特性。

为了减少在有功功率馈入波动时产生电压跳变，应选择连续图形和有限斜率的特性曲线，P-$\cos\phi$ 特性曲线图如图 2-21 所示。

2.2.5.2　检测方法

NB/T 32007—2013 适用于通过 35kV 及以上电压等级并网，以及通过 10kV 电压等级与公共电网连接的新建、扩建和改建光伏发电站接入电网的检测项目、检测条件、检测设备和检测方法等，实验室检测方法参照此标准。

无功功率控制特性检测电路如图 2-22 所示。

1. 无功功率输出特性

检测应按照如下步骤进行：

（1）按照图 2-22 搭建测试回路。

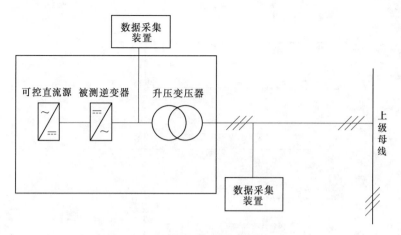

图 2-22 无功功率控制特性检测电路

（2）从光伏逆变器持续正常运行的最小功率开始，以每 $10\%P_n$ 的有功功率作为一个区间进行测试。

（3）按步长调节光伏逆变器输出的感性无功功率至光伏逆变器感性无功功率输出限值，记录至少 2 个 1min 感性无功功率和有功功率数据。

（4）按步长调节光伏逆变器输出的容性无功功率至光伏逆变器容性无功功率输出限值，记录至少 2 个 1min 容性无功功率和有功功率数据。

（5）以每 0.2s 数据计算一个无功功率平均值，以每 0.2s 数据计算一个有功功率平均值，利用所有计算所得 0.2s 平均值绘制无功功率—有功功率特性曲线。

2. 无功功率控制能力

检测应按照以下步骤进行：

（1）控制光伏逆变器的有功功率输出为 $50\%P_n$。

（2）检测期间不限制光伏逆变器的无功功率变化速度，按照图 2-23 的无功功率控制曲线控制光伏逆变器无功功率，在光伏逆变器出口侧测量时序功率，以每 0.2s 无功功率平均值为一点，绘制功率实测曲线。

（3）计算无功功率调节精度和响应时间。光伏逆变器有功功率控制响应时间和响应精度判断示意图如图 2-24 所示，P_1 为光伏逆变器有功功率初始运行值，P_2 为光伏逆变器有功功率设定值控制目标值。由图 2-24 可以得出以下光伏逆变器有功功率设定值响应时间和控制特性参数。

有功功率设定值控制响应时间 $t_{p,res}$ 为

$$t_{p,res}=t_{p,1}-t_{p,0} \qquad (2-6)$$

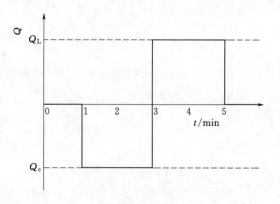

图 2-23 无功功率控制曲线图

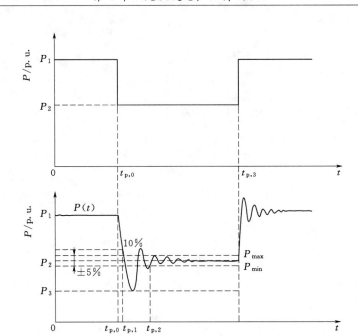

图 2-24 有功功率控制响应时间和响应精度判断示意图

式中 $t_{p,0}$——设定值控制开始时刻（前一设定值控制结束时刻）；

$t_{p,1}$——有功功率变化第一次达到设定阶跃值 90% 的时刻。

有功功率设定值控制调节时间 $t_{p,reg}$ 为

$$t_{p,reg} = t_{p,2} - t_{p,0} \qquad (2-7)$$

式中 $t_{p,2}$——设定值控制期间光伏电站有功功率持续运行在允许范围内的开始时刻。

设定值控制期间有功功率允许运行范围为 (P_{min}, P_{max})，其中

$$P_{max} = (1+0.05)P_2$$

$$P_{min} = (1-0.05)P_2 \qquad (2-8)$$

有功功率设定值控制超调量为

$$\sigma = \frac{|P_3 - P_2|}{P_2} \times 100\% \qquad (2-9)$$

式中 P_3——设定值控制期间光伏发电站有功功率偏离控制目标的最大运行值。

功率设定值控制精度可进行判定，判定公式为

$$\Delta P\% = \frac{|P_{set} - P_{mes}|}{P_{set}} \times 100\% \qquad (2-10)$$

式中 P_{set}——设定的有功功率值；

P_{mes}——实际测量每次阶跃后第 2 个 1min 有功功率平均值；

$\Delta P\%$——功率设定值控制精度。

2.2.6 电能质量

2.2.6.1 依据标准及指标要求分析

目前国内外较少单独对光伏电站提出电能质量标准，一般参考已有标准，或是将光伏并网标准纳入其他新能源标准范围内。国际电工委员会在风力发电领域制订了IEC 61400－21标准，提供了一套完整描述并网风电机组电能质量的特征参数及其相应的检测和计算方法，但目前尚未对光伏发电电能质量检测提出特别要求。我国针对光伏逆变器和光伏电站的电能质量制定了相应的标准，国家标准 GB/T 19964—2012 和GB/T 29319—2012、国家电网公司企标 Q/GDW 617—2011 和 Q/GDW 618—2011、行业标准 NB/T 32006—2013 和 NB/T 32008—2013，均对光伏逆变器/光伏电站电能质量的技术要求和检测方法做了明确规定。

1. GB/T 19964—2012

（1）电压偏差。光伏电站接入电网后，公共连接点的电压偏差应满足《电能质量供电电压偏差》（GB/T 12325—2008）的规定，其中：35kV 及以上公共连接点电压正、负偏差的绝对值之和不超过标称电压的 10%；20kV 及以上三相公共连接点电压偏差为标称电压的±7%。

如公共连接点电压上下偏差同号（均为正或负）时，按较大的偏差绝对值作为衡量依据。

（2）电压波动和闪变。光伏电站所接入的公共连接点的电压波动和闪变应满足《电能质量电压波动和闪变》（GB/T 12326—2008）的要求。

光伏电站单独引起公共连接点处的电压变动限值与变动频度、电压等级有关，电压变动限值见表 2-7。

表 2-7　　　　　　　　　　　　电 压 变 动 限 值

$r/(次 \cdot h^{-1})$	$d/\%$		$r/(次 \cdot h^{-1})$	$d/\%$	
	LV, MV	HV		LV, MV	HV
$r \leqslant 1$	4	3	$10 < r \leqslant 100$	2 *	1.5
$1 < r \leqslant 10$	3	2.5 *	$100 < r \leqslant 1000$	1.25	1

注：1. 对于很少的变动频度 r（每日少于 1 次），电压变动限值 d 还可以放宽，但不在本标准中规定。

2. 对于随机性不规则的电压波动，依 95% 概率大值衡量，表中标有"＊"的值为其限值。

3. 本标准中系统标称电压 U_n 等级按以下划分：

低压（LV）　　　　　　　$U_n \leqslant 1kV$

中压（MV）　　　　　　　$1kV < U_n \leqslant 35kV$

高压（HV）　　　　　　　$35kV < U_n \leqslant 220kV$

光伏电站接入电网后，公共连接点短时间闪变 P_{st} 和长时间闪变 P_{lt} 应满足表 2-8所列的限值。

表 2-8 各级电压下的闪变限值

系统电压等级	LV	MV	HV
P_{st}	1.0	0.9 (1.0)	0.8
P_{lt}	0.8	0.7 (0.8)	0.6

注：1. 本标准中 P_{st} 和 P_{lt} 每次测量周期分别取为 10min 和 2h。

2. MV 括号中的值仅适用于公共连接点（point of common coupling，PCC）连接的所有用户为同电压级的场合。

光伏电站在公共连接点单独引起的电压闪变值应根据光伏电站安装容量占供电容量的比例以及系统电压，按照 GB/T 12326—2008 的规定分别按三级作不同的处理。

（3）谐波。光伏发电站所接入 PCC 的谐波注入电流应满足《电能质量 公用电网谐波》（GB/T 14549—1993）的规定，应不超过表 2-9 中规定的允许值，其中光伏电站向电网注入的谐波电流允许值按此光伏电站装机容量与其 PCC 上具有谐波源的发/供电设备之比进行分配。

表 2-9 接入 PCC 的谐波电流允许值

标称电压 /kV	基准短路容量 /MVA	谐波次数及谐波电流允许值/A											
		2	3	4	5	6	7	8	9	10	11	12	13
0.38	10	78	62	39	62	26	44	19	21	16	28	13	24
6	100	43	34	21	34	14	21	11	11	8.5	16	7.1	13
10	100	26	20	13	20	8.5	15	6.4	6.8	5.1	9.3	4.3	7.9
35	250	15	12	7.7	12	5.1	8.8	3.8	4.1	3.1	5.6	2.6	4.7
66	300	16	13	8.1	13	5.1	9.3	4.1	4.3	3.3	5.9	2.7	5
110	750	12	9.6	6	9.6	4	6.8	3	3.2	2.4	4.3	2	3.7

标称电压 /kV	基准短路容量 /MVA	谐波次数及谐波电流允许值/A											
		14	15	16	17	18	19	20	21	22	23	24	25
0.38	10	11	12	9.7	18	8.6	16	7.8	8.9	7.1	14	6.5	12
6	100	6.1	6.8	5.3	10	4.7	9	4.3	4.9	3.9	7.4	3.6	6.8
10	100	3.7	4.1	3.2	6	2.8	5.4	2.6	2.9	2.3	4.5	2.1	4.1
35	250	2.2	2.5	1.9	3.6	1.7	3.2	1.5	1.8	1.4	2.7	1.3	2.5
66	300	2.3	2.6	2	3.8	1.8	3.4	1.6	1.9	1.5	2.8	1.4	2.6
110	750	1.7	1.9	1.5	2.8	1.3	2.5	1.2	1.4	1.1	2.1	1	1.9

注：220kV 基准短路容量取 2000MVA。

光伏发电站接入后，所接入 PCC 的间谐波应满足《电能质量 公用电网间谐波》（GB/T 24337—2009）的要求。220kV 及以下电力系统 PCC 各次间谐波电压含有率应不大于表 2-10 的限值。

接于 PCC 的单个用户引起的各次间谐波电压含有率一般不得超过表 2-11 的限值。根据 PCC 的负荷状况，此限值可以做适当变动，但必须满足表 2-10 的要求。

表 2-10　间谐波电压含有率限值　　　%

电压等级	频率/Hz	
	<100	100~800
1000V 及以下	0.2	0.5
1000V 以上	0.16	0.4

表 2-11　间谐波电压含有率限值　　　%

电压等级	频率/Hz	
	<100	100~800
1000V 及以下	0.16	0.4
1000V 以上	0.13	0.32

注：频率 800Hz 以上的间谐波电压限值还处于研究中。

同一节点上，多个间谐波源同次间谐波电压的合成为

$$U_{ih} = \sqrt[3]{U_{ih1}^3 + U_{ih2}^3 + \cdots + U_{ihk}^3} \tag{2-11}$$

式中　　U_{ih1}——第 1 个间谐波源的第 ih 次间谐波电压；

　　　　U_{ih2}——第 2 个间谐波源的第 ih 次间谐波电压；

　　　　U_{ihk}——第 k 个间谐波源的第 ih 次间谐波电压。

（4）电压不平衡度。光伏电站接入电网后，PCC 的三相电压不平衡度应不超过《电能质量　三相电压不平衡》（GB/T 15543—2008）规定的限值，PCC 的负序电压不平衡度应不超过 2%，短时不得超过 4%；其中由光伏电站引起的负序电压不平衡度应不超过 1.3%，短时不超过 2.6%。

2. BDEW—2008

（1）电压突变。由于发电机组开关操作引起的最大电压变化不超过 2%，且 3min 内 2% 的次数不超过一次。

在同一个电网连接点，一个或多个发电设备同时断开时，电网每一个点的电压变化限制不超过 5%。

（2）闪变。在 PCC 连接一个或多个发电设备，长期电压闪变强度 $P_{lt} \leq 0.46$。

（3）谐波和间谐波。如果中压电网中只有一个连接点，这个连接点处可容许的谐波电流可以由表 2-12 中的相关谐波电流 i_{vzul} 乘以连接点的短路功率计算，即

$$I_{vzul} = i_{vzul} S_{kv} \tag{2-12}$$

表 2-12　　可能馈入电网连接点的相关电网短路功率 S_{kv} 的可允许谐波电流

谐波次数 ν, μ	可允许相关谐波电流 i_{vzul}/(A·MVA^{-1})		
5	0.058	0.029	0.019
7	0.082	0.041	0.027
11	0.052	0.026	0.017
13	0.038	0.019	0.013
17	0.022	0.011	0.07
19	0.018	0.009	0.006

续表

谐波次数 ν, μ	可允许相关谐波电流 $i_{\nu zul}$/(A·MVA^{-1})		
23	0.012	0.006	0.004
25	0.010	0.005	0.003
$25<\nu<40^1$	$0.01\times25/\nu$	$0.005\times25/\nu$	$0.003\times25/\nu$
偶数次	$0.06/\nu$	$0.03/\nu$	$0.02/\nu$
$\mu<40$	$0.06/\mu$	$0.03/\mu$	$0.02/\mu$
ν, $\mu>40^2$	$0.18/\mu$	$0.09/\mu$	$0.06/\mu$

注：1. 奇次的。

　　2. 整数的或非整数的在 200Hz 以内。

　　3. ν 为谐波；μ 为间谐波。

如果这个连接点连接了多个发电厂，每个发电厂可允许的谐波电流，由式（2-12）中的 $I_{\nu zul}$ 乘以电厂视在功率 S_A 和连接点处的全部可连接的或者可预计的反馈功率的比值，即

$$I_{\nu Azul}=I_{\nu zul}\frac{S_A}{S_{Gesamt}}=i_{\nu zul}S_{kv}\frac{S_A}{S_{Gesamt}} \qquad (2-13)$$

如果中压电网中有几个连接点，每个节点的谐波电流不能超过

$$I_{\nu Azul}=I_{\nu zul}S_{kv}\frac{S_{Gesamt}}{S_{Netz}} \qquad (2-14)$$

对于 13 次以上的谐波或者间谐波，谐波电流不得超过

$$I_{\nu,uzul}=I_{\nu,u\,zul}S_{kv}\sqrt{\frac{S_{Gesamt}}{S_{Netz}}} \qquad (2-15)$$

式中　S_{Gesamt}——所有馈入到节点的发电单元的视在功率的总和；

　　　S_{Netz}——电网运行中变电站的馈电变压器的容量。

2.2.6.2　检测方法

《光伏发电站逆变器电能质量检测技术规程》（NB/T 32008—2013）规定了并网型光伏逆变器交流侧电能质量的检测条件、检测设备和检测方法等。

电能质量的检测电路图如图 2-25 所示，电能质量测量装置应接在被测光伏逆变器交流侧。

1. 三相电流不平衡度

三相电流不平衡度测试应符合下列要求：

（1）被测逆变器运行在 $33\%P_n$，测试期间被测逆变器的输出功率应保持稳定，运行功率等级允许 5% 的偏差。

（2）每个负序电流不平衡度的测量间隔为 1min，仪器记录周期应为 3s，按每 3s 时段计算均方根值。测量次数应该满足数理统计的要求，一般不少于 100 次。

（3）应分别记录其负序电流不平衡度测量值的 95% 概率大值以及所有测量值中的

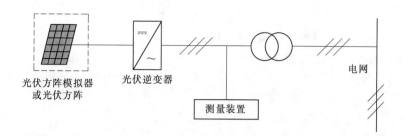

图 2-25 电能质量检测电路图

最大值以作为参考。

（4）被测逆变器分别运行在 $66\%P_n$ 和 $100\%P_n$，重复步骤（1）至步骤（3）。

对于离散采样的测量仪器推荐计算公式为

$$\varepsilon = \sqrt{\frac{1}{m}\sum_{k=1}^{m}\varepsilon_k^2} \qquad (2-16)$$

式中　ε_k——在 3s 内第 k 次测得的电流不平衡度；

　　　m——在 3s 内均匀间隔取值次数（$m \geqslant 6$）。

2. 闪变

闪变应通过模拟一个虚拟电网进行测试。虚拟电网电路图如图 2-26 所示，虚拟一个单相电网，由电感 L_{fic}、电阻 R_{fic}、理想电压源 $u_0(t)$ 以及电流源 $i_m(t)$ 串联而成，通过改变阻抗比，可以实现虚拟电网阻抗角 φ_k 的调节。

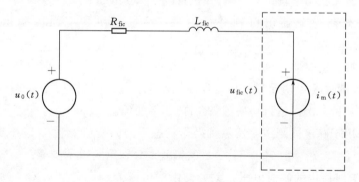

图 2-26 虚拟电网电路图

虚拟瞬时电压 $u_{fic}(t)$ 的表达式为

$$u_{fic}(t) = u_0(t) + R_{fic}i_m(t) + L_{fic}\frac{di_m(t)}{dt} \qquad (2-17)$$

式中　$i_m(t)$——被测逆变器出口侧测量的瞬时电流。

理想电压源 $u_0(t)$ 没有任何波动或闪变，且与被测逆变器出口侧测量电压的基波拥有同样的相位角 $\alpha_m(t)$。为满足这些特性，理想电压源 $u_0(t)$ 的表达式为

$$u_0(t) = \sqrt{\frac{2}{3}}U_n\sin[\alpha_m(t)] \qquad (2-18)$$

式中 U_n——电网额定电压；

$\alpha_m(t)$——逆变器出口侧所测电压基波的相位角。

所测电压基波的相位角表达式为

$$\alpha_m(t) = 2\pi \int_0^t f(t)\mathrm{d}t + \alpha_0 \tag{2-19}$$

式中 $f(t)$——随时间波动的频率；

t——自录波起经过的时间；

α_0——初始相位角。

通过改变 L_{fic} 和 R_{fic}，调节虚拟电网阻抗角 ψ_k 的表达式为

$$\tan(\psi_k) = \frac{2\pi f_g L_{fic}}{R_{fic}} = \frac{X_{fic}}{R_{fic}} \tag{2-20}$$

式中 f_g——电网标称频率，50Hz。

虚拟电网三相短路视在功率 $S_{k,fic}$ 的表达式为

$$S_{k,fic} = \frac{U_n^2}{\sqrt{R_{fic}^2 + X_{fic}^2}} \tag{2-21}$$

式中 $S_{k,fic}$——虚拟电网的短路视在功率。

需要注意的是，虚拟电网中短路容量比 $S_{k,fic}/S_n$ 建议取 $20\sim50$ 之间，S_n 是被测逆变器的额定视在功率。

停机操作时的闪变值 $P_{st,fic}$ 应通过测量结合虚拟电网确定，在整个测试过程中，应控制被测逆变器无功功率输出 $Q=0$，并执行以下测量要求：

（1）应在被测逆变器出口侧进行测量，测量电压和电流的截止频率应至少为 1500Hz。

（2）运行被测逆变器，测量从 $100\% P_n$ 切除过程中的三相瞬时电压 $u_m(t)$ 和瞬时电流 $i_m(t)$，测量时段 T 应足够长以确保停机操作引起的电流瞬变已经减弱。

（3）至少测量 2 次，运行功率等级允许 $\pm 5\%$ 的偏差。

虚拟电网用于确定被测逆变器停机操作状态下的闪变值 $P_{st,fic}$，应按规定的电网阻抗角 $\psi_k=30°$、$50°$、$70°$ 和 $85°$（容许 $\pm2°$ 的偏差）分别重复以下步骤：

1）所测 T 时段内的瞬时电压 $u_m(t)$ 与瞬时电流 $i_m(t)$ 应与 $u_{fic}(t)$ 的表达式结合，得到电压 $u_{fic}(t)$ 的曲线函数。

2）电压 $u_{fic}(t)$ 随时间变化的曲线函数应导入符合 GB/T 17626.15—2011 的闪变算法，每相得到至少 5 次每 T 时段时序的闪变值 $P_{st,fic}$。

3）将闪变值 $P_{st,fic}$ 计算闪变值 P_{st}，其表达式为

$$P_{st} = P_{st,fic}\frac{S_{k,fic}}{S_n} \tag{2-22}$$

需要注意的是，对具有冲击电流抑制的被测逆变器，电流互感器等级应是额定电流的 $2\sim4$ 倍；对于没有冲击电流抑制的被测逆变器，电流互感器等级应是额定电流的 $10\sim20$ 倍。对于光伏发电站逆变器，电压闪变发生的概率大值发生在额定功率运行时

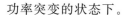

功率突变的状态下。

3. 谐波、间谐波及高频分量

光伏发电站逆变器出口侧的电流谐波、间谐波及高频分量应测量并记录作为电能质量的评判依据。由于电压畸变可能会导致更严重的电流畸变，使得谐波测试存在一定的问题。注入谐波电流应排除公共电网谐波电压畸变引起的谐波电流。

（1）电流谐波，包括以下方面：

1）控制被测逆变器无功功率输出 $Q=0$，以 $10\%P_n$ 运行被测逆变器，测试期间被测逆变器的输出功率应保持稳定，运行功率等级允许 $\pm5\%$ 的偏差。

2）按每个时间窗 T_w 测量一次电流谐波子群的有效值作为输出，取 3s 内 15 个输出结果的均方根值。

3）连续测量 10min 逆变器输出电流，计算 10min 内所包含的各 3s 电流谐波子群的均方根值，记录最大值。

4）电流谐波子群应记录到第 50 次，计算电流谐波子群总畸变率并记录。

5）以 $20\%P_n$、$30\%P_n$、$40\%P_n$、$50\%P_n$、$60\%P_n$、$70\%P_n$、$80\%P_n$、$90\%P_n$ 及 $100\%P_n$ 分别重复步骤 1）至步骤 4）。

需要注意的是，h 次电流谐波子群的有效值为

$$I_h = \sqrt{\sum_{i=-1}^{1} C_{10h+i}^2} \tag{2-23}$$

式中　C_{10h+i}——DFT 输出对应的第 $10h+i$ 根频谱分量的有效值。

电流谐波子群总畸变率为

$$THDS_i = \sqrt{\sum_{h=2}^{50} \left(\frac{I_h}{I_1}\right)^2} \times 100\% \tag{2-24}$$

式中　I_h——在 10min 内 h 次电流谐波子群的最大值；

　　　I_1——在 10min 内电流基波子群的最大值。

持续在短暂周期内的谐波可以认为是对公用电网无害的。因此，这里不要求测量因逆变器启停操作而引起的短暂谐波。

（2）电流间谐波，包括以下方面：

1）控制被测逆变器无功功率输出 $Q=0$，并运行在 $10\%P_n$，测试期间被测逆变器的输出功率应保持稳定，运行功率等级允许 $\pm5\%$ 的偏差。

2）按每个时间窗 T_w 测量一次电流间谐波中心子群的有效值作为输出，取 3s 内 15 个输出结果的平均值。

3）连续测量 10min 逆变器输出电流，计算 10min 内所包含的各 3s 电流间谐波中心子群的平均值，记录最大值。

4）电流间谐波测量最高频率应达到 2kHz。

5）以 $20\%P_n$、$30\%P_n$、$40\%P_n$、$50\%P_n$、$60\%P_n$、$70\%P_n$、$80\%P_n$、$90\%P_n$ 及 $100\%P_n$ 分别重复步骤 1）至步骤 4）。

需要注意的是，h 次电流间谐波中心子群的有效值为

$$I_h = \sqrt{\sum_{i=2}^{8} C_{10h+i}^2} \qquad (2-25)$$

式中　C_{10h+i}——DFT 输出对应的第 $10h+i$ 根频谱分量的有效值。

（3）电流高频分量。应测量逆变器 $10\%P_n$、$20\%P_n$、$30\%P_n$、$40\%P_n$、$50\%P_n$、$60\%P_n$、$70\%P_n$、$80\%P_n$、$90\%P_n$ 及 $100\%P_n$ 的电流高频分量。参照 GB/T 17626.7—2008 中附录 B 的要求进行电流高频分量的检测，以 200Hz 为间隔，计算中心频率从 2.1k~8.9kHz 的电流高频分量。

4. 直流分量

（1）以 $33\%P_n$ 运行被测逆变器，测试期间被测逆变器的输出功率应保持稳定，运行功率等级允许±5％的偏差。

（2）在被测逆变器出口侧测量各相的直流分量，按每个时间窗 T_w 测量一次直流分量作为输出，取 5min 内所有输出结果的平均值。

（3）以 $66\%P_n$ 和 $100\%P_n$ 分别运行被测逆变器，重复步骤（1）至步骤（2）。

2.3　工厂检查

2.3.1　工厂检查策划

工厂检查包括工厂质量保证能力检查和产品一致性检查两部分。工厂应按照产品认证实施规则和工厂质量保证能力要求生产与经认证机构确认合格样品一致的认证产品。工厂检查的策划包括确定检查目的、范围、准则，检查组成员构成，检查组成员的职责等内容。工厂检查的策划包括确定检查目的、范围、准则，检查组成员构成，检查组成员的职责等内容。

检查准则原则上是由法律法规、技术标准和合同三部分组成。自愿性产品认证的检查准则具体包括：①申请书/认证证书；②相关产品的认证规则；③相关产品适用的标准；④认证证书和认证标志的管理办法；⑤认证机构根据认证要求制定的相关规定及与产品认证相关的补充检查要求；⑥检测机构依据认证要求出具的型式试验报告或经确认的产品描述；⑦工厂相关文件的有效版本；⑧顾客的要求（可行时）。

产品型式试验是产品认证过程中的一个重要环节。根据不同的认证模式或流程规定，产品型式试验可在工厂检查之前或者之后进行，也可同步进行。通常情况下，产品型式试验是在工厂检查前进行，型式试验合格后安排工厂检查。型式试验合格报告及产品描述是在工厂现场实施产品一致性检查的一个重要依据。

2.3.2　检查组

检查组由检查组长和检查员组成。检查组应具备相应的专业能力和检查能力，适应于被检查的产品类别、工艺特点、工厂规模、检查现场所涉及的文件和语言特点。

检查组要求具有一名或一名以上具有相应专业能力的检查员或技术专家。专业检查员或技术专家应具备如下条件：

（1）具有相应专业技术领域的基本理论和实践经验。

（2）熟悉被检查方申请认证产品的设计、产品结构、生产工艺及质量控制要点。

检查能力主要指检查员应能按检查程序要求，熟练运用检查技术和技巧，其熟练程度应能满足检查的需要。

检查组长的主要职责是代表检查组与认证机构和被检查方进行沟通；全面负责检查工作，分配检查任务、协调与检查相关的工作，负责检查的工作质量；承担检查任务；领导检查组得出检查结论；编制并完成检查报告。

检查员的职责是独立承担检查任务；为检查报告提供真实、准确的证据；支持并配合组长工作。

2.3.3　工厂检查前准备

检查组在开展工厂检查前需要对认证机构和工厂提供的文件和资料进行初步评审，目的是了解工厂的质量保证能力及申请认证产品的情况，初步确定相关文件的完整性和符合性，确定现场检查的时机，制定符合实际情况的检查表，为现场检查做好充分的准备。文件资料的评审通常由检查组长承担，也可由组长指定其他成员承担。

检查组应将检查时所需的文件资料准备齐全。检查组长可委托检查组成员分工准备相关的文件资料和检查所用的记录表格，包括工厂检查计划、检查表、首次会议签到表、末次会议签到表、工厂检查报告（工厂检查结论的书面文件）、不符合项报告以及其他有关记录表格等。

检查计划是指对一次检查的活动及安排的描述。检查组应根据认证机构提供的工厂信息，以产品为主线确定检查路线和方法，编制检查计划，并根据工厂的实际情况及检查组成员的专业特点进行分工。

在编制检查计划时，对被检查方的组织机构、职能分配、部门设置及相关要素应有所了解。在检查计划的日程安排中，应具体描述检查员在各时间段所需从事的活动。

检查表是检查员在现场检查时使用的一种指导检查思路的工作文件。检查表的作用主要是使检查员在检查过程中始终遵循既定的目标，正确执行检查意图，按计划、有序地收集相关证据，减少随意性，有节奏而完整地开展检查活动。

2.3.4　工厂检查的实施

工厂检查是以检查组进入工厂检查现场到末次会结束这一阶段的活动为主要内容，具体包括首次会议和现场参观、收集证据、样本识别及抽样、不符合项及不符合项报告、出具检查结论、末次会议及检查后续活动。

1. 首次会议和现场参观

首次会议通常由检查组长主持，参加会议的人员为检查组全体成员、工厂质量负责人及各相关部门的管理人员。开好首次会议的前提条件是：事先需做好充分的沟通工作，使检查组和被检查方都知晓即将要进行的工作；检查组对可能发生的情况要有充分的准备。在首次会议上，如被检查方对检查计划提出修改建议时，可视具体情况予以考虑，在不扩大检查范围、不妨碍检查活动正常进行的前提下可接受。必要时，应就修改检查计划的内容向认证机构报告并做好记录；如果涉及扩大检查范围、改变检查准则、增加检查内容的情况，则需向认证机构报告，检查组不得擅自做出决定。

首次会议后，可以根据计划安排一次短暂的现场参观。通过现场参观可以了解企业概貌、生产过程、工艺水平、检验点、装备和环境等，以便调整检查重点、优化检查计划，提高检查的工作效率和有效性。

2. 收集证据

工厂检查的全过程就是收集证据的过程。产品认证的特点决定了收集证据的重点，是与产品形成全过程相关的活动及活动涉及的部门。收集证据要有系统性、连贯性，切忌无序性或随意性。收集证据的方法包括谈话、观察、查阅、检测等。

谈话是收集证据的一个重要手段，应当在条件许可时，以适合于被谈话人的方式进行。谈话应遵循以下原则：谈话对象应来自检查范围内实施活动或任务的，适当层次的具有相应职能的人员；努力使谈话对象放松，以便准确理解提问，力求得到真实可信的证据；谈话内容的要点可做记录；应当避免提出有倾向性的问题；应当感谢对方的参与和合作。

敏锐的观察力是作为一个合格检查员应具备的一种基本素质。在整个检查过程中，检查员都应根据检查准则的规定要求，认真观察现场的场景，包括现场的环境、生产及检测设备的状态、发生的活动、人员的操作、张贴的信息、标识及标记、产品状况等。对观察到的有价值信息，随时予以记录。对涉及与检查准则不相符合的证据时，记录的信息要准确、全面，对事实发生的地点、时间、当事人、对应事物的特定标识或标记做详细记录。必要时，请陪同人员签字确认所记录的客观证据。

查阅文件和记录贯穿于检查的全过程，是收集证据最直接、最客观的调查方法。查阅文件主要关注其有效性、符合性、可操作性及其管理；查阅记录主要关注其客观性、完整性、可追溯性及其管理。查阅文件和记录时，应记录有价值的线索和下一步检查时所需的信息。

通过现场可实施的检测或通过抽样检测（送检测机构检测）获取信息是产品认证的显著特点。这种方法能直观地确定产品与认证（规定）标准的符合程度。

3. 样品识别及抽样

检查员按检查计划的分工编制检查表时，应考虑分工范围内涉及的要素和部门，识别并选取样本。

检查组在现场检查时,应对照认证机构提供的工厂信息(包括工厂检查调查表、组织机构图、职能分配、关键生产及检测设备清单、工厂名称、地址等)。对工厂的现状进行核实。经核实发生变化的信息应及时补充到相应的文件中,必要时,应在检查报告中加以说明。

4. 不符合项及不符合项报告

不符合项是指在检查过程中发现的不满足检查准则要求的事实。不符合项报告是将不符合的事实以书面形式表述的一种记录。

对不符合项事实的描述要注意:①所描述的事实完整,给出的信息充分;②涉及时间、地点、当事人、文件、记录、设备、产品时,要描述准确,使之具有重查性、再现性、可追溯性;③文字简练,用词准确;④只描述事实,不做评论;⑤不带感情色彩、不推测;⑥引用准则时力求与不符合的事实有直接关联。

5. 出具检查结论

检查组要开展内外部沟通,形成检查结论。

内部沟通可采取内部会议、检查小组/检查员之间的随时交换信息等方式进行。内部会议可在现场检查之前、过程之中及末次会议召开之前进行。

检查组的沟通内容包括对收集的全部证据进行整理、分析,并做出判断;根据不符合项(如果有)的具体情况,确定验证方式;得出检查结论,形成检查报告;做好末次会议的准备工作,特定情况下,还需对检查结果未达成共识可能会引起的意外情况做好充分的应对准备。

外部沟通是指在工厂检查期间,按检查计划的安排,在每天检查结束时将当天检查的情况向被检查方做简要通报,尤其是发现不符合检查准则的情况。同时应向被检查方说明,对被通报的情况允许被检查方做出进一步解释,在检查组离开工厂之前,可以向检查组提供进一步解释的证据。末次会议之前的检查组内部会结束后,可预先将检查结果(包括不符合项)向被检查方的授权代表或高层管理者进行通报,争取对检查结论达成共识。

检查组在做出工厂检查结论时应考虑:工厂质量保证能力的符合性、适宜性和有效性;认证产品的一致性;指定试验的结果;遵守国家法律法规的情况。

检查结论通常分以下情况:

(1)无不符合项,工厂检查通过。

(2)存在不符合项,工厂应在规定的期限内采取纠正措施,报检查组验证有效后,工厂检查通过。否则,工厂检查不通过。

(3)存在不符合项,工厂应在规定的期限内采取纠正措施,检查组现场验证有效后,工厂检查通过。否则,工厂检查不通过。

(4)存在不符合项,工厂检查不通过。

检查组长应当对检查报告的编制和内容负责。检查报告应当提供完整、准确、简明和清晰的检查记录。

6. 末次会议

末次会议按检查计划所确定的时间进行，通常由检查组长主持。当因检查或其他原因导致末次会议时间变更时，应事先与被检查方沟通，减少对工厂正常运行的影响。末次会议的形式可视企业规模和管理模式而定，也可与工厂协商而定。主要目的是通报检查结论，解释后续工作事项。

当检查组和被检查方不能就检查结论达成共识时，应将双方的意见记录在案；尤其是有分歧的意见，做好详细记录。

7. 检查后续活动

检查的后续活动是指检查组检查文件的处理工作，包括不符合项验证和检查结果上报。

不符合项验证原则上由原检查组进行。如果认证机构另有安排，验证人员应能得到工厂检查的相关资料。不符合项的验证方式分为书面验证和现场验证两种。不符合项的事实不直接影响产品满足认证特性的要求，不带普遍性且易于纠正的，一般采用书面验证；不符合项的事实可能会导致产品不满足认证特性的要求，或某要素普遍未得到有效实施，或某部门涉及的要素大多未得到有效控制，或工厂内审或者检查组上次检查发现的不符合项的纠正措施无效，或类似的不符合仍在重复发生等情况，需要采取现场验证的方式。

2.4　获证后监督

2.4.1　监督的概念

认证机构负责对获证组织进行监督的策划与组织实施，以确保认证产品持续稳定地符合认证标准要求，并和经确认合格样品的特性保持一致。获证后监督包括监督检查、认证标识及证书的管理、产品变更的管理、对获证产品质量的跟踪等多项内容。

监督检查分为质量保证能力复查和产品一致性检查。通过对工厂质量保证能力的监督检查，证实工厂是否能够持续稳定地生产出满足认证准则规定要求的产品。通过产品一致性检查，证实工厂批量生产认证产品的特性与经认证机构确认合格样品的符合程度。

日常监督是按认证制度或产品认证实施规则规定的周期进行监督。由于某些特殊原因，认证机构以在日常监督以外增加监督频次，这种加频的监督称为特殊监督。

日常监督和特殊监督通常是在预先通知企业的情况下进行，以便取得企业的配合从而顺利实施。基于某些特殊原因，认证机构的日常监督和特殊监督的实施也可采取不预先通知企业的方式进行。

2.4.2 监督的策划实施

质量保证能力复查的策划实施过程和初次工厂检查类似，但内容和要求的程度并不相同，流程中的文件资料检查、首次会议、现场参观和末次会议可以在监督检查中简化。

在实施监督检查时，检查员应特别关注变更：如程序（关键元器件和材料的检验/验证程序、例行检验和确认检验程序、不合格品控制程序等）是否发生了变更，产品（结构、关键元器件和材料等）是否发生了变更，产品生产工艺是否发生了变更等，如果发生了变更则应跟踪和判定这些变更是否符合规定的要求。

质量保证能力复查与初始工厂检查的质量保证能力要求相同，但侧重点不同。在初始工厂检查时，一般关注是否建立和/或实施了质量保证能力要求，监督检查时则关注是否保持和实施了质量保证能力要求、实施是否有效。如果上次工厂检查时出具了不符合项报告，还应对其采取的纠正措施有效性进行评价。

2.4.3 监督的结论

获证后监督的综合结论评定准则同初始工厂检查。检查组以监督检查报告的形式报告工厂检查的结论。监督检测的结论包括：

（1）如监督检查未发现不符合项，则监督的综合结论为合格，建议保持证书。

（2）如监督检查发现了不符合项，但不会导致获证产品不符合认证准则规定的要求，且工厂在规定的期限内采取了纠正措施并经验证有效，则监督的综合结论为合格，建议保持证书。

（3）如监督检查发现的不合格，可能危及产品不符合认证准则规定的程度，或未按规定使用认证证书和认证标志，则监督的综合结论为不合格，建议暂停认证证书。如监督检查时没有获证产品生产，且在规定的期限内仍不生产，可依据具体情况，做出暂停认证证书的建议。

（4）监督结果证明产品出现严重缺陷的，则监督的综合结论为不合格，建议撤销认证证书。

第3章　光伏发电站并网认证

光伏发电站并网认证是通过对光伏发电站的整体并网性能以及运行管理和人员技术水平等进行全面评价，最终给出认证决定，并在一段时期内持续监督，保证光伏发电站并网性能持续满足标准要求。能够为电网企业在进行电力调度时提供决策依据，保证大规模光伏发电接入电网后，电网的安全稳定运行。

光伏发电站并网认证按照"现场检查＋仿真分析＋现场测试＋获证后监督"的认证模式，对申请并网认证电站的"认证申请、资料审查、现场检查、建模仿真、现场测试、认证决定、持续监督"等流程进行了全面评估。光伏电站的并网认证覆盖了GB/T 19964—2012标准要求的全部项目，认证结果全面客观反映了光伏发电站并网性能的全部技术指标。

3.1　概述

光伏发电站并网认证主要工作包括现场检查、现场检测、一致性核查、建模仿真和获证后监督等，各环节紧密结合，认证结果能够全面反映光伏发电站的并网性能。通过对光伏发电站设计、建造资料，运行人员资质和技能，关键器件硬件型号和质量的现场检查，确保光伏发电站的设计和建设质量、运营能力满足要求；通过对逆变器主控板的一致性核查，确保光伏发电站现场所使用的逆变器运行的程序与通过实验室型式试验的软件程序相一致，保证逆变器模型的准确性；通过现场测试，确保光伏发电站有功特性、无功特性和电能质量满足国标要求；通过对整站进行建模仿真，来评估光伏发电站能否满足国标对低电压穿越和电网适应性的要求；通过获证后监督对光伏发电站的整体性能开展长期的跟踪和评估，保证获证光伏发电站在证书有效期内始终满足光伏发电并网相关标准的要求。

光伏发电站并网认证流程如图3-1所示。

光伏发电站并网认证实施过程中会有多个成果输出，通过各环节的紧密结合确保认证决定的准确性。主要成果为：

（1）光伏逆变器一致性核查报告。通过对光伏电站所使用的逆变器进行现场随机抽样，拆取逆变器主控板在实验室中开展半实物仿真，从而获得现场使用逆变器的外特性，并与逆变器型式试验报告中的测试结果进行比对，确定现场所使用的逆变器程序是否与型式试验的送检样机一致，最终性能指标体现在光伏逆变器一致性核查报告中。

（2）光伏发电站并网性能检测报告。通过对光伏发电站电能质量、有功功率和无功

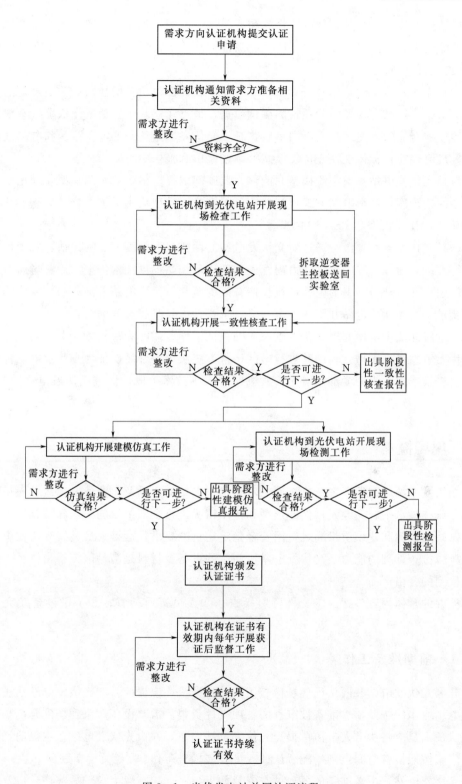

图 3-1　光伏发电站并网认证流程

功率的整体测试，结合整站低电压穿越和电网适应性的仿真评估，覆盖光伏发电站全项并网性能要求，保证光伏发电站并网性能满足标准要求，最终性能指标体现在光伏发电站并网性能检测报告中。

（3）光伏发电站整站建模仿真报告。基于逆变器、无功补偿装置等关键设备的模型参数测试结果，结合现场实测项目的测试数据，最终建立基于实测的光伏发电站整站精确模型。结合光伏发电站当地电网参数，开展光伏发电站整站低电压穿越和电网适应性仿真，最终性能指标体现在光伏发电站整站建模仿真报告中。

（4）光伏发电站整站实测模型。能够为调度部门提供精确的实测模型，优化本地电网模型的精确度，使得电网方式计算的结果更准确。模型输出类型多样化，包括 Digsilent 模型、BPA 模型和 PSASP 模型等。

（5）光伏发电站评级。通过对光伏发电站的性能、运维等方面的评估，对光伏发电站进行评级，为在有限的消纳能力内优先调度优质场站提供技术依据，缓解当前有效消纳的问题。并对获得证书的电站进行长期有效的监督，保证电站入网后的性能持续符合电网要求。对光伏发电站并网进行全环节、全要素、长时间尺度的监管。

通过对光伏发电站开展光伏发电站并网认证工作，能够为采信方如电网调度部门提供光伏发电站精确模型，辅助其进行电网运行方式决策。分级认证为光伏发电站优先调度提供决策依据，为调度部门对光伏发电监管提供技术手段，促进光伏发电"并得上、发得出、能消纳"。

3.2　现场检查

光伏发电站并网认证现场检查通过对光伏发电站的建设及运营情况、运维人员的资质和专业技能水平、关键元器件的选型和使用情况进行全面细致的梳理和排查，确保光伏发电站的设计和建设质量满足电网安全稳定运行的要求，运维人员具备光伏发电站运维及故障排查处理的能力，光伏发电站所使用的设备及材料是满足国家质量体系要求并经过检测的合格产品。

检查的具体内容包括：①文件资料检查；②人员资质检查；③关键设备及元器件检查。

3.2.1　前期准备工作

开展光伏发电站并网认证现场检查工作，认证机构应提前告知光伏发电站业主，光伏发电站业主应按照要求准备被审查的各项文件资料。需要设备厂家到场配合的检查项目，认证人员应将所需人员清单提交光伏发电站业主，并由光伏发电站业主提前通知各设备厂家按照检查时间点到场配合认证人员开展检查工作。

光伏发电站业主需准备的各项被查资料如下：

1. 设计及建设资料

设计及建设资料包括但不限于光伏发电站的接入系统审查意见、投入运行批准书、光伏发电项目可研报告、光伏发电站接入系统专题研究报告、光伏发电站调试（测试）方案等。

2. 内部管理资料

内部管理资料包括但不限于光伏发电站管理规范、光伏发电站巡检制度、光伏发电站运维制度、光伏发电站工器具使用制度、光伏发电站安全操作制度、光伏发电站运行人员值班制度、电力安全工作规程考核记录、光伏发电站运行日志、光伏发电站运行报告、光伏发电站故障维护记录等。

3. 人员资质资料

人员资质资料包括但不限于光伏发电站运行人员职业资格证书、高/低压电工操作证书、培训证书和培训记录（包括光伏发电理论培训、设备维护培训、现场操作培训、安全作业培训、电站管理制度培训等）。

4. 关键设备及元器件资料

关键设备及元器件资料包括但不限于关键设备及元器件采购合同、到货验收记录、调试投运报告、设备运行记录、产品合格证、设备使用手册、设备检测报告（包括光伏逆变器型式实验报告、光伏逆变器并网性能检测报告、光伏逆变器模型参数测试报告、无功补偿装置参数测试报告）。

3.2.2　文件资料检查

文件资料检查主要是对光伏发电站设计及建设资料和内部管理资料进行检查，应根据光伏发电站文件资料检查记录表中列出的内容逐一检查确认。对于需检查的文件资料先确认有无，再对文件资料的内容开展深入检查。检查结果应在记录表中进行记录，并根据各项文件资料的材料完整度进行打分。例如检查结果可分为通过 P、不通过 N，计分制采用 10 分制。其中 9～10 分为资料完整度高，内容合理；6～8 分为资料相对完整，内容较为合理；3～5 分为资料内容有缺失，内容合理度一般；1～2 分为资料内容缺失严重，内容不合理。

文件资料检查的具体内容如下：

（1）通过对光伏发电项目可研报告的检查，确保光伏发电站的设计考虑全面，满足相关要求。应检查报告编制单位是否具备相关资质，报告涉及的内容是否真实合理。报告的内容应至少包括当地太阳能资源、工程地质条件、项目任务和规模、系统总体方案设计及发电量计算、电气设计、消防工程设计、土建工程、施工组织设计、工程管理设计、环境保护与水土保持、劳动安全与工业卫生、工程概算、财务评价与社会效果分析等方面。

（2）通过对光伏发电站接入系统专题研究报告的检查，确保光伏发电站电气性能设计合理，具备接入电网的能力。应检查报告编制单位是否具备相关咨询资质，报告涉及的内容是否真实合理。报告的内容应至少包括光伏发电站概况、当地电网现状及规划、接入系统方案分析、电气计算、系统继电保护配置、系统通信设计、调度自动化管理、当地电网地理接线图等方面。

（3）通过对光伏发电站接入系统审查意见的检查，确保光伏发电站已开展过接入系统审查。应检查文件是否加盖当地电力公司公章，确认光伏发电站是否已按照各项审查意见进行整改。

（4）通过对光伏发电站投入运行批准书的检查，确保光伏发电站已具体入网条件，并按照电力公司调度部门的要求接入电网。应检查文件是否加盖当地电力公司公章，有无光伏发电站电气主接线图、光伏发电站接入电网示意图和接入开关站主接线图，有无电力公司调度部门下发的接入系统调度设备命名、管辖范围划分和新设备启动要求等内容。

（5）通过对光伏发电站调试（测试）方案的检查，确保光伏发电站整站及各关键装置已完成调试工作，能够正常运行。应检查涉及调试（测试）的单位是否具备相关调试（测试）资质，调试（测试）方案的内容是否全面，流程步骤是否合理。方案的内容应至少包括调试（测试）的目的、依据的标准或规定、各参与方职责分工、计划进度安排、参与人员资质情况、设备仪器清单、调试（测试）具体操作流程、安全注意事项、质量管理等方面。

（6）通过对光伏发电站内部管理资料的检查，确保光伏发电站具备合格的运维水平。应检查各制度类资料内容是否全面合理，要求是否明确；记录类资料描述是否真实详尽，有无缺失遗漏的情况。管理资料应至少包括光伏发电站管理规范、光伏发电站巡检制度、光伏发电站运维制度、光伏发电站工器具使用制度、光伏发电站运检安全管理制度、光伏发电站运行人员值班制度、操作票和工作票制度、电力安全工作规程考核记录、光伏发电站运行日志、光伏发电站运行报告、光伏发电站故障维护记录等文件。

3.2.3　人员资质检查

人员资质检查主要是对光伏发电站运维人员的专业知识水平、职业资格证明、业务熟练程度、电气设备操作及故障排查能力等方面进行检查。应根据光伏发电站人员资质检查记录表中列出的内容逐一检查确认。对于需检查的人员资质资料先确认有无，再分别对每个人员的知识水平和专业能力开展深入检查。检查结果应在记录表中进行记录，并根据各人员的资质情况进行打分。例如检查结果可分为通过 P、不通过 N，计分制采用 10 分制。其中 9～10 分为人员资质优秀，专业能力突出；6～8 分为人员资质良好，具备一定的专业能力；3～5 分为人员资质一般，专业能力一般；1～2 分为人员资质较差，专业能力欠缺。

人员资质检查具体内容如下：

光伏发电站各岗位人员有无职业资格证书、高/低压电工操作证书、入网作业许可证和各类培训证书等。有无建立人员配置及职责管理制度，人员职责定位至少包括站长、值班长、值班调度员、运维人员、运行人员和安全员等。有无定期开展职业素质教育、服务知识和技能培训，是否留有培训记录，培训内容至少包括光伏发电理论培训、设备维护培训、现场操作培训、安全作业培训、电站管理制度培训等。

3.2.4　关键设备及元器件检查

关键设备及元器件的检查主要是对光伏发电站现场所使用的关键设备及元器件的性能、参数、使用情况、受检情况等方面进行全面检查。应根据光伏发电站关键设备及元器件检查记录表中列出的内容逐一检查确认。对于需检查的设备及元器件资料先确认有无，再分别对每种设备及元器件的资料开展深入检查。检查结果应在记录表中进行记录，并根据各种设备及元器件资料的内容完整度情况进行打分。检查结果可分为通过P、不通过N，计分制采用10分制。其中9～10分为资料完整度高，内容合理；6～8分为资料相对完整，内容较为合理；3～5分为资料内容有缺失，内容合理度一般；1～2分为资料内容缺失严重，内容不合理。

1. 母线

检查光伏发电站各级母线所使用的铜排或线缆采购合同、到货验收记录、产品合格证等，并记录型号规格和详细参数。确保光伏发电站所使用的各级母线铜排或线缆规格符合设计要求，产品为经过检测认证的合格产品。

应根据实际情况记录光伏发电站正常运行时各级母线电压，若不是固定值，则记录电压范围。至少包括主变高压侧线电压、主变低压侧线电压、箱式变压器高压侧线电压和箱式变压器低压侧线电压。

2. 集电线路

检查光伏发电站各条集电线路所使用的线缆采购合同和线缆试验报告、到货验收记录、产品合格证等，并记录型号规格和详细参数。确保光伏发电站所使用的各集电线路铜排或线缆规格符合设计要求，产品为经过检测认证的合格产品。

应分别记录每一条集电线路的线缆使用情况，具体内容至少包括线路编号、线路路径、线缆长度和线缆型号。记录完成后，应对光伏发电站使用的同一型号线缆总长度分别进行统计。

3. 光伏组件

检查光伏发电站光伏组件的采购合同、到货验收记录、产品合格证、光伏组件型式试验报告等，并记录组件类型/数量、型号规格和详细参数。应对光伏组件外观和标签进行拍照留存。确保光伏发电站所使用的光伏组件为经过检测认证的合格产品。

应记录的光伏组件参数的具体内容至少应包括开路电压 U_{oc}、短路电流 I_{sc}、最大功率点电压 U_{mpp}、最大功率点电流 I_{mpp}、最大功率点功率 P、组件的转换效率、填充因子、$I-U$ 特性、$P-U$ 特性、温度对开路电压的影响系数、温度对短路电流的影响系数等。

4. 主变压器

检查光伏发电站主变压器的采购合同、到货验收记录、产品合格证、设备使用手册、调试投运报告、设备运行记录、变压器试验报告等，并记录型号规格、设备序列号和详细参数。应对主变压器整体外观和铭牌进行拍照留存。确保光伏发电站所使用的主变压器性能指标满足电站运行要求，产品为经过检测认证的合格产品并按要求进行调试投运。

应记录的主变压器参数的具体内容至少应包括变压器额定容量、高压侧额定电压、低压侧额定电压、高压侧额定电流、低压侧额定电流、短路损耗、空载损耗、阻抗电压、空载电流、中性点接地电抗、调压方式/当前档位、接线方式（组别）、中性点接地情况等。

5. 单元变压器

检查光伏发电站各单元变压器的采购合同、到货验收记录、产品合格证、设备使用手册、调试投运报告、设备运行记录、变压器试验报告等，并记录型号规格、设备序列号和详细参数。应对单元变压器整体外观、箱体内部和铭牌进行拍照留存。确保光伏发电站所使用的单元变压器性能指标满足逆变单元运行要求，产品为经过检测认证的合格产品并按要求进行调试投运。

应记录的单元变压器参数的具体内容至少应包括变压器额定容量、高压侧额定电压、低压侧额定电压、高压侧额定电流、低压侧额定电流、短路损耗、空载损耗、阻抗电压、空载电流、中性点接地电抗、调压方式/当前档位、接线方式（组别）、中性点接地情况等。

6. 光伏逆变器

检查光伏发电站各型号光伏逆变器的采购合同、到货验收记录、产品合格证、设备使用手册、调试投运报告、设备运行记录、逆变器试验报告等，并记录型号规格、设备序列号和详细参数。确保光伏发电站所使用的光伏逆变器为经过检测认证的合格产品，各项并网性能满足相关标准要求，并按要求进行调试投运。现场使用的逆变器软件版本未经更改，与实验室型式试验时一致。

逆变器试验报告至少应包括逆变器型式实验报告、逆变器并网性能检测报告、逆变器模型参数测试报告等，报告应由具有国家级检测资质的第三方实验室提供。

应记录的光伏逆变器参数的具体内容至少应包括额定输出功率、最大输出功率、额定网侧电压、额定电网频率、最大交流输出电流、总电流谐波畸变率、功率因素（超前～滞后）、功率器件开关频率、直流母线启动电压、最低直流母线电压、最高直流母线电压、满载 MPPT 电压范围、最佳 MPPT 工作点电压、最大输入电流、直流母线电容、主回路拓扑结构、二次回路取电模式、有无隔离变/升压变、保护功能种类等。

应在逆变器厂家的配合下，对光伏发电站所使用的每种型号逆变器至少随机抽取一台，进行逆变器软件和硬件核查，并对光伏逆变器整体外观、箱体内部、关键元器件和铭牌进行拍照留存。应记录的光伏逆变器软件版本号至少应包括总控 DSP 软件、监控软件、DCDC DSP 软件、DCAC DSP 软件等。应对光伏逆变器板件序列号进行记录，至少应包括主控 PCB 板件、监控 PCB 板件、键盘 PCB 板件、辅助电源 PCB 板件、DCDC 驱动 PCB 板件、逆变驱动 PCB 板件、信号转接 PCB 板件、内部信号转接 PCB 板件、系统并联信号 PCB 板件等。应对方便观察到的逆变器关键元器件进行现场检查并记录器件型号，应检查的元器件至少应包括功率器件、直流断路器、直流接触器、交流接触器、交流断路器、交流熔断器、直流电容、交流电容、滤波电容、滤波电抗、电流互感器、直流电流霍尔元件等。

7. 开关柜

检查光伏发电站开关柜的采购合同、到货验收记录、产品合格证、设备使用手册、调试投运报告、设备运行记录等，并记录型号规格、设备序列号和详细参数。应对开关柜整体外观、柜体内部和铭牌进行拍照留存。确保光伏发电站所使用的开关柜性能指标满足电站运行要求，产品为经过检测认证的合格产品并按要求进行调试投运。

应记录的开关柜参数的具体内容至少应包括安装方式、断路器类型、灭弧方式、机械寿命、额定容量、额定电压、最高电压、额定电流、额定频率、额定短路耐受电流、额定短路持续时间、额定峰值耐受电流、额定有功负载开断电流、接地开关额定短时耐受电流、接地开关额定短路持续时间、合闸速度、分闸速度、分闸时间等。

8. 无功补偿装置

检查光伏发电站无功补偿装置的采购合同、到货验收记录、产品合格证、设备使用手册、调试投运报告、设备运行记录、无功补偿装置参数测试报告等，并记录型号规格、设备序列号和详细参数。应对无功补偿装置整体外观、箱体内部和铭牌进行拍照留存。确保光伏发电站所使用的无功补偿装置的无功支撑能力和响应调节速度等性能指标满足电站运行要求，产品为经过检测认证的合格产品并按要求进行调试投运。

应记录的无功补偿装置参数的具体内容至少应包括额定电压、额定容量、无功功率最大值、无功功率最小值、输出电流最大值、输出电流最小值等。

应对无功补偿装置的运行模式进行记录，至少包括无功功率控制模式、测量环节时间常数、有功控制 PI 环节比例系数、有功控制 PI 环节积分时间常数、恒电压控制模式比例系数、恒电压控制模式积分时间常数、无功控制 PI 环节比例系数、无功控制 PI 环节积分时间常数、恒功率因数控制模式控制范围、是否参与光伏电站低穿调节、与 AVC 系统的协调方式（暂态故障时，是否独立响应）。

9. AGC 系统

检查光伏发电站 AGC 系统的采购合同、到货验收记录、产品合格证、设备使用手册、调试投运报告、设备运行记录、AGC 系统联调报告等，并记录型号规格详细参数。应对 AGC 系统监控画面和柜体内部进行拍照留存。确保光伏发电站所使用的 AGC 系统的控制模式和调节能力等性能指标满足电站运行要求，产品为经过检测认证的合格产

品并按要求进行调试投运。

应记录的 AGC 系统的具体内容至少应包括有功功率控制模式、系统通信方式、命令下发策略、是否可以接受调度指令、电站出口有功功率、电站出口电压、电站出口频率、电站出口电流等。

10. AVC 系统

检查光伏发电站 AVC 系统的采购合同、到货验收记录、产品合格证、设备使用手册、调试投运报告、设备运行记录、AVC 系统联调报告等，并记录型号规格详细参数。应对 AVC 系统监控画面和柜体内部进行拍照留存。确保光伏发电站所使用的 AVC 系统的控制模式和调节能力等性能指标满足电站运行要求，产品为经过检测认证的合格产品并按要求进行调试投运。

应记录的 AVC 系统的具体内容至少应包括无功功率控制模式、系统通信方式、命令下发策略、是否可以接受调度指令、是否控制光伏逆变器、电站出口有功功率、电站出口无功功率、电站出口电压、电站出口电流等。

11. 综合保护装置

检查光伏发电站综合保护装置的采购合同、到货验收记录、产品合格证、设备使用手册、调试投运报告、设备运行记录、保护定值等，并记录型号规格详细参数。应对综合保护装置整体外观和柜体内部进行拍照留存。确保光伏发电站所使用的综合保护装置性能指标满足电站运行要求，产品为经过检测认证的合格产品并按要求进行调试投运。

应记录的综合保护装置的保护定值至少应包括线路保护（距离、过流）、母差保护、变压器保护（差动）、变压器后备保护、过/欠频保护、过/欠压保护、防孤岛保护、断路器失灵、分相重合闸等。

12. 故障录波装置

检查光伏发电站故障录波装置的采购合同、到货验收记录、产品合格证、设备使用手册、调试投运报告、设备运行记录等，并记录型号规格详细参数。应对故障录波装置整体外观和柜体内部进行拍照留存。确保光伏发电站所使用的故障录波装置的故障记录能力和事件响应灵敏度等性能指标满足电站运行要求，产品为经过检测认证的合格产品并按要求进行调试投运。

应记录的故障录波装置的具体内容至少应包括电站出口电压、电站出口频率、电站出口电流、采样频率、采样精度、测距精度、开关事件分辨率、数据记录长度、设备存储容量、可导出参数、启动方式、开关量信息、历史故障信息等。

3.3 一致性核查

3.3.1 背景

光伏逆变器作为光伏发电的核心设备，其性能直接影响光伏发电站接入电网后的运行安全稳定。一般来讲，一种型号的逆变器在投入市场前，需通过型式试验，以证明其性能满足要求。但是在光伏发电站实际使用的逆变器并未全部进行过性能验证，部分在现场使用的逆变器性能并未达到要求时，会给光伏发电站和电网安全稳定运行带来安全隐患，因此需对光伏电站现场应用的逆变器进行一致性评估。

通过现场抽检的方法对光伏电站现场所用逆变器进行一致性评估。这种方法需要将大型检测装置运输到光伏电站现场开展测试，存在测试周期长、费用高等缺点。

由于型式试验平台开发周期长，资金投入大，需要大量的专业人员进行操作，实际检测过程中涉及大功率、强电流测试，造成绝大多数光伏逆变器生产厂家不具备在全部故障工况下对光伏逆变器开展测试的条件，因此采用仿真平台则可以弥补此类不足。但是，如果只采用全数字仿真平台进行研究，则脱离了对逆变器软硬件的依赖，完全取决于数字模型的准确度；如果利用先进的实时仿真软件，结合硬件在环技术，引入逆变器真实的控制器，甚至整个功率回路，构建数字物理混合仿真平台，则可以很好地解决这个矛盾，可准确预估逆变器的并网性能测试结果，促进技术研发与改进，进一步提高逆变器并网性能。

光伏逆变器由硬件和软件构成，硬件主要为功率电路，软件主要为控制程序。逆变器的一致性评估分为硬件一致性评估和软件一致性评估，如图 3-2 所示，当两者一致性满足要求时，认定两台逆变器性能一致。

硬件一致性评估可以通过器件核查的方法开展，核对器件型号。软件一致性评估通过在相同的工况下对两台逆变器的控制器进行测试，当测试结果满足一致性要求时，判定两者一致。控制器一致性评估示意图如图 3-3 所示，将两台逆变器的控制器接入到同一个仿真平台，比较同一工况下的性能参数。

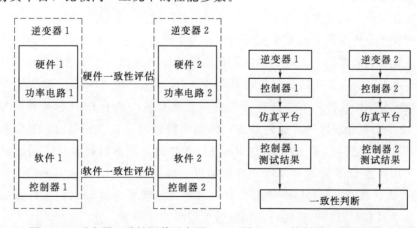

图 3-2　逆变器一致性评估示意图　　图 3-3　控制器一致性评估示意图

3.3.2　数字物理混合仿真简介

根据仿真器与被测设备之间交互的信息类型，数字物理混合仿真可以分为信号型数字物理混合仿真和功率型数字物理混合仿真。信号型数字物理混合仿真结构如图 3-4

所示，由于仿真器与被测控制器之间通过物理 I/O 板卡（D/A 板卡、A/D 板卡）交互数字量与模拟量二次弱电信息，构成一个二次信号交换的环路，同时控制器作为仿真器中仿真对象模型的被测二次设备，因此，通常被称为控制器硬件在回路仿真。图 3-5描述了功率型数字物理混合仿真结构，由于仿真器与被测功率设备之间的电压、电流信息通过功率接口装置转化为一次强电信号后进行信息交互，构成一次功率信号交换的环路，同时功率设备作为仿真器中仿真对象模型的被测一次设备，因此通常被称为功率硬件在环仿真。

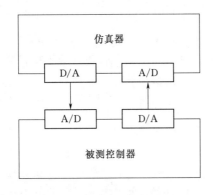

图 3-4　信号型数字物理混合　　　　图 3-5　功率型数字物理混合
　　　　仿真结构　　　　　　　　　　　　　仿真结构

　　用于开展数字物理混合仿真的仿真器主要有 RTDS、dSPACE、SPEEDGOAT、RT-LAB 等。

1. RTDS 仿真器

　　RTDS 数字仿真装置是由加拿大 Manitoba 高压直流（high voltage direct current，HVDC）研究中心开发的专门用于实时研究电力系统的数字动模系统。在国际上，它的研制和商业化运营较早，其对电力系统的仿真准确性已经得到了广泛的验证和认可。

　　RTDS 由 RSCAD 工作站和用于计算的 RACK 组成。RTDS 上位机基于 Windows系统，安装 RSCAD 软件；下位机有一个或多个 RACK，基于 DSP 芯片并行运行，每个 RACK 由多个多处理器计算插件和通信控制插件通过总线方式组成，通信控制插件用于协调计算插件之间以及 RACK 与 RSCAD 工作站之间的数据通信。因此 RTDS 在硬件上是采用高速 DSP 芯片和并行处理结构以完成连续实时运行所需的快速运算。基于 DSP 的强大计算能力，RTDS 能够实时计算电力系统状态并输出到工作站或外部装置，但是由于没有丰富的人机接口，很难做上位机交互界面。

　　运行于工作站上的 RSCAD 软件，是基于目前已得到国际上普遍承认的电磁暂态仿真程序 EMTDC 进行求解。它的元件库中包含丰富的电力系统元件模型，包括主要交流元件的数学模型、测量元件 CT 以及 PT 的数学模型、直流系统数学模型、电力电子器件宏模型以及控制系统模型，可以满足大多数数字仿真任务的需要。但是后台脚本编辑需要特殊的语言，已有的模型难以满足复杂编程的需要，元件库价格较高。

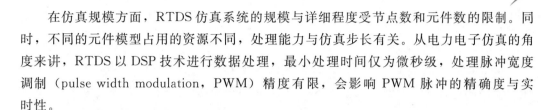

在仿真规模方面，RTDS 仿真系统的规模与详细程度受节点数和元件数的限制。同时，不同的元件模型占用的资源不同，处理能力与仿真步长有关。从电力电子仿真的角度来讲，RTDS 以 DSP 技术进行数据处理，最小处理时间仅为微秒级，处理脉冲宽度调制（pulse width modulation，PWM）精度有限，会影响 PWM 脉冲的精确度与实时性。

2. dSPACE 仿真器

dSPACE 实时仿真系统是德国 dSPACE 公司开发的综合实验和测试软件工具，是基于 Matlab/Simulink 的控制系统在实时环境下的开发及测试工作平台，用户可以根据需要实现快速控制原型和硬件在环回路仿真。

dSPACE 在硬件结构上为用户提供了可供选择的单板系统和标准组件系统两类。单板系统将处理器板和 I/O 集成在一块控制板上，集成度较高。其中 I/O 中包括了大多数用户要用到的 AD、数字 I/O 等。标准组件系统则是将处理器板与 I/O 板分离开来并具有不同的系列，使得处理器与 I/O 的能力可以根据需要进行升级扩展，其中处理器是通过快速 PHS 总线与 I/O 板进行通信，且不同型号的板卡数字信号处理器不同，如基于 DSP 芯片或基于 FPGA 芯片等。

在软件开发与人机交互方面，dSPACE 拥有基于计算机简便实用的生成及自动下载代码的软件、实验调试工具软件。基于大多数用户借助于 Matlab 设计控制系统及建立各种模型，dSPACE 巧妙地在 Matlab 中集成了自己的代码生成及下载软件，完全可以达到与 Matlab 的无缝衔接，这样可以使用户更方便地通过 Matlab 直接调用 dSPACE 的各种 RTI 库，如 AD、I/O、定时器等。而且 dSPACE 以用户的实际需求为立足点还提供了软件组合工具包 CDP（Control Development Package），主要包括 RTI、ControlDesk 等，这样在 Matlab/Simulink 以及 RTW 的支持下就可以实现从控制系统的分析、设计、建模、离线仿真、设置 I/O 参数、生成代码、连接编译及下载到实验的全过程。同时，在仿真过程中，上位机软件还可以采集任意仿真中的任意参数，可建立虚拟仪器界面，同时也支持采用 C 语言根据相应的函数接口进行后期开发。另外，dSPACE 元件库中的模型均通过数学模型搭建，库中的模型都是开源的，用户可以看到底层模型搭建，用户可以采用基于 C 语言的 S 函数，建立自己所需的模型，不过需完全理解其内部数学模型，建模开发时间较长。

仿真规模方面，以硬件可以达到纳秒级的 DS5203 板卡为例，仿真模型中最多包含 3 个三相两电平逆变器和 3 个永磁同步电机模型，需运用 VHDL 语言在专用的 FPGA 模块中建模，编译时间需 2h 左右；若需扩大仿真规模，需进一步购买板卡，编译时间更长。

电力电子仿真精度方面，DS5203 型板卡引入 FPGA 技术，得到纳秒级仿真步长，为目前处理器中精度最高的。DS5203 晶振为 100MHz，运算步长最小为 10ns，可以对 PWM 脉冲等进行补偿。采用该板卡，模拟信号延迟时间为 $1.1\mu s$，数字信号延迟时间仅为 50ns。此外，dSPACE 的各种软硬件工具都具有较好的兼容性，但是板卡的保密性强，对外开放性低，增加了项目开发的成本与时间，不利于自主开发。

3. SPEEDGOAT 仿真器

SPEEDGOAT 半实物仿真与测试平台（简称 SPEEDGOAT 平台）是由瑞士 SPEEDGOAT 公司开发的一套基于 Simulink/RTW、自动化测试、测试全过程管理工具箱的半实物仿真与测试软硬件工作平台。SPEEDGOAT 平台已普遍应用到航空、航天、船舶、电子、兵器、汽车、科研和教育等领域。

SPEEDGOAT 硬件平台由上位机（主机）和实时目标机组成，该平台提供 FPGA 结合多核 CPU 模式，为复杂的模型运算仿真与测试提供运算能力保障；支持多速率并行运算，在 FPGA 上运行的步长最低可达 $0.25\mu s$，在 CPU 上的运行步长可达 $10\mu s$；提供丰富的 I/O 和通信设备，例如基于 FPGA 的数字与模拟 I/O、数字 I/O、RS－422/485、CAN、MIL－Std－1553、ARINC 429/664 等。

SPEEDGOAT 软件平台无缝集成 Simulink 的建模环境；兼容并支持 C、C＋＋和 FORTRAN 的源代码；全面的应用编程接口（API）使用户可以使用 LabVIEW、C、C＋＋、3D View 定制开发人机交互界面。针对低于 10kHz 以下功率器件模型，可采用 CPU 仿真；针对 10k～30kHz 高频功率器件模型，则全部采用 FPGA 片上仿真，由于源码对外封闭，因此很难对内部仿真参数进行修改。

4. RT－LAB 仿真器

RT－LAB 实时仿真器是加拿大 Opal－RT Technologies 公司推出的基于模型的工程设计与测试应用平台，基于 Matlab/Simulink 进行实时仿真。仿真模式可分为两种：快速控制原型（RCP）模式—算法开发及优化硬件和在环仿真测试（HIL）模式—控制器调试及测试，主要应用于航空、航天、电力电子、汽车、教育等各行业实时仿真与 HIL 测试应用。

RT－LAB 实时仿真平台包括主机（Host PC）和目标机（Target PC）两大部分。主机为运行 Windows 操作系统的 PC，安装有 Matlab/Simulink、RT－LAB（实时仿真软件）及电力仿真工具包等上位机软件；目标机为基于 PC 设计的、具有多核处理器的仿真器，运行 REDHAT 实时操作系统，完成模型的分布式实时计算，安装有 I/O 板卡、FPGA 板卡等，同时还可以外扩板卡，如 CAN 卡、RS－232/422/485 串口卡等。主机和目标机的仿真模型通过 TCP/IP 或者 IEEE 1394 进行实时在线交互，多台目标机可通过 IEEE 1394 进行连接。

RT－LAB 平台可建立丰富的人机交互界面，充分利用 Windows 自带的链接库和 RT－LAB 提供的接口函数，采用多种软件工具，如 LabVIEW、C＋＋、VB、M 脚本、Python 脚本等，扩展具备虚拟仪器监控、自动测试等多种功能的界面。

模型库方面，RT－LAB 不仅可以借用 Matlab/Simulink、Matlab/Simulink/Sim-PowerSystems 元件库，还在 Matlab 软件中嵌入 RT－Lab 自己的库，可以用 RT－Lab 自带的 Artemis、RT－EVENTS、RT－LAB、RTE－Drive、RT－LAB I/O 库，且可

以采用基于 C 语言编程的 S 函数, 打造用户自己的功能模型。且仿真运行过程中, 运用独有的实时解算算法 Artemis 将网络拓扑预存到内存中, 节省计算时间, 确保电力领域仿真的精度和速度。为了充分满足电力电子 PWM 脉冲、死区等高精度的需要, 得到纳秒级步长, 引入 FPGA 技术, 晶振为 100MHz, 同时在软件上进行相应的差值补偿, RT‐Event库带有时间表和差值补偿, 可精确到 10ns, 对整数补偿脉冲触发事件进行处理。

仿真规模方面, RT‐LAB 能够实现含大规模光伏发电系统的电力系统电磁暂态仿真, 也能够实现对各种型号、各种拓扑结构、开关频率小于 50kHz 的光伏并网逆变器单机及多机半实物仿真闭环测试, 具备多 CPU 内核并行仿真能力, 支持 CPU 和 FPGA 混合仿真, 其中 CPU 最小仿真步长为 $20\mu s$, FPGA 最小仿真步长为 500ns。

针对功率器件开关频率不大于 10kHz 的新能源领域电力电子拓扑结构, 具有专用的带插值补偿功能的电力电子功率器件和 PWM 脉冲驱动模型库, 且基于上述功率器件和驱动模型库, 能实现 CPU 仿真步长至少为 $20\mu s$ 的数字实时仿真和硬件在环实时仿真, 以及基于 CPU 和 FPGA 的混合全数字实时仿真及硬件在环实时仿真; 针对功率器件开关频率在 10k~50kHz 之间的新能源领域电力电子拓扑结构, 具有专用带插值补偿功能的功率电路模型、变压器模型等, 且基于此功率电路模型用户能通过设置功率器件的数量及相对位置关系等简易操作方法来自主、灵活地构建各种新能源领域的电力电子拓扑结构电路模型, 如风电变流器、两电平三相光伏并网逆变器、三电平三相光伏并网逆变器等, 完成基于 FPGA 的仿真步长不超过 $2\mu s$ 的硬件在环实时仿真。

总体来说, 硬件仿真机达到纳秒级, 为上层软件和底层硬件的扩展提供开放性的接口, 同时支持第三方 I/O。

3.3.3 RT‐LAB 数字物理混合仿真平台

3.3.3.1 RT‐LAB 半实物仿真建模规则

按照下面步骤, 可将 Matlab/Simulink 纯数字仿真模型转换为 RT‐LAB 模型。

1. 将 Simulink 模型划分为 3 个子系统

为达到分布式仿真的要求, RT‐LAB 将一个复杂的数字化模型按照模型拆分的需要分成多个子系统实现并行仿真, 分别为主系统、从系统及监测系统。为表明系统的功能, RT‐LAB 规定模型中顶层子系统必须带有前缀, 主系统的前缀为 SM＿, 从系统的前缀为 SS＿, 监测系统的前缀为 SC＿。通常将运算量较大的主电路部分放入 SM＿子系统, 该系统主要起控制模型实时计算和网络同步的作用; SS＿子系统中主要包括参与仿真的部分系统模型, SC＿子系统不能包含实时计算的部分, 只有示波器、开关和逻辑选择等, 主要用来对半实物仿真系统中的关键数据、曲线进行实时监控或事后处理子系统之间的数据通信。

分割好的模型中只能包含一个 SM＿子系统、一个 SC＿子系统和若干个 SS＿子系统, 若 SM＿子系统实时计算运算量过大, 不能在制定的步长内计算完模型时, 可以分担一部分计算量到 SS_子系统，模型中可以分割的 SS_子系统的数量是根据模型复杂程度和下位机的配置所决定的。

2. 插入 OpComm 通信模块

OpComm 同步通信模块是软件建模中的一个重要模块，RT-LAB 中的子系统是在接收到所有信号之后才开始计算的，因此进入子系统的输入信号需经过 OpComm 通信模块进行匹配，所有输入顶层子系统的信号必须首先经过 OpComm 模块，OpComm 模块为 RT-LAB 提供从一个子系统到另一个子系统所发送信号的类型、大小等信息。不同的通信方式或者采样速率需要不同的 OpComm 模块。

在模型拆分的时候，加入 OpComm 模块后，在信号输入/输出端有时为避免数据采集的死锁，按需要添加 delay 或者 Memory 模块以保证模型计算中数据的正常运用。由数字化 Simulink 模型分割后的模型框图如图 3-6 所示。

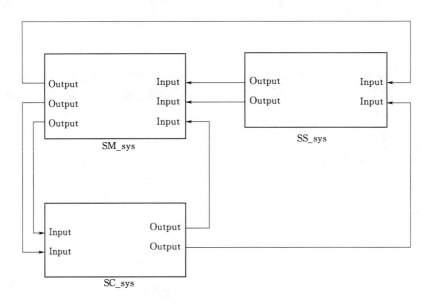

图 3-6　分割后的模型框图

3.3.3.2　仿真软件开发流程

利用 RT-LAB 开展半实物实时仿真，通常是在 Matlab/Simulink 环境下进行的，软件开发过程主要是：在 Matlab/Simulink 环境下，对系统进行建模，并对模型进行一定的处理，拆分为符合 RT-LAB 建模规则的模型，然后通过 RT-LAB 对所搭建的模型进行分割处理、C 代码编译、代码生成等步骤，转换为可以在目标机运行的实时代码，最后加载至目标机运行即可，RT-LAB 软件开发流程图如图 3-7 所示。

1. 选择模型

将用于运行的模型添加到 RT-LAB 控制界面。

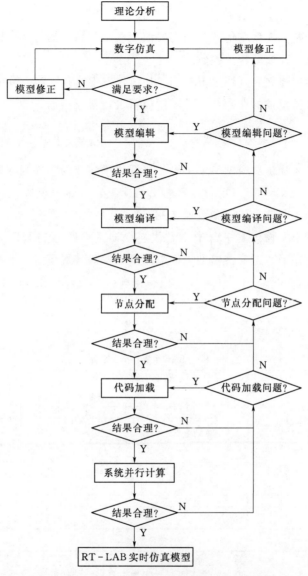

图 3 - 7　RT - LAB 软件开发流程图

2. 模型编译

在控制界面上选定既定目标平台 REDHAT 后，对整个模型进行编译操作，将 Simulink 模型编译生成的 C 代码通过网络传送至目标机并编译连接可执行的目标文件。生成的目标文件再传回主机以便后续选择不同的节点加载子系统。

3. 节点分配

由控制界面选择当前的物理节点，以保证子系统在目标机上运行。

4. 模型下载

主机通过网络将可执行文件、配置信息等加载至目标机，为正常运行做准备。

5. 模型运行

该操作即启动整个模型的仿真。当需要监测模型参数数据时，可以通过控制界面观察，必要时也可以修改模型相关参数值。

当上述仿真模型建立后，通过 RT-LAB 仿真器中装有的输入输出模块将所需的信号量以数字量或者模拟量的形式与外部硬件设备进行相互传输。

3.3.3.3　半实物仿真模型工作原理

光伏逆变器半实物仿真模型除了主机、目标机中封装的功能函数模型以外，还包含 OP5340、OP5330、OP5353、OP5354 模拟和数字量输入输出模块，它们可以实现仿真器与控制器之间的控制信号传输和数据检测。

在光伏逆变器半实物仿真平台中，光伏逆变器主电路通过 RT-LAB 仿真器来实现，包括光伏阵列模型、逆变器模型、低电压穿越检测装置模型和电网模型；电压电流信号监测模块中包含 OP5330 和 OP5354 模拟量和数字量输出模块，控制信号输入模块中包含 OP5340 和 OP5353 模拟量和数字量输入模块；控制部分通过外部控制器来实现。光伏逆变器半实物仿真模型结构框图如图 3-8 所示。

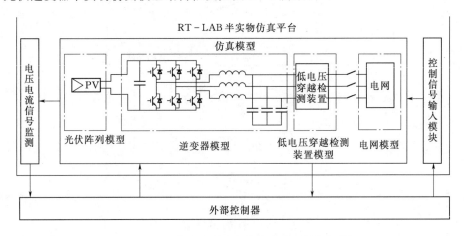

图 3-8　光伏逆变器半实物仿真模型结构框图

电压电流信号监测模块将光伏逆变器模型中交流侧和直流侧的采样电压、采样电流输出至外部控制器，控制器利用数字控制算法产生 PWM 驱动波形，经控制信号输入模块输入至 RT-LAB 仿真模型中，控制逆变器 IGBT 的通断，实现光伏逆变器的半实物实时仿真运行。

图 3-9 描述了光伏逆变器数字物理混合仿真平台结构，主要包括仿真模型、线性变换单元和被测逆变器控制器三部分。仿真模型包括电网、电网扰动发生装置、低电压穿越检测装置、变压器、防孤岛检测装置、被测光伏逆变器功率回路和光伏阵列等模型，以及用于配置仿真器物理 I/O 接口地址的功能模块。仿真模型和被测逆变器控制器通过信号调理板卡等接口电路构成的线性变换单元进行硬件在环连接。

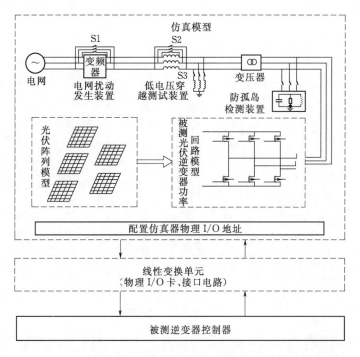

图 3 - 9 光伏逆变器数字物理混合仿真平台结构框图

仿真模型由仿真器进行运算处理,RT - LAB 仿真器结构示意图如图 3 - 10 所示,核心为 CPU 处理器与 FPGA 处理器,两者之间采用 PCIe 总线进行高速数据交换。CPU 处理器主要负责用户仿真模型的运算处理;FPGA 处理器用于管理各种信号调理板卡,实现 CPU 处理器与外围信号调理板卡之间各种模拟量和数字量信息的交换与管理,也可以进行用户仿真模型的运算处理。另外,为实现与外部控制器之间的物理 I/O 信号对接,仿真器也配置各种信号调理板卡,包括模拟量输入、模拟量输出、数字量输入和数字量输出四种类型。

由于光伏逆变器采用高频开关动作的全控型器件 IGBT 和脉宽调制技术,要求有极高的脉冲触发精度,而基于 CPU 处理器的仿真步长一般高于 $10\mu s$,不适合对功率器件开关频率大于 10kHz 的光伏逆变器功率回路进行电磁暂态仿真。因此,对于功率器件开关频率小于 10kHz 的光伏逆变器功率回路模型以及光伏阵列、低电压穿越检测装置、防孤岛检测装置等慢速模型,采用 CPU 处理器大步长仿真,仿真步长一般为 10～$100\mu s$;对于功率器件开关频率大于 10kHz 的光伏逆变器功率回路模型,采用 FPGA 处理器小步长仿真,仿真步长一般小于 $10\mu s$。如此可以基于数字物理混合仿真,对各种功率器件开关频率的光伏逆变器开展低电压穿越、频率适应性和防孤岛保护等并网性能进行评估。

3.3.4 直流源半实物仿真建模

本节建立光照均匀和光照不均匀情况下光伏阵列数学模型,基于 RT - LAB 搭建光

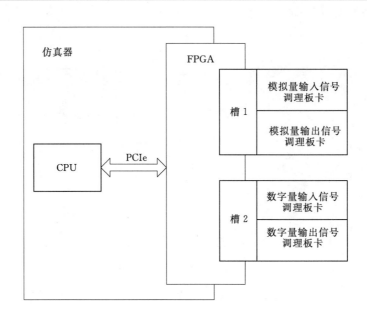

图 3 - 10　RT - LAB仿真器结构示意图

伏阵列模型，实现满足光伏逆变器半实物仿真平台需要的单峰、双峰和多峰光伏阵列模型。

3.3.4.1　光照均匀情况下光伏阵列数学模型

基于光伏电池的物理概念可以得到光伏电池的等效电路图，如图 3 - 11 所示。

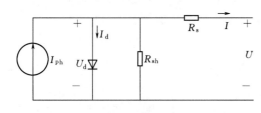

图 3 - 11　光伏电池等效电路图

I_{ph} 为光生电流，其值正比于光伏电池的面积和入射的光照强度；I 为光伏电池的输出电流；U 为光伏电池的输出电压；无光照时，光伏电池的基本特性类似一个普通二极管；I_d 为流过二极管的电流；U_d 为二极管两端的电压；电阻中等效串联电阻 R_s 由电池的体电阻、表面电阻、电极导体电阻、电极与硅表面间接触电阻以及金属导体电阻组成；等效并联电阻 R_{sh} 由电池表面污浊和半导体晶体缺陷引起的漏电流所对应的 P—N 结漏泄电阻和电池边缘的漏泄电阻组成。

工程用的数学模型通常采用供货商提供的几个重要技术参数，一般为光伏电池标准工作状态下的开路电压 U_{oc}、短路电流 I_{sc}、最大功率点电压 U_m、最大功率点电流 I_m，可以在一定的精度下复现阵列的特性，便于计算机计算。通常情况下，R_{sh} 有几百欧姆至几千欧姆，$(U+IR_s)/R_{sh}$ 远小于光生电流 I_{ph}，故可以忽略；R_s 远小于二极管的正向导通电阻，也可忽略。

光伏组件实物图片如图 3 - 12 所示，任意太阳光照强度 $R(\mathrm{W/m^2})$ 和环境温度 T_a

（℃）条件下，光伏组件温度 T_c（℃）可表示为

$$T_c = T_a + t_c \times R \qquad (3-1)$$

式中　t_c——标准环境条件（1kW/m²，25℃）下光伏组件的温度系数，℃·m²/W。

设 I_{sc} 和 U_{oc} 分别为标准环境条件（1kW/m²，25℃）下光伏组件的短路电流和开路电压，I_m、U_m 分别为光伏组件在标准环境条件下的最大功率点电流和电压，则当光伏组件实际输出电压为 u_{pv1} 时，其对应的输出电流 i_{pv1} 为

图 3-12　光伏组件实物图片

$$i_{pv1} = I_{sc}\left[1 - C_1\left(e^{\frac{u_{pv1}}{C_2 U_{oc}}} - 1\right)\right] \qquad (3-2)$$

$$C_1 = \left(1 - \frac{I_m}{I_{sc}}\right)e^{\frac{U_m}{C_2 U_{oc}}} \qquad (3-3)$$

$$C_2 = \left(\frac{U_m}{U_{oc}} - 1\right)\ln\left(1 - \frac{I_m}{I_{sc}}\right) \qquad (3-4)$$

进一步考虑光照强度变化和环境温度的影响，则光伏组件输出电流为

$$i_{pv1} = I_{sc}\left[1 - C_1\left(e^{\frac{u_{pv1} - \Delta V}{C_2 U_{oc}}} - 1\right)\right] + \Delta I \qquad (3-5)$$

$$\Delta T = T_c - T_{ref} \qquad (3-6)$$

$$\Delta U = -\beta \cdot \Delta T - R_s \cdot \Delta I \qquad (3-7)$$

$$\Delta I = \alpha \cdot R/R_{ref} \cdot \Delta T + (R/R_{ref} - 1) \cdot I_{sc} \qquad (3-8)$$

式中　ΔT——光伏组件的温度变化量；

$\quad\ \Delta I$——电流变化量；

$\quad\ \Delta U$——电压变化量；

$\quad\ R_{ref}$——标准环境条件下太阳光照强度；

$\quad\ T_{ref}$——标准环境条件下光伏组件的温度；

$\quad\ \alpha$——标准环境条件下电流变化温度系数，A/℃；

$\quad\ \beta$——标准环境条件下电压变化温度系数，V/℃；

$\quad\ R_s$——光伏组件的等效串联电阻。

由于在实际应用中，光伏阵列通常是通过多个光伏组件单元的串并联方式来组合成 $M \times N$ 的光伏阵列的（其中 M、N 分别为光伏组件串、并联数），因此，当光伏阵列受到均匀的太阳光照时，可以近似认为一个光伏阵列的数学模型与一个光伏组件的数学模型相同。

3.3.4.2　光照不均匀情况下光伏阵列数学模型

由于光伏阵列均是由多个单体光伏电池及二极管串联或并联而成，在很多情况下由

于光伏阵列表面存在不透明物体的遮挡或者多云天气等导致光伏阵列中部分单体光伏电池接收的光照强度异于其他电池，即光照不均匀时，光伏阵列输出功率电压曲线极有可能呈 2 峰或 3 峰形状，一般的仿真模型不再适用。

考虑到由串联多个光伏组件构成的光伏阵列模型与由并联多个光伏组件构成的光伏阵列模型具有一定的相似性，只是在建模过程中遵循的计算原则不一样，前者是根据电流相同、电压相加的原则，后者是根据电压相同、电流相加的原则，故重点针对由串联多个光伏组件构成的光伏阵列，来建立其接收到不均匀光照情况下的模型。

为使所建立的光照不均匀情况下串联多个光伏组件光伏阵列的模型尽量简单实用，通过采用连续函数的方法，并遵循电流相同、电压相加的原则，来建立此类光伏阵列的数学模型。

由于式（3-5）中 i_{pv1} 关于 u_{pv1} 的函数 $i_{pv1}=F(u_{pv1})$ 在电压区间 $[0, U_{oc}]$ 内存在反函数，则可得在电流区间 $[0, I_{sc}]$ 内有

$$u_{pv1}=C_2 U_{oc}\{\ln[I_{sc}(1+C_1)+\Delta I-i_{pv1}]-\ln(I_{sc}C_1)\}+\Delta U \qquad (3-9)$$

由此得到了单个光伏组件输出电压电流的数学模型，可见式（3-9）是连续函数。

为进一步得到串联多个光伏组件的光伏阵列模型，现做如下假设：某一光伏阵列由光伏组件 1～光伏组件 3 串联而成，且这 3 个光伏组件的输出功率电压模型完全相同，光伏组件 1～光伏组件 3 接收的光照强度分别为 $R(1)$、$R(2)$ 和 $R(3)$，不妨设 $R(1)\geqslant R(2)\geqslant R(3)$；光伏阵列受到均匀太阳光照射时，一个光伏阵列的数学模型与一个光伏组件的数学模型相同。

光伏组件 i（$i=1$、2 和 3）的数学模型为

$$T_c(i)=T_a+t_c R(i) \qquad (3-10)$$

$$\Delta T(i)=T_c(i)-T_{ref} \qquad (3-11)$$

$$\Delta I(i)=\alpha R(i)/R_{ref}\Delta T(i)+[R(i)/R_{ref}-1]I_{sc} \qquad (3-12)$$

$$\Delta U(i)=-\beta\Delta T(i)-R_s\Delta I(i) \qquad (3-13)$$

$$u_{pv1}(i)=C_2 U_{oc}\{\ln[I_{sc}(1+C_1)+\Delta I(i)-i_{pv1}]-\ln(I_{sc}C_1)\}+\Delta U(i) \qquad (3-14)$$

当光伏阵列受到不均匀太阳光照射时，按照把光伏阵列中多个串联光伏组件伏安特性曲线中相同电流分别对应的电压值相叠加的原则，就可以得到描述光伏阵列输出功率电压特性的曲线，其中光伏阵列输出电压 u_{pv}，即光伏阵列输出功率电压曲线上各点的横坐标电压和光伏阵列输出功率 p_{pv}，即光伏阵列输出功率电压曲线上各点的纵坐标功率，分别为

$$u_{pv}=\begin{cases} u_{pv1}(1), & R(2)/R_{ref}I_{sc}\leqslant i_{pv}\leqslant I_{sc} \\ u_{pv1}(1)+u_{pv1}(2), & R(3)/R_{ref}I_{sc}\leqslant i_{pv}\leqslant R(2)/R_{ref}I_{sc} \\ u_{pv1}(1)+u_{pv1}(2)+u_{pv1}(3), & 0\leqslant i_{pv}\leqslant R(3)/R_{ref}I_{sc} \end{cases} \qquad (3-15)$$

式中　i_{pv}——光伏阵列输出电流。

$$p_{pv}=\begin{cases} u_{pv1}(1)i_{pv}, & R(2)/R_{ref}I_{sc}\leqslant i_{pv}\leqslant I_{sc} \\ [u_{pv1}(1)+u_{pv1}(2)]i_{pv}, & R(3)/R_{ref}I_{sc}\leqslant i_{pv}\leqslant R(2)/R_{ref}I_{sc} \\ [u_{pv1}(1)+u_{pv1}(2)+u_{pv1}(3)]i_{pv}, & 0\leqslant i_{pv}\leqslant R(3)/R_{ref}I_{sc} \end{cases} \qquad (3-16)$$

式（3−16）是分段函数，当此3个光伏组件各自受到的光照强度的差异较大，即光伏组件1～光伏组件3接收的光照强度 $R(1)$、$R(2)$ 和 $R(3)$ 不相同时，该式将最终分成3段，相对于光照均匀情况下光伏阵列的非线性模型而言，此光照不均匀情况下光伏阵列模型的非线性程度将更严重。

取光伏阵列短路电流 I_{sc} 的采样步长为0.001A，可得相应的 $N=(I_{sc}\times1000)$ 个数据点 $[u_{pv}(j), p_{pv}(j)]$，$1\leqslant j\leqslant N$，则任意光伏阵列输出电压 u_{pv} 均可找到其介于某相邻两点 $u_{pv}(j)$ 与 $u_{pv}(j+1)$ 之间，根据此相邻两点确定一条直线，通过该直线方程获得 u_{pv} 所对应的功率 p_{pv} 为

$$p_{pv}=\frac{p_{pv}(j+1)-p_{pv}(j)}{u_{pv}(j+1)-u_{pv}(j)}[u_{pv}-u_{pv}(j)]+p_{pv}(j) \tag{3-17}$$

3.3.4.3 基于半实物仿真器的光伏阵列模型

对于光伏发电系统来说，光伏逆变器应当寻求光伏阵列的最佳工作状态，以最大限度地将光能转化为电能，光伏阵列 $I-U$ 曲线如图3−13所示。

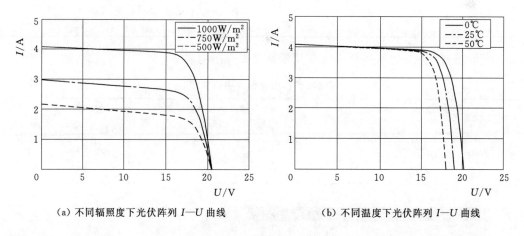

（a）不同辐照度下光伏阵列 $I-U$ 曲线　　　（b）不同温度下光伏阵列 $I-U$ 曲线

图3−13　光伏阵列 $I-U$ 曲线

为了最大限度地利用光伏阵列，除了使其工作在最大功率点处外，还需要使逆变器的扰动电压小于一定范围，例如一个最大功率点电压为35V的光伏极板，其电压波动范围不能超过3V，这样才能使最大利用率在98％附近。

按照现有全功率型式试验直流源工作模式，对光伏阵列进行仿真建模。RT−LAB仿真平台中，光伏阵列模型由5个光伏阵列模块并联而成，其中每个光伏阵列模块又由3个光伏模拟组串串联而成。模拟光照均匀和不均匀情况下输出伏安特性曲线，每个光伏阵列模块是完全相同的，在仿真过程中可以根据光伏逆变器运行工况任意选择光伏阵列模块并联的路数，以满足仿真工况的需要。

因此，在RT−LAB仿真平台上，仅需对1个光伏阵列模块进行建模，形成均匀/不均匀光照、不同温度下光伏阵列模块数学模型表达式，通过 m 函数将 $0\sim U_{oc}$ 所对应

光伏阵列模块输出电流——计算出来，形成 $U-I$ 矩阵。光伏阵列工作时，检测光伏阵列模块输出电压，通过查找 $U-I$ 矩阵得到其唯一对应的电流值，采用 Simulink/Sim-Power Systems 库中的"受控电流源"模块即可将光伏阵列模块矩阵转换为具备电气特性的元件。

　　按照实际全功率型式试验平台的设置，光伏阵列模拟源可输入任意光照强度和温度，自由设定开路电压 U_{oc}、短路电流 I_{sc}、最大功率点电压 U_m 和最大功率点电流 I_m。光伏阵列模拟源模块端口见表 3-1，参数设置模块示意图如图 3-14 所示。

表 3-1　　　　　　　　　　光伏阵列模拟源模块端口明细表

端口类型	端口名称	端口说明
输入	Irradiance	光照强度给定，单位：W/m²
输入	Temperature	温度给定
输出	CurveValue	PV 曲线实际情况，输出顺序：最大功率点电压、最大功率点电流、最大功率、开路电压、短路电流

　　光伏阵列模拟源模块如图 3-15 所示，端口介绍见表 3-2。

表 3-2　　　　　　　　　　光伏阵列模拟源模块端口介绍

端口类型	端口名称	端口说明
输入	DC Parameters	参数设定输入
电气连接	PV+	PV 正极
电气连接	PV−	PV 负极

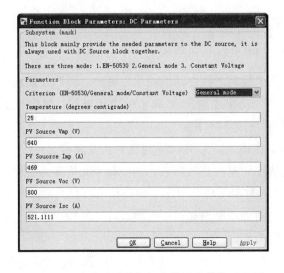
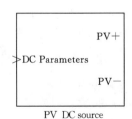

图 3-14　光伏阵列模拟源参数设置模块示意图　　　图 3-15　光伏阵列模拟源模块

3.3.5 电压跌落发生装置模型

3.3.5.1 功能及指标要求

为实现国标 GB/T 19964—2012 中规定的低电压穿越曲线，检测装置应满足以下要求：

（1）装置应能模拟三相对称电压跌落、相间电压跌落和单相电压跌落。

（2）限流电抗器和短路电抗器均应可调，能产生不同深度的电压跌落；检测应至少选取 5 个跌落点，其中应包含 $0\%U_n$ 和 $20\%U_n$ 跌落点，其他各点应在（20%～50%）U_n、（50%～75%）U_n、（75%～90%）U_n 三个区间内均有分布，并按照 GB/T 19964—2012 中曲线要求选取跌落时间。

（3）三相对称短路容量应为被测光伏逆变器容量的 3 倍以上。

（4）开关应使用机械断路器或电力电子开关。

（5）电压跌落时间与恢复时间应小于 20ms。

（6）电压跌落幅值以空载运行为准，且容差为±5%，其中 0% 与 20% 跌落点电压跌落幅值容差为＋5%，低电压穿越检测装置电压跌落幅值容差示意图如图 2-5 所示。

3.3.5.2 电压跌落发生装置模型设计

1. 容量选取

阻抗分压式电压跌落发生器拓扑结构如图 3-16 所示，当限流开关 S_2 闭合，接地开关 S_1 打开，即低电压穿越检测装置未投入运行时，光伏逆变器低电压穿越检测平台等效电路如图 3-17 所示。由于光伏并网逆变器一般以电流源的方式接入电网，因此将光伏并网发电单元等效为一个内部并联电抗 Z_{s1} 的电流源，当光伏并网发电单元以 P_n 运行时，可认为此等效电流源的输出电流为光伏并网发电单元额定输出电流 I_0；电网可等效为内部串联阻抗为 Z_{s2} 的电压源，电压源电压大小为电网电压有效值 e_s。

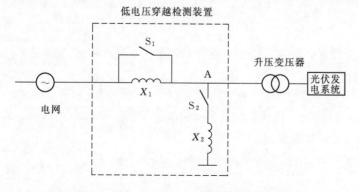

图 3-16 阻抗分压式电压跌落发生器拓扑结构

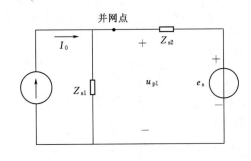

图 3-17 光伏逆变器低电压
穿越检测平台等效电路

根据基尔霍夫电压定律可得，此正常并网运行工况下电网电压 u_{p1} 为

$$u_{p1} = I_0 \frac{Z_{s1}Z_{s2}}{Z_{s1}+Z_{s2}} + e_s \frac{Z_{s1}}{Z_{s1}+Z_{s2}} \quad (3-18)$$

若光伏并网发电单元的额定容量为 S_0，则有

$$I_0 = \frac{S_0}{\sqrt{3}e_s} \quad (3-19)$$

假定电网短路容量为 S_2，则有

$$Z_{s2} = \frac{e_s^2}{S_2} \quad (3-20)$$

考虑到在工程上，与 Z_{s1} 相比一般 Z_{s2} 数值上可忽略不计，即 $Z_{s2}/Z_{s1}=0$，因此由式（3-18）～式（3-20）可得

$$u_{p1} = e_s\left(1 + \frac{\sqrt{3}}{3}\frac{S_0}{S_2}\right) \quad (3-21)$$

当限流开关 S_2 打开，接地开关 S_1 闭合，即低电压穿越检测装置投入运行，发生模拟电网电压跌落故障时，光伏电站低电压穿越检测平台的等效电路则如图 3-18 所示。同理，将光伏并网发电单元等效为一个内部并联电抗 Z_{s1} 的电流源，电流源输出电流大小为 I_{pv}；电网可等效为内部串联阻抗为 Z_{s2} 的电压源，电压源电压大小为电网电压有效值 e_s。另外，低电压穿越检测装置中等效接地电抗和限流电抗大小分别为 Z_1 和 Z_2，如图 3-18 所示。

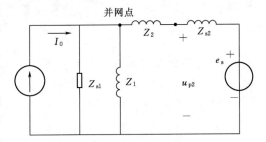

图 3-18 光伏电站低电压穿越检测
平台的等效电路

根据基尔霍夫电压定律，此跌落工况下并网点电压 u_p 为

$$u_p = I_0 \frac{\dfrac{Z_{s1}Z_1}{Z_{s1}+Z_1}(Z_{s2}+Z_2)}{Z_{s2}+Z_2+\dfrac{Z_{s1}Z_1}{Z_{s1}+Z_1}} + e_s \frac{\dfrac{Z_{s1}Z_1}{Z_{s1}+Z_1}}{Z_{s2}+Z_2+\dfrac{Z_{s1}Z_1}{Z_{s1}+Z_1}} \quad (3-22)$$

考虑到在工程上，与 Z_{s1} 相比一般 Z_1 数值上可忽略不计，即 $Z_1/Z_{s1}=0$，因此式（3-22）可简化为

$$u_p = I_0 \frac{Z_1(Z_{s2}+Z_2)}{Z_{s2}+Z_2+Z_1} + e_s \frac{Z_1}{Z_{s2}+Z_2+Z_1} \quad (3-23)$$

假定并网点短路容量为 S_1，则有

$$Z_{s2}+Z_2 = \frac{e_s^2}{S_1} \quad (3-24)$$

由式（3-20）和式（3-24）可得

$$Z_2 = \left(\frac{1}{S_1} - \frac{1}{S_2} \right) e_s^2 \tag{3-25}$$

设并网点电压跌落深度为 $k(0 < k < 1)$，则有

$$u_p = k e_s \tag{3-26}$$

由式（3-20）、式（3-23）、式（3-24）和式（3-26）可得

$$Z_1 = \frac{k}{\frac{1}{\sqrt{3} k_0} + 1 - k} \frac{e_s^2}{S_1} \tag{3-27}$$

式（3-27）中 k_0 为并网点短路容量与光伏并网发电单元额定容量的比例系数，即

$$k_0 = \frac{S_1}{S_0} \tag{3-28}$$

根据图 3-18 的等效电路，考虑到在工程上，与 Z_{S1} 相比一般 Z_1 数值上可忽略不计，即 $Z_1/Z_{s1} = 0$。由基尔霍夫定律可得低电压穿越测试工况下电网电压为

$$u_{p2} = I_0 \frac{Z_1(Z_{s2} + Z_2)}{Z_{s2} + Z_2 + Z_1} \frac{Z_{s2}}{Z_{s2} + Z_2} + e_s \frac{Z_1 + Z_2}{Z_{s2} + Z_2 + Z_1} \tag{3-29}$$

由式（3-19）、式（3-20）、式（3-25）和式（3-27）可得

$$u_{p2} = e_s \left[\frac{1 - \sqrt{3}}{\sqrt{3}(k_1 + 1)} \frac{S_1}{S_2} + 1 \right] \tag{3-30}$$

式（3-30）中系数 k_1 为

$$k_1 = \frac{k}{\frac{1}{\sqrt{3} k_0} + 1 - k} \tag{3-31}$$

电网电压跌落前后，电网电压波动百分比 ξ 为

$$\xi = \frac{u_{p2} - u_{p1}}{u_{p1}} \tag{3-32}$$

由式（3-21）、式（3-29）、式（3-30）和式（3-31）可得

$$\xi = -\sqrt{3} \frac{1}{1 + \sqrt{3} \frac{S_2}{S_0}} \left[\frac{(3 - \sqrt{3}) k_0^2}{\sqrt{3} + 3 k_0} (1 - k) + \frac{(2\sqrt{3} - 1) k_0 + 1}{\sqrt{3} + 3 k_0} \right] \tag{3-33}$$

由式（3-33）可知：

（1）在并网点短路容量与被测光伏并网发电单元额定容量比值一定的情况下，电网电压波动百分比仅与电网短路容量、被测光伏并网发电单元额定容量和低电压穿越深度有关。

（2）当电网短路容量与被测光伏并网发电单元容量之比越大，即 S_2/S_0 越大，则电网电压波动百分比 ξ 越小。

（3）当低电压穿越深度，即并网点电压跌落深度 k 越大时，电网电压波动百分比 ξ 越大。

因此，为保证电网电压跌落精度，减小电网电压、并网点电压跌落时的波动百分

比, 选取的电网短路容量比被测光伏并网发电单元容量越大越好, 按照电压跌落装置对并网点电压波动影响小于 5% 来计算, 工程设计上一般选取并网点短路容量为被测光伏并网发电单元额定容量的 3～5 倍, 即 $3 \leqslant k_0 \leqslant 5$, 这样检测装置既不影响光伏逆变器并网电流的输出, 也满足检测装置对电网公共连接点电压波动影响的要求。

2. 新型拓扑结构设计

依据 GB/T 19964—2012 中规定的低电压穿越曲线要求, 如何基于阻抗形式实现 0～100% 全范围高精度电压跌落的电压跌落发生器设计成为低电压穿越测试规定顺利实施的关键。目前用于光伏并网逆变器低电压穿越测试的电压跌落发生器一般都根据具体的三相电网电压等级 U 和电网内部阻抗 a 进行拓扑结构设计和各三相电抗器电抗值的计算, 如针对 10kV 的三相电网需要设计一套拓扑结构, 并相应计算三相电抗器电抗值的大小; 若针对 35kV 的电网又需要设计一套拓扑结构, 并相应计算三相电抗器电抗值的大小。另外, 即使电网电压等级一样, 若电网内部阻抗差异较大, 也需要重新进行拓扑结构以及三相电抗器电抗值的计算, 相应地内部各开关的控制逻辑也需要更改。因此, 如何针对电网内部阻抗为 a, 电压等级为 U 的三相电网, 提出一种通用的、用于光伏并网逆变器低电压穿越测试的电压跌落发生器设计方法, 也成为此种电压跌落发生器的另一关键。

根据 GB/T 19964—2012 的要求, 针对电网内部阻抗为 a, 电压等级为 U 的三相电网, 提出一种通用的基于电抗器组合分压方式的电压跌落发生器拓扑结构, 该方法可以摒弃繁琐的电抗更换步骤, 通过断路器的不同开关模式, 改变限流和短路电抗器的配比以及故障类型, 从而通过使用较少的电抗器来模拟不同故障类型与电压跌落幅值, 以 5% 步长实现从 0～100% 全范围电压跌落, 适应光伏逆变器的低电压穿越能力检测的要求。

光伏逆变器低电压穿越测试的典型接线图如图 3 - 19 所示, 主要包括光伏阵列 (模拟直流源)、光伏并网逆变器、升压变压器、电压跌落发生器和电网五大部分。其中光伏阵列和光伏并网逆变器用于实现低压 (如典型值 270V) 并网发电; 升压变压器用于将光伏并网逆变器出口侧低压升压至典型的 10kV 或 35kV 中压电网; 电压跌落发生器主要包括旁路开关 S_1、短路开关 S_2、接地组合开关 S_3、等效限流电抗 X_s 和等效接地电抗 X_p, 用于模拟实现 10kV 或 35kV 三相电网故障跌落, 其中 S_1、S_2、X_s 和 X_p 的内部串并联开关均为三相开关, 接地组合开关 S_3 为三个单相开关和一个三相开关组合而成, 且其接地侧与升压变高压侧的中性点相连后与大地相连, 用于实现单相接地、两相接地和三相接地之间的多种故障类型的切换。

电压故障跌落器用来模拟各种类型的电网电压故障, 主要通过图 3 - 19 中的接地组合开关 S_3 实现。接地组合开关分别采用单相开关 N_A、N_B、N_C 控制三相电网是否发生短路故障, 三相开关 N 控制装置是否发生接地故障, 各个开关组合方式与故障类型见表 3 - 3。

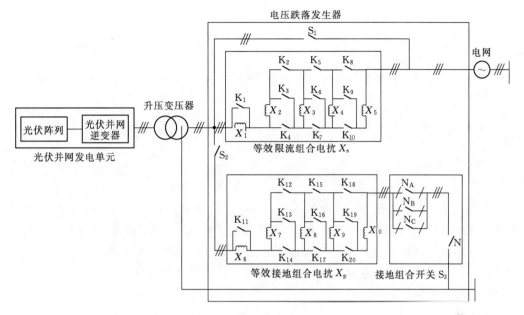

图 3-19 光伏逆变器低电压穿越测试的典型接线图

表 3-3   开关组合方式与故障类型

组合方式	N_A	N_B	N_C	N	跌落方式
1	闭合	断开	断开	闭合	A 相接地短路
2	断开	闭合	断开	闭合	B 相接地短路
3	断开	断开	闭合	闭合	C 相接地短路
4	闭合	闭合	断开	断开	AB 相间短路
5	断开	闭合	闭合	断开	BC 相间短路
6	闭合	断开	闭合	断开	CA 相间短路
7	闭合	闭合	断开	闭合	AB 相间接地短路
8	断开	闭合	闭合	闭合	BC 相间接地短路
9	闭合	断开	闭合	闭合	CA 相间接地短路
10	闭合	闭合	闭合	断路	ABC 三相短路
11	闭合	闭合	闭合	闭合	ABC 三相接地短路

3. 关键参数设计

GB/T 19964—2012 中规定 0％与 20％空载跌落点电压跌落幅值容差为＋5％，其他空载跌落点电压跌落幅值容差为±5％，因此选取 5％跌落深度为最小跌落步长，则 0～100％U_n 将有 20 种跌落深度，设定实现每种深度的电压跌落时，等效限流电抗 X_s 和等效接地电抗 X_p 的电抗值分别为 $X_s(i)$ 和 $X_p(i)$，其中 $i=1、2、3、\cdots、20$。

设定三相电网电压有效值为 U，电压跌落发生器短路容量为 S_v，电网内部阻抗为 X_0，则有

$$X_s(i) + X_p(i) + X_0 = \frac{U^2}{S_v} \qquad (3-34)$$

电压跌落发生器空载工况下，根据阻抗分压原理可得相应的电压跌落深度，即

$$\frac{X_p(i)}{X_s(i) + X_p(i) + X_0} = 5\%(i-1) \qquad (3-35)$$

由式（3-34）和式（3-35）可得

$$\begin{cases} X_p(i) = \dfrac{(i-1)U^2}{20 S_v} \\ X_s(i) = \left(1 - \dfrac{i-1}{20}\right)\dfrac{U^2}{S_v} - X_0 \end{cases} \qquad (3-36)$$

为通过多个分压电抗的串并联形式，实现每种跌落深度下的等效限流电抗 X_s 和等效接地电抗 X_p 的电抗值 $X_s(i)$ 和 $X_p(i)$，等效限流电抗 X_s 和等效接地电抗 X_p 的拓扑结构完全相同，其内部均由 5 个分压电抗和 10 个串并联控制开关构成，通过这 10 个串并联控制开关的各种开关状态组合将实现此 5 个分压电抗的不同串并联方式，从而产生不同的等效电抗值。

对于等效限流电抗 X_s，当开关 K_1 闭合，即 K_1 将电抗 X_1 旁路时，分压电抗 X_2、X_3、X_4 和 X_5 通过开关 K_2、K_3、K_4、K_5、K_6、K_7、K_8、K_9 和 K_{10} 的串并联组合，等效限流电抗 X_s 可取到以下 40 种电抗值 X 中的任何一个值，即

$X(1) = X_2$

$X(2) = X_3$

$X(3) = X_4$

$X(4) = X_5$

$X(5) = X_2 + X_3$

$X(6) = X_2 + X_4$

$X(7) = X_2 + X_5$

$X(8) = X_3 + X_4$

$X(9) = X_3 + X_5$

$X(10) = X_4 + X_5$

$X(11) = 1/(1/X_2 + 1/X_3)$

$X(12) = 1/(1/X_2 + 1/X_4)$

$X(13) = 1/(1/X_2 + 1/X_5)$

$X(14) = 1/(1/X_3 + 1/X_4)$

$X(15) = 1/(1/X_3 + 1/X_5)$

$X(16) = 1/(1/X_4 + 1/X_5)$

$X(17) = X_2 + X_3 + X_4$

$$X(18)=X_2+X_3+X_5$$

$$X(19)=X_2+X_4+X_5$$

$$X(20)=X_3+X_4+X_5$$

$$X(21)=1/(1/X_2+1/X_3)+X_4$$

$$X(22)=1/(1/X_2+1/X_3)+X_5$$

$$X(23)=1/(1/X_2+1/X_4)+X_5$$

$$X(24)=X_2+1/(1/X_3+1/X_4)$$

$$X(25)=1/(1/X_3+1/X_4)+X_5$$

$$X(26)=X_2+1/(1/X_4+1/X_5)$$

$$X(27)=X_3+1/(1/X_4+1/X_5)$$

$$X(28)=1/(1/X_2+1/X_3+1/X_4)$$

$$X(29)=1/(1/X_2+1/X_3+1/X_5)$$

$$X(30)=1/(1/X_2+1/X_4+1/X_5)$$

$$X(31)=1/(1/X_3+1/X_4+1/X_5)$$

$$X(32)=1/(1/X_2+1/X_3)+X_4+X_5$$

$$X(33)=X_2+1/(1/X_3+1/X_4)+X_5$$

$$X(34)=X_2+X_3+1/(1/X_4+1/X_5)$$

$$X(35)=1/(1/X_2+1/X_3+1/X_4)+X_5$$

$$X(36)=X_2+1/(1/X_3+1/X_4+1/X_5)$$

$$X(37)=1/(1/X_2+1/X_3)+1/(1/X_4+1/X_5)$$

$$X(38)=X_2+X_3+X_4+X_5$$

$$X(39)=1/(1/X_2+1/X_3+1/X_4+1/X_5)$$

$$X(40)=0$$

当开关 K_1 断开，即将分压电抗 X_1 串联投入电路时，等效限流电抗 X_s 将新增 40 种电抗值 X，即

$$X(40+n)=X(n)+X_1;n=1,2,3,\cdots,40 \qquad (3-37)$$

综上所述，等效限流电抗 X_s 通过其内部分压电抗 X_1、X_2、X_3、X_4、X_5，及开关 K_1、K_2、K_3、K_4、K_5、K_6、K_7、K_8、K_9、K_{10} 的串并联组合可产生 80 种电抗值，即

$$X_s(a)=X(j);a=1,2,\cdots,80;j=1,2,\cdots,80 \qquad (3-38)$$

对于等效接地电抗 X_p，为参数设计方便，这里设定等效接地电抗 X_p 与等效限流电抗 X_s 的 5 个分压电抗值完全相同，即

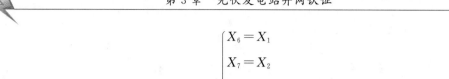

$$\begin{cases} X_6 = X_1 \\ X_7 = X_2 \\ X_8 = X_3 \\ X_9 = X_4 \\ X_{10} = X_5 \end{cases} \tag{3-39}$$

则等效限流电抗 X_s 同理可通过其内部分压电抗 X_6、X_7、X_8、X_9、X_{10} 及开关 K_{11}、K_{12}、K_{13}、K_{14}、K_{15}、K_{16}、K_{17}、K_{18}、K_{19}、K_{20} 的串并联组合产生 80 种电抗值，且有

$$X_p(b) = X(j); b = 1, 2, \cdots, 80; j = 1, 2, \cdots, 80 \tag{3-40}$$

由式（3-36）～式（3-39）可得，针对此种电压跌落发生器拓扑结构的分压电抗值 X_1、X_2、X_3、X_4 和 X_5 的设计步骤为

（1）根据已知的三相电网电压有效值 U，电压跌落发生器短路容量 S_v 和电网内部阻抗 X_0，通过式（3-36）计算得到 20 组参数对 $[X_s(i), X_p(i)]$，$i = 1$、2、…、20。

（2）任意设定 5 个电抗值 X_1、X_2、X_3、X_4 和 X_5，由此计算得到该拓扑结构下的 80 种串并联等效电抗值 $X(j)$，其中 $j = 1$，2，…，80。

（3）从数组 X 中任意挑选 $X(a)$ 和 $X(b)$ 两个元素，分别赋值给 $X_s(a)$ 和 $X_p(b)$，构成一系列参数对 $[X_s(a), X_p(b)]$。

若能从步骤（3）中得到的一系列参数对 $[X_s(a), X_p(b)]$ 中挑选出 20 组参数对正好与步骤（1）中计算出的 20 组参数对 $[X_s(i), X_p(i)]$ 相同，则步骤（2）中所设定的 5 个电抗值 X_1、X_2、X_3、X_4 和 X_5 为一组可行解。

根据对新型电压跌落器拓扑结构及通用参数设计介绍可知，图 3-19 所示的电压跌落发生器能够模拟如单相接地、两相接地、两相短路等各种电网电压故障类型，且能实现以 $5\%U_n$ 为步长，跌落深度从 $0 \sim 100\%U_n$ 全范围跌落，其工作流程如下：

（1）根据拟模拟电网电压跌落的跌落深度，计算当前应配置的等效限流电抗 X_s 和等效接地电抗 X_p，并通过 GB/T 19964—2012 中规定的低电压穿越曲线图计算出相应跌落深度应持续的跌落时间 Δt。

（2）根据步骤（1）计算出等效限流电抗 X_s 的电抗值，确定等效限流电抗 X_s 内部分压电抗的串并联形式，并投切内部相应串并联开关，然后打开常闭开关 S_1，将等效限流电抗 X_s 投入测试电路。

（3）根据拟模拟跌落的故障类型，如单相、两相或三相跌落，根据表 3-3 开关组合方式进行开关的投切。

（4）根据步骤（1）计算出等效接地电抗 X_p 电抗值，确定等效接地电抗 X_p 内部分压电抗的串并联形式，并投切内部相应串并联开关。

（5）闭合常开开关 S_2，实现模拟电压跌落，并延时时间 Δt 后，打开开关 S_2，恢复至正常电网电压，然后闭合开关 S_1，被测光伏并网逆变器恢复至正常并网运行。

根据上述电压跌落发生器拓扑结构与电抗器参数计算方法，对于三相电网电压有效值为

$U = 10\text{kV}$，包括线路阻抗在内的电网内部阻抗 $X_0 = 2.5\ \Omega$，要求设计的电压跌落发生器短路容量 $S_v = 2\text{MVA}$，可以得到一组等效限流电抗 X_s 和等效接地电抗 X_p 的可行解为

$$\begin{cases} X_6 = X_1 = 2.5\ \Omega \\ X_7 = X_2 = 5\ \Omega \\ X_8 = X_3 = 7.5\ \Omega \\ X_9 = X_4 = 15\ \Omega \\ X_{10} = X_5 = 17.5\ \Omega \end{cases} \tag{3-41}$$

因此可以得到电压跌落器实现以 $5\%U_n$ 为步长，从 $0 \sim 100\%U_n$ 全范围跌落时，限流组合电抗 X_s 与接地组合电抗 X_p 分别为

$$\begin{cases} X_p(i) = (2.5i)\ \Omega \\ X_s(i) = (47.5 - 2.5i)\ \Omega \end{cases} \tag{3-42}$$

3.3.6 电网适应性检测装置模型

3.3.6.1 功能及指标要求

电网适应性检测试的目的为验证光伏电站/逆变器的电压与频率特性是否满足标准的要求，通常采用电网模拟装置实现。电网模拟装置应能模拟公用电网的电压与频率的扰动，并满足以下技术条件：

（1）与光伏发电单元/子系统连接侧的电压谐波应小于 GB/T 14549—1993 中谐波允许值的 50%。

（2）向电网注入的电流谐波应小于 GB/T 14549—1993 中谐波允许值的 50%。

（3）稳态电压变化幅度不得超过设定电压的 $\pm1\%$。

（4）输出电压精度应高于被测逆变器精度。

（5）输出频率偏差值应小于 0.01Hz。

（6）三相电压不平衡度应小于 1%，相位偏差应小于 1%。

（7）响应时间应小于 0.02s。

3.3.6.2 电网适应性检测装置模型设计

交流源在不同工况时的特性各不相同，需要分别进行建模，但对普通仿真测试来说仅需通用化模型，不需要额外增加模型的复杂程度以及建模的难度。该通用模型在系统中将电网适应性检测装置看成输出稳定的电压源，直接采用 Matlab/Simulink 中主网受控电压源模块进行搭建。相应的电网适应性检测装置模型结构框图如图 3-20 所示。

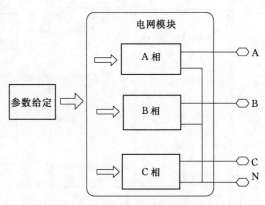

图 3-20　电网适应性检测装置模型结构框图

电网适应性检测装置模型由以下两部分组成：

（1）参数给定模块，主要给定电网参数。

（2）电网模块，主要模拟电网电路部分。

电网模块由 3 个相同的独立模块组成，分别输出 A 相电压、B 相电压以及 C 相电压，实现 3 相单独控制。以 A 相模块为例，介绍相电压电路结构，电路结构如图 3-21 所示。

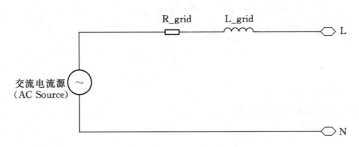

图 3-21　电网适应性检测装置模型 A 相电路结构

相电压输出电路结构由以下 3 部分组成：

（1）AC Source：用于输出设定交流信号，实现对相电压频率、电压的扰动。

（2）R_grid：设定模拟电网装置等效电阻。

（3）L_grid：设定模拟电网装置等效电感。

电网适应性检测装置参数设定见表 3-4，该装置仿真框图如图 3-22 所示。

表 3-4　　　　　　　　　　电网适应性检测装置参数设定

模　块	单位	功　能　说　明
RMS	V	相电压的有效值
Amplitude	p. u.	相电压标幺系数，填写方式：（A 相电压标幺系数　B 相电压标幺系数　C 相电压标幺系数）
frequency	Hz	电网电压频率
Initial Phase offset	rad	相电压初始相角

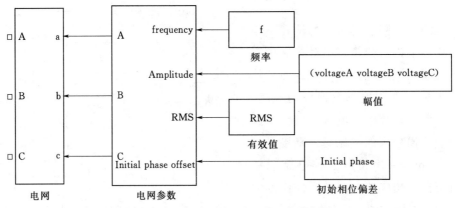

图 3-22　电网适应性检测装置仿真框图

3.3.7 光伏逆变器半实物仿真建模

3.3.7.1 光伏逆变器功率回路模型

1. 典型拓扑结构

目前光伏逆变器拓扑结构多样，在这些逆变器拓扑结构中，最常见的组合是两电平逆变器、三电平逆变器。

传统的三相全桥式逆变器电路如图3-23所示，这种逆变器的优点是使用的开关管数量少、结构简单、易于控制；其缺点是带不平衡负载能力很弱，由于三相电网基本处于平衡状态，该拓扑结构目前应用最为广泛。

部分大功率逆变器使用的功率器件对电压、电流耐受能力要求高，导致成本增加，考虑到成本限制，部分厂家对图3-23所示的结构进行改进，主要有以下几种。

（1）采用小功率模块并联的逆变电路。采用小功率模块并联的逆变器电路如图3-24所示，小功率模块并联总的导通损耗低于同等规格的大功率模块，且热点均匀分布，可以提高功率电路的开关频率，成本比应用一个大功率模块要低得多，但是驱动电路、PCB设计、并联功率模块间的热耦合对并联功率模块的工作状态影响很大。

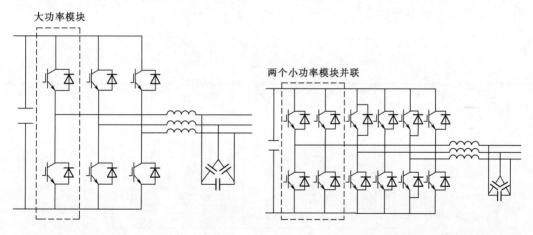

图3-23 传统的三相全桥式逆变器电路　　　图3-24 采用小功率模块并联的逆变器电路

（2）两个单独250kW逆变桥并联（共直流母线）。两个共直流母线的250kW逆变桥并联电路如图3-25所示。这种拓扑结构功率模块成熟，能够减小滤波电抗器的体积，但是交流侧、直流侧均并联，容易产生环流，对两个逆变桥的同步性要求非常严格。

（3）两个单独250kW逆变桥并联（不共直流母线）。这种拓扑结构是目前研制500kW光伏逆变器的最佳方案，不共直流母线的两个250kW逆变桥并联电路如图3-26所示。该拓扑结构的优点是功率模块成熟；每个逆变器所使用滤波电抗器体积相对小；机械结构设计相对简单；无需同时开通关断功率模块；控制算法优化可以降低输出电流谐波电流，无需解决逆变器并联的环流问题。

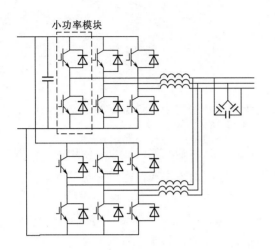

图 3-25　两个共直流母线的 250kW
逆变桥并联电路

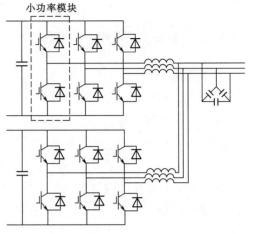

图 3-26　不共直流母线的两个 250kW
逆变桥并联电路

除此之外，三电平逆变器也是常见的拓扑结构。一种常见的三电平Ⅰ型逆变电路如图 3-27 所示，其具备双向功率流动和功率因数控制方便的优点，但是存在死区控制复杂、开关管易损毁等问题。

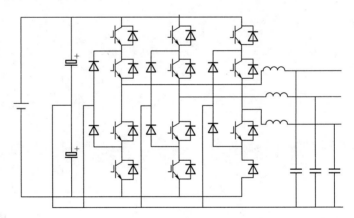

图 3-27　三电平Ⅰ型逆变电路

如图 3-28 所示的三电平 T 型逆变电路也是目前主流的三电平逆变器拓扑结构，它可以有效规避Ⅰ型逆变器中存在的开关管易损等问题，但国内由于该类型功率模块缺乏，T 型设计技术仍处于起步阶段。

基于上述典型拓扑结构，半实物仿真光伏逆变器控制系统试验与检测平台采用 RT-LAB 实时仿真器来实现，借助 RT-LAB 完备的电力电子与电力系统模型库及专门针对电力系统的实时解算方法，结合 RT-LAB 灵活的 I/O 接口，可实现功率器件开关频率不大于 50kHz 的电力电子与电力系统高精度硬件在环实时仿真。

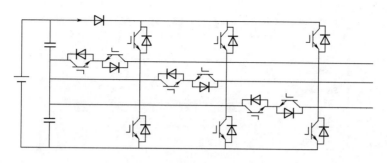

图 3-28　三电平 T 型逆变电路

2. 低频功率回路模型

针对功率器件开关频率不大于 10kHz 的新能源领域电力电子拓扑的仿真，主要采用 CPU 仿真计算，通过带插值补偿功能的电力电子功率器件和 PWM 脉冲驱动模型库，能实现 20μs 步长的数字实时仿真及硬件在环实时仿真。采用 RT-LAB 中 RT-eDrive，对带时间戳的桥进行精确仿真，模型库中包含两电平电力电子桥和三电平电力电子桥，如图 3-29 和图 3-30 所示。

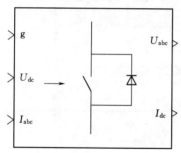

图 3-29　两电平电力电子桥模型

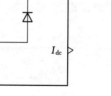

图 3-30　三电平电力电子桥模型

图 3-29 的两电平电力电子桥参数设置如图 3-31 所示，可设置单个桥臂、2 个桥臂和 3 个桥臂，并对一个仿真步长内的插值时间点数进行设置。结合上述模型，对典型光伏并网逆变器进行仿真，除此之外，还可以对 Chopper 电路、单相半桥逆变电路、单相全桥逆变电路等进行实时仿真。

图 3-30 的三电平电力电子桥参数设置如图 3-32 所示，同样可设置单个桥臂、2 个桥臂和 3 个桥臂，并对一个仿真步长内的插值时间点数进行设置。

3. 高频功率回路模型

针对功率器件开关频率为 10k~50kHz 的新能源领域电力电子拓扑的仿真，采用 RT-LAB 的 eFPGAsim 工具来实现，借助 eFPGAsim 提供的模型库及 eHS (e-hardware solver) 算法，能实现电力电子拓扑基于 FPGA 的 2μs 步长的硬件在环实时仿真。

与低频功率回路模型不同，开关频率为 10k~50kHz 的电力电子器件，对仿真计算

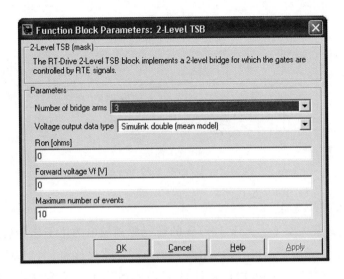

图 3 - 31　 两电平电力电子桥参数设置

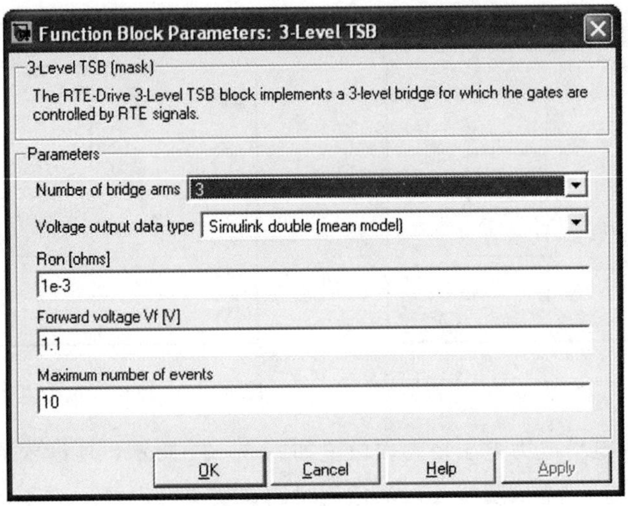

图 3 - 32　 三电平电力电子桥参数设置

性能要求更为严格，因此半实物仿真光伏逆变器控制试验与检测平台利用 FPGA 上通用功率变换器件的解算器 eHS Solver，SimPowerSystems 模型的编辑接口，SimPowerSystems 元件进行电路结构的拓扑映射，设置电路元器件参数，形成电力电子电路网表模型，而 CPU 与 FPGA 交互端口和大步长计算部分行程 CPU 模型，运用实时解算器，将网表模型直接下载至 FPGA 中，对电路进行实时仿真。

　　半实物仿真光伏逆变器控制系统试验与检测平台能够支持高频功率回路模型拓扑结构关键在于应用网表模型中的 SimPowerSystems 元件，eHS 仿真可用的 SimPowerSystems 库元件如图 3 - 33 所示。

　　半实物仿真光伏逆变器控制系统试验与检测平台支持理想开关、带反并联二极管的

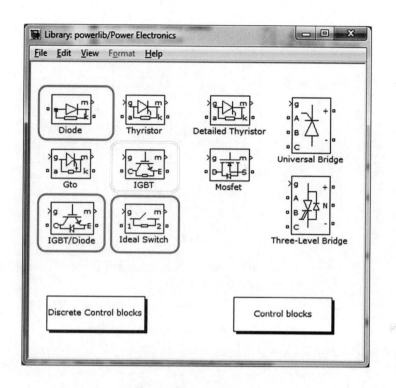

图 3-33 eHS仿真可用的 SimPowerSystems 库元件

IGBT 功率模块和二极管等电力电子器件应用，因此基于此功率器件模型，用户可以通过设置功率器件的数量及相对位置关系等简单操作方法来自主、灵活地构建各种新能源领域的电力电子拓扑结构电路模型，如 Boost 电路、各种拓扑结构的两电平逆变桥、各种拓扑结构的三电平逆变桥等。

3.3.7.2 全控型器件 IGBT 脉宽调制技术

为验证半实物仿真光伏逆变器控制系统试验与检测平台上全控型器件 IGBT 数字脉冲波的精度，研究全控型器件 IGBT 脉宽调制技术，基于半实物平台建立半实物仿真测试模型，开展测试。

测试方法为在目标机中运行 I/O 测试模型，将示波器端子连接到目标机的数字量输出端子，在示波器上观察测量结果。

测试过程中，设置数字输出通道逐次输出 1080Hz、15120Hz、51800Hz 的脉冲信号，示波器捕获信号波形如图 3-34～图 3-36 所示。示波器上显示的波形与设置的输出波形一致，表明半实物仿真光伏逆变器控制系统试验与检测平台能够发出符合要求的数字脉冲波，且数字量输出及调理模块的功能正常。

3.3.7.3 逆变桥小步长实时仿真技术

为验证半实物仿真光伏逆变器控制系统试验与检测平台上逆变器小步长实时仿真技

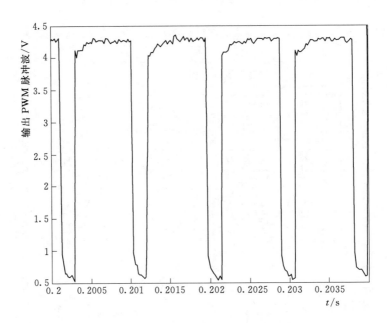

图 3-34　频率 1080Hz 脉冲信号

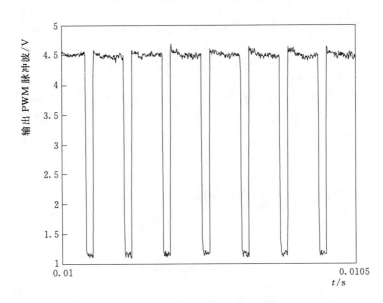

图 3-35　频率 15120Hz 脉冲信号

术，基于半实物平台建立半实物仿真测试模型，开展测试，测试 PWM 脉冲延迟特性和输出精度。测试方法：将信号发生器的输出端子连接到目标机的数字量输入端子，在目标机中运行 I/O 测试模型，通过数字量输入通道对输入信号进行捕获，且将捕获的信号通过数字量输出通道输出，并与示波器发出的原始信号进行比对。

测试过程中，信号发生器逐次输出 5000Hz、10000Hz、30000Hz、50000Hz 的信号，观测示波器发出的原始信号和经数字量输入、输出板卡后的脉冲信号，两者对比，

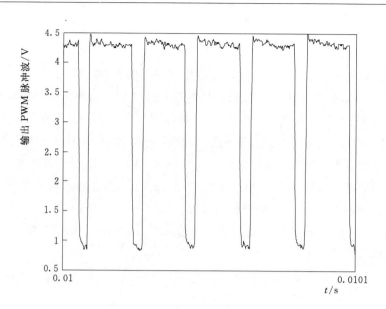

图 3-36 频率 51800Hz 脉冲信号

数字量脉冲测试结果见表 3-5。可以发现经过输入/输出板卡后的脉冲信号频率未发生变化，滞后原始信号 3 个仿真步长。

表 3-5 数字量脉冲测试结果

测试初始条件		测试结果记录		
给定频率 /kHz	仿真步长 /μs	示波器原始信号 DI 输入频率/kHz	经数字量输出板卡输出 的信号频率/kHz	DI 输入与 DO 输出 延迟时间/μs
5	10	5	5	30
5	20	5	5	60
5	30	5	5	90
5	40	5	5	120
5	50	5	5	150
10	10	10	10	30
10	20	10	10	60
10	30	10	10	90
10	40	10	10	120
10	50	10	10	150
30	10	30	30	30
30	20	30	30	60
30	30	30	30	90
30	40	30	30	120
30	50	30	30	150
50	10	50	50	30
50	20	50	50	60

3.3.7.4 物理 I/O 接口匹配技术

半实物仿真光伏逆变器控制系统试验与检测平台基于 RT-LAB 仿真器，主要包括 CPU 处理器、FPGA 处理器以及各种信号调理板卡，CPU 处理器与 FPGA 处理器之间采用 PCIE 总线进行高速数据交换，CPU 处理器主要负责用户仿真模型的高性能运算处理，FPGA 处理器主要用于管理各种信号调理板卡，实现 CPU 处理器与外围信号调理板卡之间各种模拟量和数字量信息的交换与管理，信号调理板卡包括数字量输入/输出板卡、模拟量输入/输出板卡，OP 5600 型 RT-LAB 仿真器结构示意图如图 3-37 所示。其中 OP 5330 为 16 通道的模拟量输出信号调理板，OP 5340 为 16 通道的模拟量输入信号调理板，OP 5353 为 32 通道数字量输入信号调理板，OP 5354 为 32 通道数字量输出信号调理板。

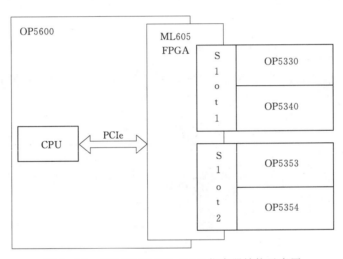

图 3-37　OP5600 型 RT-LAB 仿真器结构示意图

OP5600 型 RT-LAB 仿真器前后面板接口图如图 3-38 所示。以 16 通道模拟量输入板卡 OP5340 为例，其接口图如图 3-39 所示，其通道接口位置如图 3-38（a）显示，由于机器中提供正负 18V 电源，因此模拟量板卡电源接口 U_{user} 和 U_{rtn} 部分不需要接外部电源。

（a）后部面板

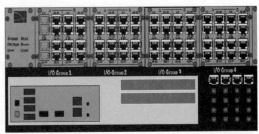

（b）前部面板

图 3-38　OP5600 型 RT-LAB 仿真器前后面板接口图

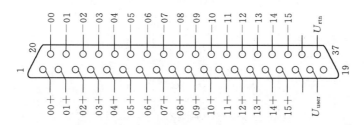

图 3-39 模拟量输入板卡 OP5340 接口图

由于不同的逆变器控制系统硬件物理 I/O 接口电平大小不一，需要开发专门的物理 I/O 接口装置，实现半实物仿真平台仿真器与光伏逆变器控制器接口无缝对接。因此，本研究开发了一种安全接口装置，实现国内外各厂家光伏逆变器控制系统硬件接口物理 I/O 接口经该接口装置与半实物仿真器物理板卡的输入/输出信号电平匹配。

安全接口装置由模拟信号输入及保护电路、模拟信号放大电路、模拟信号输出及保护电路、数字信号输入及保护电路、数字信号隔离电路、数字信号输出及保护电路、仿真器接口电路、光伏系统控制器接口电路和外置相互隔离的两路电源等组成，能够有效、持续地连接被仿真控制系统与仿真环境，提供一种简便、安全、可靠的连接方式，用于对控制器进行长时间的调试。

安全接口装置的功能模块连接如图 3-40 所示，半实物仿真器与被测控制器的安全接口装置，使用了隔离、放大及保护的系统连接方式，将被测控制器与仿真器连接；使用瞬态抑制二极管为输入、输出接口提供了瞬态电压保护；通过隔离的方式将两侧信号连接，防止高电压窜入；模拟信号通过放大电路，将仿真器输出的电压信号范围转换为控制器需要的电压范围，以充分利用其数模转换器的精度。

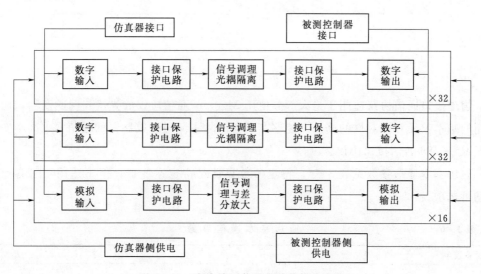

图 3-40 安全接口装置的功能模块连接

安全接口装置配线图如图 3-41 所示，模拟量接口为 16 路，仿真器模拟量输出板卡的信号经安全接口装置的模拟量接口，输入至逆变器控制器。

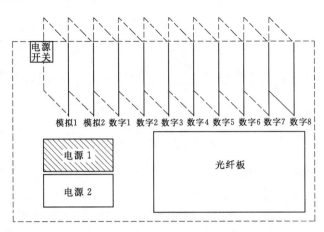

图 3-41　安全接口装置配线图

数字量接口为 64 路，包含 32 路数字量输入接口和 32 路数字量输出接口。

由于仿真器数字量输入端口，每通道需要不小于 3.6mA 的驱动电流，因此安全接口装置需提供驱动信号，驱动信号接口图如图 3-42 所示。

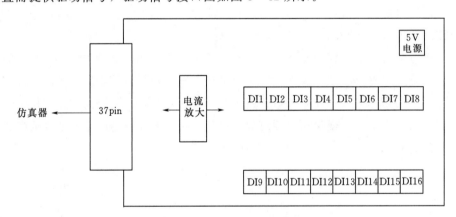

图 3-42　驱动信号接口图

物理接口通信协议适用于绝大部分使用 Modbus 通信协议的光伏并网逆变器，通过通用的基本单元和针对性的修改，能够实现与国际主流逆变控制器的通信要求。本协议基于 RS-485 通信接口协议。

通用基本通信参数见表 3-6。特定参数只针对特定逆变器，但不适用于所有逆变器的可选项。

表 3-6　　　　　　　　　　通 用 基 本 通 信 参 数

测量参数	类　型	缩　写	备注
逆变器直流输入端			
电压	直流电压	U_{in1}，U_{in2}，U_{in3}，U_{in4}	
电流	直流电流	I_{in1}，I_{in2}，I_{in3}，I_{in4}	
功率	输入功率	P_{in1}，P_{in2}，P_{in3}，P_{in4}，P_{intot}（总输入功率）	

测量参数	类　型	缩　写	备注
逆变器交流输出端			
电压	有效值	$U_{Arms}/U_{Brms}/U_{Crms}$	
	峰峰值	$U_{Avpp}/U_{Bvpp}/U_{Cvpp}$	
	平均值	$U_{Aavg}/U_{Bavg}/U_{Cavg}$	
	瞬时值	$U_{Am}/U_{Bm}/U_{Cm}$	
	电压不平衡系数（仅限于三相三线）	K	特定
	相电压基波成分的有效值		
	相电压谐波 XYZ 的有效值		特定
	相电压总谐波失真	THD	
	相电压谐波 XYZ 相对于基波的谐波失真	U_{thdu}	
	电压波峰系数（crest factor）	CF	特定
	电压谐波因数	THF	
	谐波电压（第 h 次谐波的值，$h \leqslant 51$）	$HV(h)$	特定
电流	有效值	$I_{Arms}/I_{Brms}/I_{Crms}$	
	峰峰值	$I_{Avpp}/I_{Bvpp}/I_{Cvpp}$	
	平均值	$I_{Aavg}/I_{Bavg}/I_{Cavg}$	
	瞬时值	$I_{Am}/I_{Bm}/I_{Cm}$	
	电流不平衡系数（仅限于三相三线）	η	特定
	相电流基波成分的有效值		
	相电流谐波 XYZ 的有效值		特定
	相电流总谐波失真	THD_i	
	相电流谐波 XYZ 相对于基波的谐波失真	I_{thdu}	
	谐波电流（第 h 次谐波的值，$h \leqslant 51$）	$HI(h)$	特定
功率	有功功率	P	
	基波成分的有功功率		
	谐波 XYZ 的有功功率		特定
	无功功率	Q	
	基波成分的无功功率		
	谐波 XYZ 的无功功率		特定
	视在功率	S	
	谐波 XYZ 的视在功率		特定
	总有功功率	P_t	
	总无功功率	Q_t	
	总视在功率	S_t	

续表

测量参数	类　型	缩　写	备注
	逆变器交流输出端		
功率	基波成分的功率因数		特定
	谐波 XYZ 的功率因数		特定
	功率因数（三相）	PF	
电能	基波有功电能	W_p	
	基波无功电能	W_q	
	视在电能	W_s	
	总有功电能	W_{pt}	
	总无功电能	W_{qt}	
	总视在电能	W_{st}	
需量	电压（最大值、最小值、平均值）	$U_{max}/U_{min}/U_{avg}$	
	电流（最大值、最小值、平均值）	$I_{max}/I_{min}/I_{avg}$	
	有功功率（最大值、最小值、平均值）	$Q_{max}/Q_{min}/Q_{avg}$	
	无功功率（最大值、最小值、平均值）	$P_{max}/P_{min}/P_{avg}$	
	视在功率（最大值、最小值、平均值）	$S_{max}/S_{min}/S_{avg}$	
	功率因数（最大值、最小值、平均值）	$KF_{max}/KF_{min}/KF_{avg}$	
	频率（三相）	f	
	直流分量	I_f	
	相位角（相电压之间）	θ	
	相移角（电压与电流之间，每相）	ψ	
	中性线电流（仅限于三相三线）	I_N	
	零序电流（仅限于三相四线）	$3I_0$	特定
	零序电压（仅限于三相四线）	$3U_0$	特定

3.3.7.5　接口互联线性内插技术

测试结果表明，半实物仿真光伏逆变器控制系统试验与检测平台数字物理 I/O 接口能够实现数字信号的实时捕获，这主要基于该平台具备插值补偿功能，能够进行高精度的定步长过零点检测，对一个步长内发生的逻辑事件进行处理。

半实物仿真光伏逆变器控制系统试验与检测平台数字 I/O 口接收信号为 RT - Events 信号（简称 RTE 信号），在 RT - Events 中一个步长内的事件是不会被忽略的，其数据类型为 RTE 格式。RTE 信号可以通过特定的模块转换成时间及状态向量，RTE 信号如图 3 - 43 所示。一个 RET 信号被转换成了一个逻辑状态和一个时间信号。相对应也可以将时间及状态向量通过模块转换为 RTE 信号。因此模型可以高精度地往（从）外部设备发送（接收）触发脉冲。

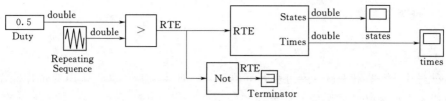

图 3-43　RTE 信号

RT-Events 模块与 Simulink 信号比较如图 3-44 所示，RT-Events 模块与 Simu-link 捕获脉冲比较如图 3-45 所示，对于相同的载波和调制波，Simulink 仿真基于仿真步长更新，而 RT-Events 基于事件触发、更新，一个仿真步长内最多可线性插值 255个点，消除步长分辨率带来的触发时刻误差。

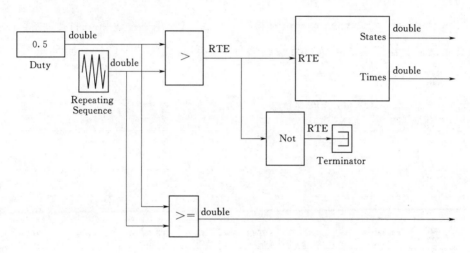

图 3-44　RTE 信号与 Simulink 信号比较

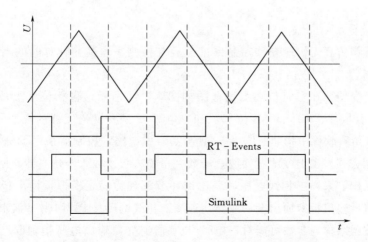

图 3-45　RT-Events 模块与 Simulink 捕获脉冲比较

3.3.7.6　低频与高频回路验证

1. 低频验证

通过对 4kHz 两电平逆变器进行开环测试，验证半实物仿真光伏逆变器控制系统试验与检测平台低频计算时的实时计算仿真性能。

测试系统包括位于上位机 PC 中的 RT‐LAB 仿真软件、RT‐LAB 仿真器和三相两电平并网逆变器的控制器三大部分。RT‐LAB 仿真软件中为两电平逆变器主电路，控制器采用 DSP 芯片，通过 SPWM 调制方式发出 PWM 脉冲波，经数字量输入板卡输入至仿真器，驱动逆变器工作，采样三相线电压，经比例环节调理为满足模拟量输出板卡量程的信号，再经模拟量输出板卡输出至示波器，观测三相线电压及 PWM 脉冲波形。

三相 IGBT 管驱动 PWM 脉冲波如图 3‐46 所示，开关频率为 4kHz，验证了半实物仿真光伏逆变器控制系统试验与检测平台低频实时仿真的正确性。横坐标每格代表 200μs，纵坐标每格代表 10V。

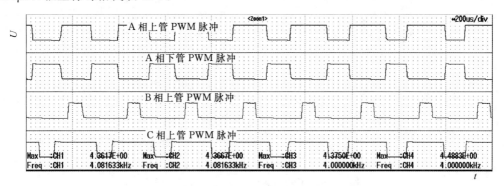

图 3‐46　PWM 脉冲波

2. 高频验证

测试半实物仿真光伏逆变器控制系统试验与检测平台高频计算时的实时计算仿真性能。

三电平逆变器开环实时仿真测试框图如图 3‐47 所示，包括位于上位机 PC 中的 RT‐LAB 仿真软件、RT‐LAB 仿真器和三电平 T 型并网逆变器的控制器三大部分。在 RT‐LAB 仿真软件中构建三电平 T 型逆变器主电路，控制器采用 DSP 芯片，通过 SVPWM 调制方式发出 PWM 脉冲波，经数字量输入板卡输入至仿真器，驱动三电平 T 字形逆变器工作，采样三相线电压，经比例环节调理为满足模拟量输出板卡量程的信号，再经模拟量输出板卡输出至示波器，观测三相线电压及 PWM 脉冲波形。

由于滤波器结构与参数可能对三电平 T 字形逆变器输出电压精确度产生影响，此次测试直接测量无滤波器时的三相输出电压，直流侧采用直流源，电压为 600V，三电平逆变器电路模型开关频率为 15kHz。

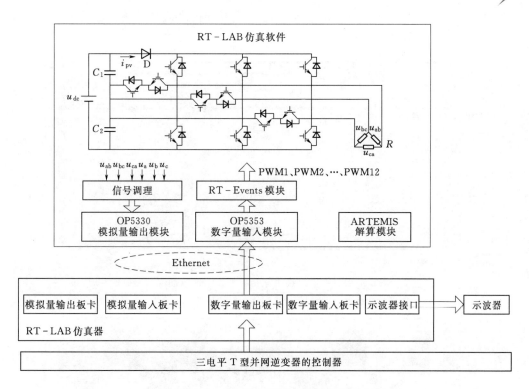

图 3-47 三电平逆变器开环实时仿真测试框图

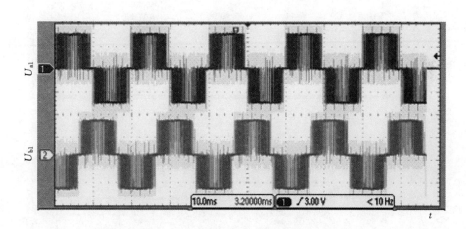

图 3-48 A相上管驱动脉冲与B相上管驱动脉冲

A 相上管驱动脉冲与 B 相上管驱动脉冲及其细节展开图如图 3-48、图 3-49 所示。线电压 U_{ab} 与 U_{bc} 波形图及其细节展开图如图 3-50、图 3-51 所示。横坐标每格代表 10ms，纵坐标每格代表 5V。图 3-48、图 3-49 为 A 相上管驱动脉冲 U_{a1} 与 B 相上管驱动脉冲 U_{b1} 波形，开关频率为 15kHz，且 U_{b1} 滞后 U_{a1} 相位 120°；图 3-50、图 3-51 为交流侧输出 AB 相线电压 U_{ab} 和 BC 相线电压 U_{bc}，U_{ab}、U_{bc} 存在三个电平台阶，分别为 0、±7.5V、±15V，仿真模型中缩减的比例系数为 1/40，等比例放大后，电压台阶分别为 0、±300V、±600V，与三电平逆变器理论输出值相符，验证了仿真器与控制器开环特性实时仿真的正确性。

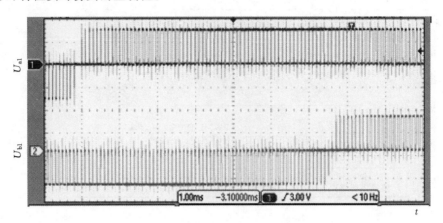

图 3-49　A 相上管驱动脉冲与 B 相上管驱动脉冲细节展开图

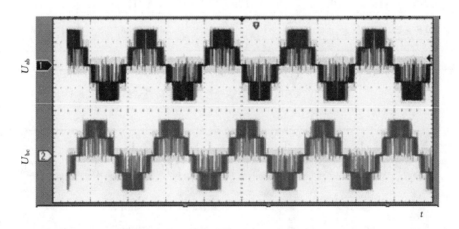

图 3-50　线电压 U_{ab} 与 U_{bc}（未滤波）波形图

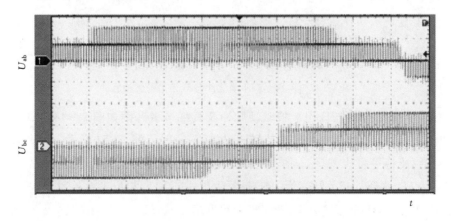

图 3-51　线电压 U_{ab} 与 U_{bc}（未滤波）细节展开图

3.3.8 RT‑LAB 数字物理混合仿真方法

以光伏逆变器低电压穿越特性评估为例，介绍光伏逆变器并网性能数字物理混合仿真评估方法。光伏逆变器数字物理混合仿真框图如图 3‑52 所示，数字物理混合仿真的硬件部分包括上位机 PC、RT‑LAB 仿真器和被测光伏逆变器控制器三大部分，仿真器通过模拟量输出板卡、模拟量输入板卡、数字量输出板卡、数字量输入板卡与被测光伏逆变器控制器进行物理 I/O 接口的连接，同时可通过示波器接口直接与外部示波器连接，监测各种仿真波形。仿真软件部分为位于上位机 PC 中的仿真模型，主要包括 SC 监控系统和 SM 模型系统两大部分。

SC 监控系统主要用于控制光伏逆变器低电压穿越试验平台主电路工作状态，同时显示光伏逆变器输出侧的三相电压、电流以及直流侧电压、电流量等。SM 模型系统主要包括光伏逆变器低电压穿越试验平台主电路、信号调理、RT‑Events 模块、模拟量输出模块、数字量输入模块和 ARTEMIS 解算模块六大部分。信号调理模块的作用是通过比例缩小、电平抬升等手段，将采集到的主电路中逆变器输出三相交流电压 u_a、u_b、u_c 和逆变器输出三相交流电流 i_a、i_b、i_c 以及直流母线电压 u_{pv} 和电流 i_{pv} 线性变换到外部控制器中 AD 采样口所能接受的电平范围内，然后通过对模拟量输出模块的硬件地址配置和上位机 PC 与 RT‑LAB 仿真器之间的以太网连接将模拟量信号传送至 RT‑LAB 仿真器中的模拟量输入板卡；同理，通过上位机 PC 与 RT‑LAB 仿真器之间的以太网连接和对数字量输入模块的硬件地址配置，可得到外部控制器输出的数字量信号。RT‑Events 模块将外部 6 路 PWM 脉冲信号处理后输出给 IGBT 功率器件模型，可以精确控制脉冲的跳转在两个采样点之间的中间时刻发生，确保脉冲信号被仿真器有效捕捉。ARTEMIS 解算模块用于将开关切换后电路拓扑重新解算的时间降低到最小，与正常的电路解算时间处于相同的数量级，实现仿真模型的实时运行。

在图 3‑52 中，SM 模型系统中的光伏逆变器低电压穿越试验平台主电路从左至右依次包括光伏阵列，防反二极管 D，直流母线稳压电容 C_1，6 个 IGBT 功率器件，LC 滤波器，△/Y 接法的升压变，限流电抗器 L_2，限流开关 S_2，接地电抗器 L_1，接地开关 S_1 和短路容量为 4MVA、线电压有效值为 10kV 的三相电网。整个主电路的工作原理为光伏阵列输出的直流经光伏并网逆变器逆变为 270V 的交流电压；然后，经升压变压器升高为 10kV；最后，通过阻抗分压拓扑结构的电压跌落发生器并入 10kV 三相电网。光伏逆变器正常并网运行情况下，限流开关 S_2 的控制信号 S_{21} 为高电平，保证限流开关 S_2 为闭合状态，接地开关 S_1 的控制信号 S_{11} 为低电平，保证接地开关 S_1 为打开状态；当进行低电压穿越特性仿真时，在 SC 监控系统电平指令控制作用下，首先将控制信号 S_{21} 置为低电平，然后将控制信号 S_{11} 置为高电平，即首先将限流电抗 L_2 投入主电路运行，然后将接地电抗 L_1 接入主电路，通过阻抗分压原理实现 10kV 侧电网电压不同深度的跌落，从而基于相关标准评估光伏逆变器的低电压故障穿越特性。

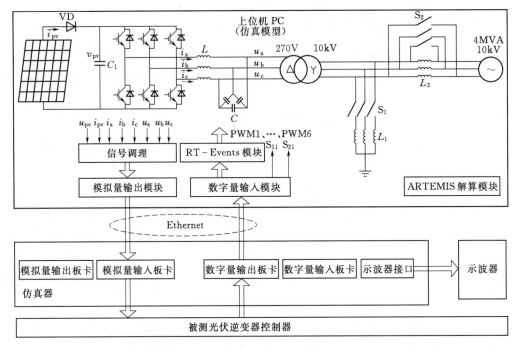

图 3-52　光伏逆变器数字物理混合仿真框图

3.3.9　一致性判定方法

逆变器一致性判定方法为：将通过型式试验的光伏逆变器关键部件和光伏电站现场抽检的光伏逆变器关键部件分别接入半实物仿真平台，设置一致的运行工况和扰动进行半实物试验，对两套光伏逆变器关键部件半实物试验数据进行区间划分和偏差计算，以验证现场抽检的光伏逆变器关键部件是否与通过型式试验的光伏逆变器关键部件具备一致性。验证的电气量包括电压、电流、有功功率、无功功率和无功电流的基波正序分量。

以通过型式试验的光伏逆变器关键部件半实物试验数据为依据，将扰动过程两套逆变器关键部件的半实物试验数据序列分为以下时段：

（1）根据通过型式试验的光伏逆变器关键部件半实物试验中的电压数据，将数据序列分为 A（故障前）、B（故障期间）、C（故障后）三个时段。

（2）根据有功功率和无功功率的响应特性，将 B、C 时段分为暂态区间和稳态区间，其中 B 时段分为 B1（暂态）和 B2（稳态）区间，C 时段分为 C1（暂态）、C2（稳态）区间。

（3）各时段暂态区间仅计算平均偏差，稳态区间分别计算平均偏差和最大偏差；计算整个扰动过程的加权平均总偏差。

根据国家标准 GB/T 32892—2016 中的规定，偏差计算结果应满足的条件为：所有工况稳态和暂态区间的电流、无功电流、有功功率和无功功率的平均偏差、稳态区间的最大偏差以及加权平均总偏差应不大于表 3－7 中的最大允许偏差值。其中，F_{1max} 为稳态区间平均偏差允许值；F_{2max} 为暂态区间平均偏差允许值；F_{3max} 为稳态区间最大偏差允许值；F_{Gmax} 为所有区间加权平均总偏差允许值；ΔU_s 为电压偏差值；U_n 为额定电压；ΔI 为电流偏差值；I_n 为额定电流；ΔI_q 为无功电流偏差值；I_q 为额定无功电流；ΔP 为有功功率偏差值；P_n 为额定有功功率；ΔQ 为无功功率偏差值。

表 3－7　　　　　　　　　　　偏差最大允许值

电气参数	F_{1max}	F_{2max}	F_{3max}	F_{Gmax}
$\Delta U_s/U_n$	0.02	0.05	0.05	0.05
$\Delta I/I_n$	0.10	0.20	0.15	0.15
$\Delta I_q/I_n$	0.10	0.20	0.15	0.15
$\Delta P/P_n$	0.10	0.20	0.15	0.15
$\Delta Q/P_n$	0.10	0.20	0.15	0.15

3.4 现场测试

光伏发电站并网认证现场测试按照国家标准 GB/T 19964—2012 的内容开展，通过对光伏发电站进行整站测试来验证光伏发电站的部分并网性能指标，具体测试内容如下：

（1）有功功率特性测试：有功功率输出特性测试、有功功率变化测试和有功功率控制能力测试。

（2）无功功率特性测试：无功功率输出特性测试、无功功率控制能力测试和无功功率动态响应性能测试。

（3）电能质量测试：电流谐波测试、电流间谐波测试、三相电压不平衡度测试、三相电流不平衡度测试、闪变测试。

3.4.1 有功功率特性

有功功率特性应选择在晴天少云且光伏发电站输出功率波动较小的条件下进行检测，检测过程中应全程记录辐照度和大气温度。

有功功率特性检测电路如图 3－53 所示，各装置之间应保持时间同步，时间偏差应小于 $10\mu s$。

组件温度测量装置的技术参数要求如下：

（1）测量范围：－50～100℃。

（2）测量精度：±0.5℃。

（3）工作环境温度：－50～100℃。

检测前光伏发电站 AGC 系统应完成本地调试，具备本地调节功能。测试过程中应

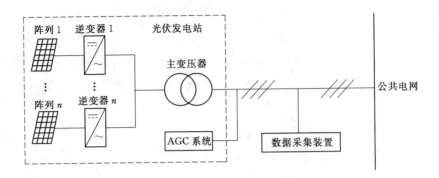

图 3-53　有功功率特性检测示意图

确保所有光伏逆变器处于正常运行状态，并与电网调度部门协调。

1. 有功功率输出特性

检测应按照如下步骤进行：

（1）根据光伏发电站所在地的气象条件，应选择太阳辐照度最大值不小于 $400W/m^2$ 的完整日开展检测。检测应至少采集总辐照度和组件温度参数。

（2）连续测满光伏发电站随辐照度发电的全天运行过程，要求每 1min 同步采集一次光伏发电站有功功率、总辐照度和组件温度三个数据。

（3）以时间轴为横坐标，有功功率为纵坐标，绘制有功功率变化曲线。

（4）以时间轴为横坐标，组件温度为纵坐标，绘制组件温度变化曲线。

（5）将横坐标的时间轴与辐照度时序对应，绘制有功功率变化曲线和组件温度变化曲线。

需要注意的是，有功功率 1min 平均值用 1min 发电量值/60s 来计算。总辐照度 10s 采样 1 次，1min 采样的 6 个样本中去掉 1 个最大值和 1 个最小值，余下 4 个样本的算术平均为 1min 的瞬时值。组件温度 10s 采样 1 次，1min 采样的 6 个样本中去掉 1 个最大值和 1 个最小值，余下 4 个样本的算术平均为 1min 的瞬时值。

2. 有功功率变化

检测应按照如下步骤进行：

（1）在光伏发电站并网点处按光伏发电站随辐照度自动启停机和人工启停机两种工况进行测量。

（2）分别记录两种情况下光伏发电站开始发电时刻起至少 10min 内和停止发电时刻前至少 10min 内并网点的电压和电流数据，计算所有 0.2s 有功功率平均值。

（3）以时间为横坐标，有功功率为纵坐标，用计算所得的所有 0.2s 有功功率平均值绘制有功功率随时间变化曲线。

需要注意的是，随辐照度自动启停机检测期间辐照度最大值应不小于 $400W/m^2$，人工启停机检测期间辐照度应保持在 $400W/m^2$ 以上。

3. 有功功率控制能力

检测应按照如下步骤进行：

（1）检测期间不应限制光伏发电站的有功功率变化速度并按照图2-17的设定曲线控制光伏发电站有功功率，在光伏发电站并网点连续测量并记录整个检测过程的电压和电流数据。

（2）每0.2s数据计算一个有功功率平均值，用计算所得的所有0.2s有功功率平均值拟合实测有功功率控制曲线。

（3）利用图2-17中虚线部分的1min有功功率平均值作为实测值与设定基准功率值进行比对。

（4）计算有功功率调节精度和响应时间。

（5）检测期间应同时记录现场的辐照度和大气温度。

在图2-17中，P_0为辐照度大于400W/m² 时被测光伏发电站的有功功率值。功率设定值控制响应时间判定。功率控制响应时间和响应精度判断示意图如图2-24所示，可以得出光伏电站有功功率设定值响应时间和控制相关特性参数。

有功功率设定值控制响应时间 $t_{p,res}$ 见式（2-6）。

有功功率设定值控制调节时间 $t_{p,reg}$ 见式（2-7）。

设定值控制期间有功功率允许运行范围为（P_{max}，P_{min}），见式（2-8）。

有功功率设定值控制超调量见式（2-9）。

3.4.2 无功功率特性

无功功率特性应选择在晴天少云且光伏发电站输出功率的波动较小的条件下进行检测，检测过程中应全程记录辐照度和大气温度。

无功功率特性检测电路如图3-54所示。各装置之间应保持时间同步，时间偏差应小于10μs。

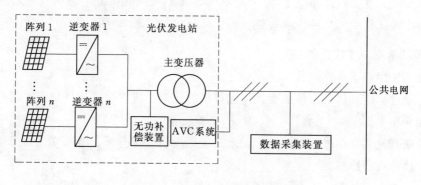

图 3-54 无功功率特性检测电路

检测前光伏发电站AVC系统应完成本地调试，具备本地调节功能。测试过程中应记录光伏发电站的无功配置，确保集中无功补偿装置处于正常运行状态，并与电网调度部门协调。

1. 无功功率输出特性

检测应按照如下步骤进行：

（1）按步长调节光伏发电站输出的感性无功功率至光伏发电站感性无功功率限值。

（2）测量并记录光伏发电站并网点的电压和电流值。

（3）从 $0\sim100\%P_n$ 范围内，以每 $10\%P_n$ 区间为一个功率段，每个功率段内采集至少 2 个 1min 时序电压和电流数据，并利用采样数据计算每个 1min 无功功率的平均值。

（4）按步长调节光伏发电站输出的容性无功功率至光伏发电站容性无功功率限值。

（5）重复步骤（2）和步骤（3）。

（6）以有功功率为横坐标，无功功率为纵坐标，绘制无功功率输出特性曲线，同时记录光伏发电站的无功配置信息。

需要注意的是，P_0 为辐照度大于 $400\text{W}/\text{m}^2$ 时被测光伏发电站的有功功率值。光伏发电站无功功率输出跳变限值为光伏发电站无功功率最大值或电网调度部门允许的最大值两者中较小的值。

2. 无功功率控制能力

检测应按照以下步骤进行：

（1）设定被测光伏发电站输出有功功率稳定至 $50\%P_0$，不限制光伏发电站的无功功率变化。

（2）设定 Q_L 和 Q_C 为光伏发电站无功功率输出跳变限值，按照图 2-23 的设定曲线控制光伏发电站的无功功率，在光伏发电站出口侧连续测量无功功率，以每 0.2s 无功功率平均值为一点，记录实测曲线。

（3）计算无功功率调节精度和响应时间。

在图 2-23 中，Q_L 和 Q_C 为与调度部门协商确定的感性无功功率阶跃允许值和容性无功功率阶跃允许值。P_0 为辐照度大于 $400\text{W}/\text{m}^2$ 时被测光伏发电站的有功功率值。测试过程中应确保集中无功补偿装置处于正常运行状态。

3. 无功功率动态响应性能

检测应按照以下步骤进行：

（1）通过切断光伏支路使主变低压侧母线电压产生波动，应让待切断支路上的逆变器满发无功功率。

（2）断开光伏支路进线断路器，记录主变低压侧母线电压、电流变化，记录好后闭合光伏支路进线断路器。

（3）改变主变抽头，将主变低压侧母线电压向上或向下调节，幅度尽量接近额定电压的 $\pm10\%$。

（4）断开光伏支路进线断路器，记录主变低压侧母线电压、电流变化，记录无功功率动态响应时间。

需要注意的是，若上述步骤中无法将主变低压侧母线电压扰动到额定电压的±10％以上，修改无功补偿装置动态响应阈值，重复测试。

电压跌落期间光伏发电站无功电流注入判定方法示意图如图3-55所示。图3-55中各参数的含义为：

I_Q 为无功电流注入参考值；

$I_{q(t)}$ 为电压跌落期间光伏发电站无功电流曲线；

t_0 为电压跌落开始时刻；

t_{r1} 为电压跌落期间光伏发电站无功电流注入首次大于90％I_Q的起始时刻；

t_{r2} 为光伏发电站并网点电压恢复到90％额定值的时刻；

U_{dip} 为光伏发电站并网点电压与额定电压比值。

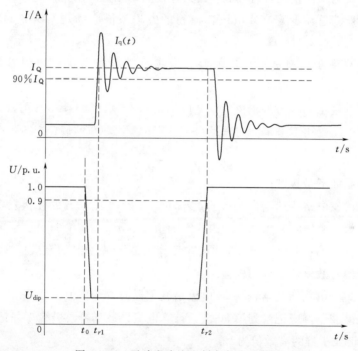

图3-55 无功电流注入判定方法示意图

参照图3-55，可以得出电压跌落期间光伏发电站无功电流注入的相关特性参数。

无功电流输出响应时间 t_{res} 见式（2-2）。

无功电流注入持续时间 t_{last} 见式（2-3）。

无功电流注入有效值 I_q 见式（2-4）。

3.4.3 电能质量

电能质量检测电路示意图如图3-56所示，电能质量测量装置应接在被测光伏逆变器交流侧。

开展光伏发电站电能质量测试前，应先对本地电网的背景电能质量进行测试。测试

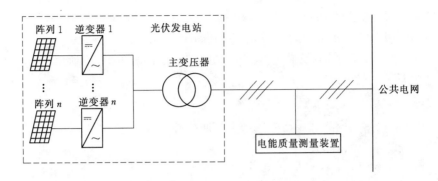

图 3-56　电能质量检测电路示意图

可在夜间光伏发电站停止运行时开展，公共连接点处相关技术指标应符合下列要求：

（1）电压谐波总畸变率在 10min 内测得的方均根值应满足 GB/T 14549—1993 的规定。

（2）电网频率 10s 测量平均值的偏差应满足《电能质量　电力系统频率偏差》（GB/T 15945—2008）的规定。

（3）电网电压 10min 方均根值的偏差应满足 GB/T 12325—2008 的规定。

（4）电网电压三相不平衡度应满足 GB/T 15543—2008 的规定。

1. 电流谐波

检测应按照如下步骤进行：

（1）从光伏发电站持续正常运行的最小功率开始，以 10% 的光伏发电站所配逆变器总额定功率为一个区间，每个区间内连续测量 10min。

（2）按式（3-8）取时间窗 T_w 测量并计算电流谐波子群的有效值，取 3s 内的 15 个电流谐波子群有效值计算方均根值。

（3）计算 10min 内所包含的各 3s 电流谐波子群的方均根值。

（4）电流谐波子群应记录到第 50 次，计算电流谐波子群总畸变率并记录。

h 次电流谐波子群的有效值为

$$I_h = \sqrt{\sum_{i=-1}^{1} C_{10h+i}^2} \tag{3-43}$$

式中　C_{10h+i}——DFT 输出对应的第 $10h+i$ 根频谱分量的有效值。

电流谐波子群总畸变率为

$$THDS_i = \sqrt{\sum_{h=2}^{50} \left(\frac{I_h}{I_1} \right)^2} \times 100\% \tag{3-44}$$

式中　I_h——在 10min 内 h 次电流谐波子群的方均根值；

　　　I_1——在 10min 内电流基波子群的方均根值。

需要注意的是，最后一个区间的终点取测量日光伏发电站持续正常运行的最大功率。

持续在短暂周期内的谐波可以认为是对公用电网无害的。因此,这里不要求测量因光伏发电站启停操作而引起的短暂谐波。

2. 电流间谐波

检测应按照如下步骤进行:

(1) 从光伏发电站持续正常运行的最小功率开始,以 10% 的光伏发电站所配逆变器总额定功率为一个区间,每个区间内连续测量 10min。

(2) 取时间窗 T_w 测量并计算电流间谐波中心子群的有效值,取 3s 内的 15 个电流间谐波中心子群有效值计算方均根值。

(3) 计算 10min 内所包含的各 3s 电流间谐波中心子群的方均根值。

(4) 电流间谐波测量最高频率应达到 2kHz。

h 次电流间谐波中心子群的有效值为

$$I_h = \sqrt{\sum_{i=2}^{8} C_{10h+i}^2} \qquad (3-45)$$

式中 C_{10h+i}——DFT 输出对应的第 $10h+i$ 根频谱分量的有效值。

需要注意的是,最后一个区间的终点取测量日光伏发电站持续正常运行的最大功率。

3. 三相电压不平衡度

检测应按照如下步骤进行:

(1) 在光伏发电站公共连接点处接入电能质量测量装置。

(2) 运行光伏发电站,从光伏发电站持续正常运行的最小功率开始,以 10% 的光伏发电站所配逆变器总额定功率为一个区间,每个区间内连续测量 10min,从区间开始按每 3s 时段计算方均根值,共计算 200 个 3s 时段方均根值。

(3) 应分别记录其负序电压不平衡度测量值的 95% 概率大值以及所有测量值中的最大值。

(4) 重复测量 1 次。

需要注意的是,最后一个区间的终点取测量日光伏发电站持续正常运行的最大功率。

不平衡度的表示见式 (2-16)。

4. 三相电流不平衡度

检测应按照如下步骤进行:

(1) 运行光伏发电站,从光伏发电站持续正常运行的最小功率开始,以 10% 的光伏发电站所配逆变器总额定功率为一个区间,每个区间内连续测量 10min,从区间开始按每 3s 时段计算方均根值,共计算 200 个 3s 时段方均根植。

(2) 分别记录其负序电流不平衡度测量值的 95% 概率大值以及所有测量值中的最大值。

（3）重复测量 1 次。

需要注意的是，最后一个区间的终点取测量日光伏发电站持续正常运行的最大功率。不平衡度的表示见式（2-17）。

5. 闪变

检测应按照如下步骤进行：

（1）从光伏发电站持续正常运行的最小功率开始，以 10％的光伏发电站所配逆变器总额定功率为一个区间，每个区间内分别测量 2 次 10min 短时闪变值 P_{st}。

（2）光伏发电系统的长时闪变值应通过短时闪变值 P_{st} 计算，检测方法应满足 GB/T 12326—2008 的要求。

需要注意的是，最后一个区间的终点取测量日光伏发电站持续正常运行的最大功率。

3.5　电站并网性能评估技术

3.5.1　背景

在光伏发电并网试验检测领域，由于光伏发电特有的波动性、间歇性和随机性的特点，各国电网运营商均针对光伏发电站的并网性能，尤其是低电压穿越能力，提出了技术要求，但是受限于光伏发电站电气条件、地理位置以及并网性能检测装置容量等因素，系统的并网性能往往无法直接测量，难以验证是否满足标准要求，德国标准 BDEW—2008 要求光伏逆变器应通过实验室的型式试验，且需提供与光伏逆变器型式试验结果一致的仿真模型，用于系统并网性能的分析与评价。我国光伏发电并网标准也提出了相应的技术要求，如国家标准 GB/T 19964—2012 和国家电网公司企业标准《光伏发电站建模导则》（Q/GDW 1995—2013）均要求光伏发电站应建立包括光伏发电单元、光伏发电站汇集线路等的光伏发电站模型，用于光伏发电站接入电力系统的规划设计与调度运行。

参考德国标准 BDEW，介绍一种基于光伏逆变器仿真验证与整站详细建模的光伏发电站低电压穿越特性仿真评估方法，流程图如图 3-57 所示，主要步骤依次包括：①建立光伏逆变器单机模型；②对光伏逆变器进行低电压穿越型式试验，结合型式试验检测数据开展光伏逆变器单机模型仿真验证；③基于与光伏逆变器并网型式试验结果一致的单机仿真模型，构建光伏发电站数字仿真模型；④开展基于数字仿真的光伏发电站低电压穿越特性评估。下文重点介绍步骤①和步骤②。

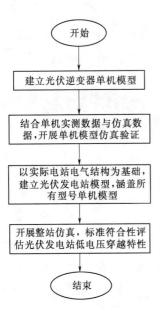

图 3-57　基于数字仿真的
光伏发电站低电压穿越特性
评估方法流程图

3.5.2 光伏发电站的静态模型

光伏发电站的静态模型，主要包括光伏逆变器的潮流计算模型、发电单元及电站集电线路的等值方法。根据光伏发电站的拓扑结构，光伏发电站静态模型如图 3-58 所示。

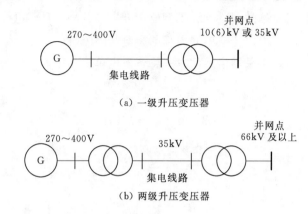

图 3-58 光伏发电站静态模型

根据光伏发电站内各逆变器的交流侧额定电压确定发电单元升压变的低压侧母线电压等级，一般为 270~400V。根据光伏发电站接入系统电压等级的不同，确定光伏发电站单机等值模型的变压器台数：接入 10kV 或 35kV 电压等级的光伏发电站使用一级升压变压器，接入 66kV 及以上电压等级的光伏发电站使用两级或多级升压变压器。下面分别对光伏逆变器模型和光伏电站模型进行介绍。

3.5.2.1 光伏逆变器的潮流计算模型

在电力系统潮流计算中，光伏方阵和光伏逆变器组合等值为一台发电机，光伏方阵的最大输出功率为其功率上限，根据逆变器有功出力特性和无功出力特性，设定出力曲线。

光伏发电的输出功率特性主要由逆变器控制策略决定，根据光伏发电站无功电压控制策略的不同，建立三种潮流计算模型：

（1）恒功率因数控制模式下，光伏发电系统输出功率按给定功率因数输出，在潮流计算中视为 PQ 节点。

（2）恒电压控制模式下，光伏发电系统并网点电压按给定值输出，在潮流计算中视为 PV 节点。

（3）下垂控制模式下，光伏发电系统输出功率按 $P-f$，$Q-U$ 下垂曲线输出。

光伏发电站包含数量众多的光伏逆变器，可以采用倍乘的方式将各光伏逆变器等值为一个发电机。

$$MVA_{\text{Geq}} = N \times MVA_{\text{G}} \qquad (3-46)$$

式中　MVA_{Geq}——光伏电站总容量；

MVA_G——逆变器的额定容量。

3.5.2.2　光伏电站潮流计算模型

在发电单元内部，由于各逆变器与单元升压变压器之间的交流集电线路距离非常短，集电线路的阻抗对电站的潮流计算模型的精度影响较小，且集电线路数量多达上千条，数据收集困难，因此可以忽略单元内部的集电线路阻抗。

与光伏逆变器类似，也采用倍乘的方式将各发电单元变压器等值为一台变压器，即

$$\begin{cases} Z_{Teq} = Z_T \\ MVA_{Teq} = N \times MVA_T \end{cases} \tag{3-47}$$

式中　MVA_T——单元变压器的额定容量；

　　　Z_T——变压器阻抗；

　　　N——逆变器数量。

将多个光伏发电单元等值为单机模型，站内各箱变的励磁绕组等值为单台升压变的励磁绕组，站内箱变压器的绕组损耗及线路损耗等值单台升压变压器的绕组损耗。

1. 发电机参数

发电机参数为

$$\begin{cases} P_{pv\Sigma} = \sum P_{pv(i)} \\ Q_{pv\Sigma} = \sum Q_{pv(i)} \quad i = 1, \cdots, n \end{cases} \tag{3-48}$$

式中　i——作为脚标，表示光伏发电单元序号。

2. 等值升压变绕组参数

等值升压变绕组参数计算包括短路损耗和短路电压。等值升压变绕组参数计算过程中需分别考虑单元箱变绕组和馈电线路传输电能对等值参数的影响。

等值升压变的短路损耗为各单元等值升压变短路损耗与站内馈线输送电能的有功损耗之和。

等值升压变绕组参数为

$$\begin{cases} P_{Cu\Sigma 1} = \sum P_{Cu(i)} \quad i = 1, \cdots, n \\ P_{Cu\Sigma 2} = \sum R_{(j)} \left[\dfrac{P_{(j)}}{U_N} \right]^2 1000 \quad j = 1, \cdots, m \\ P_{Cu\Sigma} = P_{Cu\Sigma 1} + P_{Cu\Sigma 2} \end{cases} \tag{3-49}$$

式中　i——作为脚标，表示光伏发电单元序号；

　　　j——作为脚标，表示站内馈线序号。

变压器绕组等值电抗 X_Σ 为线路总无功损耗折算的等值电抗 $X_{\Sigma 1}$ 与各单元箱变绕组并联电抗 $X_{\Sigma 2}$ 之和，根据 X_Σ 求得变压器短路电压 $U_k\%$，可以表示为

$$\begin{cases}
Q_{L\Sigma} = 10^{-3} \sum X_{(j)} \left[\dfrac{P_{(k)}}{U_N} \right]^2 - 10^{-3} \sum B_{(j)} U_N^2 \quad j=1,\cdots,m \\[2mm]
X_{\Sigma 1} = 10^{-3} Q_{L\Sigma} \left[\dfrac{U_N}{P_{(j)}} \right]^2 \\[2mm]
X_{(i)} = \dfrac{U_{k(i)}\%}{100} \times \dfrac{U_{N(i)}^2}{S_{n(i)}} \quad i=1,\cdots,n \\[2mm]
\dfrac{1}{X_{\Sigma 2}} = \sum \dfrac{1}{X_{(i)}} \\[2mm]
X_{\Sigma} = X_{\Sigma 1} + X_{\Sigma 2} \\[2mm]
U_k\% = \dfrac{S_{\Sigma}}{U_N^2} X_{\Sigma} \times 100\%
\end{cases} \qquad (3-50)$$

3. 等值升压变励磁参数

分别计算升压变空载损耗和空载电流。

等值升压变的空载损耗为各单元等值箱变空载损耗之和，表达式为

$$P_{m\Sigma} = \sum P_{m(i)} \quad i-1,\cdots,n \qquad (3-51)$$

等值升压变的空载电流 $I_0\%$ 根据各单元等值升压变励磁电纳 $B_{m(i)}$ 以及并联电纳 $B_{m\Sigma}$ 求得，表达式为

$$B_{m(i)} = \frac{I_{0(i)}\%}{100} \frac{S_{n(i)}}{U_{N(j)}^2} \quad i=1,\cdots,n$$

$$B_{m\Sigma} = \sum B_{m(i)}$$

$$I_0\% = \frac{U_N^2}{S_{\Sigma}} B_{m\Sigma} \times 100\% \qquad (3-52)$$

3.5.3 光伏发电站的动态模型

3.5.3.1 光伏发电站建模需求分析

光伏发电站的特性与传统同步发电机有很大的差异，总结如下：

（1）光伏发电的并网特性主要由逆变器决定，而逆变器的并网特性主要由控制策略决定。

（2）光伏逆变器的控制过程具有快速响应（毫秒级）、控制灵活的特点。

（3）光伏发电没有旋转机械部件，没有转动惯量。

（4）旋转电机的工作原理是电磁感应定律，短路电流能力是旋转电机固有特性，而光伏发电则不存在固有短路电流。

（5）同步发电机的冲击电流耐受能力较强，而逆变器的过流耐受能力较弱，稳态最大电流一般小于 1.1 倍的额定电流，主要受到功率开关管的过流能力和散热能力限制。

（6）同步发电机的同步转矩是保持功角稳定的重要因素；逆变器实现模拟同步转矩的难度较大，因为需要能够测量或观测功角差，但等值机的定位难度较大。

（7）光伏逆变器采用电网电压矢量定向控制，必须通过软件/硬件锁相环（phase locked loop，PLL）和电网电压同步，在系统受到扰动、弱电网等情况下，可能降低逆变器的控制性能。

（8）光伏逆变器呈受控电流源特性，而同步发电机呈电压源特性，发电机内感应电势大小与电网电压无关，即使在三相短路故障电网电压为 0 的情况下，发电机内感应电势依然存在。

（9）同步发电机可以通过励磁装置自动调节机端母线和邻近母线电压；大部分逆变器都运行在恒无功功率或恒功率因数控制模式下，光伏发电站主要通过附加额外的无功补偿设备（例如 SVC、SVG 等）实现调压功能，逆变器自身的无功支撑能力有待发掘。

（10）同步发电机的额定功率因数通常为 $0.8 \sim 0.95$，而光伏电站通常运行在单位功率因数下，受制于逆变器的容量，增加无功输出能力需要通过增大功率开关容量或者降低有功输出实现。

（11）国标 GB/T 19964—2012 要求光伏电站具备低电压穿越能力和无功电流支撑能力，新入网的逆变器已经具备低压故障的无功电流支撑能力，部分逆变器更是具备了高压故障的无功电流支撑能力，但暂未开放该功能。

（12）发生功角失稳时，同步发电机将失去同步，而光伏逆变器不存在同步。

（13）故障期间同步发电机通过电力系统稳定器（power systaom stabilizer，PSS）来抑制功率振荡，许多 PSS 装置在抑制区间振荡时采用转子角速度作为输入信号，有些 PSS 装置在抑制本地振荡时采用有功功率作为输入信号，光伏发电也可以通过附加控制策略参与抑制功率振荡。

（14）同步发电机具有一次、二次和三次调频能力，调频能力的限制因素主要为机组爬坡率而不是发电机本身，光伏发电本身不具备内在的调频能力，但可以通过增加/减少有功输出，在一定范围内参与电网调频。

（15）逆变器会产生谐波电流，产生电能质量问题，而同步发电机的谐波电流通常可以被忽略。在接入弱电网、电网背景谐波大、多逆变器并联运行等场景下，光伏电站可能发生谐波谐振问题，引发大量逆变器脱网事故。

光伏电站包含了众多环节，机电暂态模型（由于光伏发电无机电概念，因此也被称为 RMS 暂态模型）应该着重考虑对机电暂态仿真影响较大的环节。表 3-8 列出了机电暂态模型需要考虑哪些光伏电站环节。

3.5.3.2　光伏发电站暂态模型结构

光伏发电站暂态模型如图 3-59 所示，主要包括光伏方阵模型、逆变器模型、单元升压变模型、站内集电升压系统模型和厂站级控制模型。

表 3 - 8 　　　　　　　　　　　　光伏发电站机电暂态建模需求

		频率稳定	电压稳定		功角稳定
			短期过程	长期过程	
光伏方阵		是	否	否	是
厂站级控制	有功控制（过频/欠频）	是	否	否	是
	无功控制	否	否	是	是
逆变器控制	直流电压控制	否	是	是	否
	电流内环控制	否	是	是	否
	锁相环 PLL	否	有影响，但机电暂态无法精确模拟	否	否
	PWM 调制	否	否	否	否
	最大功率跟踪 MPPT	是	否	否	否
	故障后电流恢复速率限制	是	是	否	是
	电流限幅	是	是	是	是
	过压/欠压保护	否	是	是	否
	过频/欠频保护	是	否	否	是
	孤岛保护	否	否	否	否
	故障穿越控制	是	是	否	是
	虚拟惯量	是	否	否	是

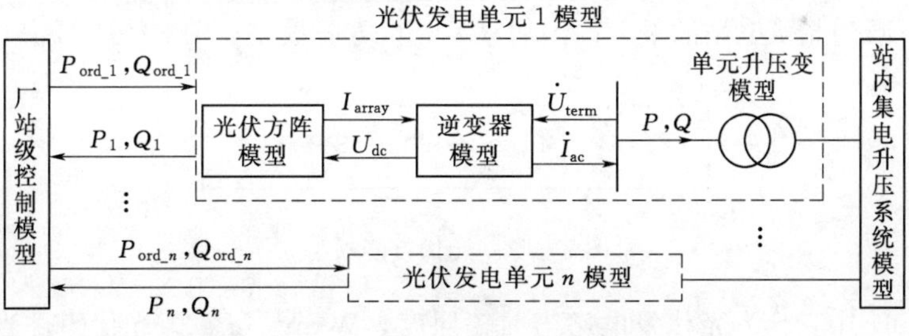

图 3 - 59　光伏发电站暂态模型

　　光伏发电单元 RMS 暂态模型应包含光伏方阵模型、逆变器模型、单元升压变压器模型三个部分。变压器模型已经较为成熟，常用的电力系统仿真软件中都包含有自带的变压器模型，根据情况补充参数即可。

　　电力系统仿真计算中，大量的光伏发电站接入电网，各光伏发电站很难建立多个接入点的等值模型，这里给出实用的光伏发电站模型结构，如图 3 - 60 所示，同时该模型结构也被国内外其他研究机构广泛认可。光伏发电站模型共包括光伏方阵模型、厂站级控制模型、有功/无功控制环节、故障穿越控制及保护环节、输出电流计算环节、等值集电线路和变压器模型。光伏方阵模型是能量输入源，可以模拟辐照度扰动时的功率输出特性。厂站级控制模型模拟电站响应上级调度指令时的动态响应特性，厂站级控制模型的响应时间一般为数十秒到数分钟。在诸如电网短路故障等短期机电暂态仿真中，逆变器模型是电站动态响应特性的主导环节。

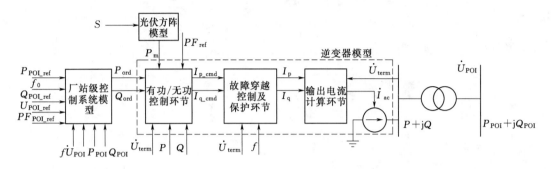

图 3 - 60　光伏电站模型结构

3.5.3.3　光伏方阵模型

光伏方阵模型的作用是模拟环境变化对光伏方阵功率特性曲线的影响，常用的工程应用模型输入量为辐照度、环境温度和直流电压，输出值为功率。在机电暂态仿真中，仿真时间范围一般设置为几秒到数分钟，而环境温度变化较慢，可以认为是个恒定值。此外，环境温度对光伏方阵的功率特性曲线影响较小，因此提出的光伏方阵模型忽略了温度变化的影响。由于逆变器模型简化了光伏逆变器直流电容和直流电压环节，光伏方阵模型只保留了辐照度变化的影响。光伏方阵的输入量为辐照度 S，输出量为当前辐照度下光伏方阵的最大功率，限制光伏电站的最大输出功率，光伏方阵模型如图 3 - 61 所示。

$$S \longrightarrow \boxed{P_\mathrm{m}=U_\mathrm{m\_sta} I_\mathrm{m\_sta} \frac{S}{S_\mathrm{ref}}\left[1+\frac{b}{e}(S-S_\mathrm{ref})\right]} \longrightarrow P_\mathrm{m}$$

图 3 - 61　光伏方阵模型

在图 3 - 61 中，S 为光伏发电站当前辐照度，W/m^2；P_m 为光伏组件当前最大功率点功率，p. u.；b 为常数；e 为自然对数底数；$I_\mathrm{m\_sta}$ 为标准测试环境下最大功率点电流，p. u.；$U_\mathrm{m\_sta}$ 为标准测试环境下最大功率点电压，p. u.；S_ref 为标准测试环境下的辐照度，W/m^2。模型中忽略温度作用。

3.5.3.4　逆变器模型

逆变器模型是站内所有光伏逆变器的等值模型，体现光伏逆变器群接收并响应厂站级控制系统指令，同时体现光伏逆变器群在故障穿越期间的特性总和。光伏逆变器及其控制器主要包括有功/无功控制模块、故障穿越控制及保护模块、输出电流模块三个模块。

1. 有功/无功控制模块

有功/无功控制模块如图 3-62 所示。其中有功控制模型可以实现定有功控制模式和最大功率跟踪模式，无功控制模型可以实现定无功控制模式、恒定无功功率因数控制模式、无功环闭锁模式。光伏逆变器接收厂站级控制系统的有功、无功控制或功率因数控制指令 P_{ord}、Q_{ord}（PF_{ref}），经过有功、无功控制模块调节，输出电流控制指令 I_{p_cmd}、I_{q_cmd}，再经过故障穿越控制模块，判断并网运行状态，输出并网电流的有功分量 I_p 和无功分量 I_q 至输出电流计算模块。

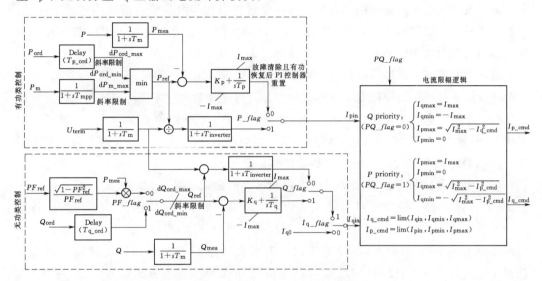

图 3-62　有功/无功控制模块

图 3-62 中，P_{ord} 为有功功率指令；PF_{ref} 为功率因数参考值；P 为有功功率；P_{ref} 为有功功率参考值；Q_{ord} 为无功功率指令；Q 为无功功率；Q_{ref} 为无功功率参考值；U_{term} 为逆变器交流侧端电压；I_{pmax} 为最大有功电流；I_{pmin} 为最小有功电流；I_{qmax} 为最大无功电流；I_{qmin} 为最小无功电流；I_{q0} 为潮流计算结果无功电流初始值；P_{mea} 为有功功率测量值；Q_{mea} 为无功功率测量值；I_{pin} 为电流限幅环节的有功电流输入值；I_{qin} 为电流限幅环节的无功电流输入值；I_{p_cmd} 为有功/无功控制环节输出的有功电流指令；I_{q_cmd} 为有功/无功控制环节输出的无功电流指令。dP_{ord_max} 为有功功率参考值上升斜率限值；dP_{ord_min} 为有功功率参考值下降斜率限值；dP_{m_max} 为辐照度变化时有功功率上升斜率限值；dQ_{ord_max} 为无功功率参考值上升斜率限值；dQ_{ord_min} 为无功功率参考值下降斜率限值；T_m 为测量延时时间常数；T_{mpp} 为等值 MPPT 延时时间常数；T_{p_ord} 为有功功率指令延时；T_{q_ord} 为无功功率指令延时；K_p 为有功功率 PI 控制器比例系数；T_p 为有功功率 PI 控制器积分时间常数；K_q 为无功功率 PI 控制器比例系数；T_q 为无功功率 PI 控制器积分时间常数；$T_{inverter}$ 为逆变器控制延时时间常数；P_flag 为有功功率控制模式标志位（0，闭环 PI 控制模式；1，开环控制模式）；Q_flag 为无功功率控制模式标志位（0，闭环 PI 控制模式；1，开环控制模式）；PF_flag 为功率因数控制模式标志位

（0，恒功率因数控制；1，恒无功控制）；PQ_flag 为电流限幅标志位（0，无功输出优先；1，有功输出优先）；I_q_flag 为无功电流控制模式标志位（0，恒无功电流控制；1，根据 PF_flag 选择）；I_{max} 为最大输出电流。

（1）有功类控制部分模拟最大功率跟踪控制模式或定有功功率控制模式。有功参考值的响应过程可以采用闭环 PI 控制器实现或者采用开环实现，两种实现方式通过 P_flag 选择。若厂站级控制器不工作时，有功控制指令可以用潮流计算结果初始化。在低电压穿越故障仿真中，PI 控制器在故障清除且有功恢复后需要重置到故障前的状态，避免故障期间积分饱和引起有功功率恢复过程出现超调尖峰。重置的判断条件是：①发生了低电压故障，故障已经被清除；②故障期间的有功功率小于故障前的有功功率；③当前有功功率恢复至故障前有功功率的 K_{reset} 倍，即 $P \geqslant K_{reset}P0$。

有功控制策略可选择接收厂站级控制指令方法或者最大功率跟踪方法。对于那些建设时间较早不具备厂站级控制系统的光伏电站，可选择最大功率跟踪模式。由厂站级控制器向逆变器下达有功控制指令 P_{ord}，逆变器通过最大功率跟踪获取的光伏阵列最大功率 P_m，两者中较小值的作为逆变器的有功功率控制参考值 P_{ref}，P_{ref} 与逆变器当前输出有功功率 P 的偏差经过比例积分调节器获得 I_{pout}。

（2）无功类控制部分模拟功率因数控制模式或定无功功率控制模式，控制模式通过 PF_flag 选择。逆变器可设置无功功率控制 Q_{ord} 或功率因数控制 PF_{ref} 两种控制模式，灵活模拟光伏逆变器现有的各种控制模式。通过标志位 PF_flag 选择得到无功功率控制参考值 Q_{ref}，Q_{ref} 与逆变器当前输出无功功率 Q 的偏差经过比例积分调节器获得 I_{qout}。无功参考值的响应过程可以采用闭环或开环实现方式，通过 Q_flag 选择。逆变器也可以选择工作在无功电流控制模式，通过 I_q_flag 标志位闭锁无功功率控制外环，无功电流参考值 I_{q0} 用潮流计算结果初始化。无功控制的 PI 控制器没有重置。无厂站级控制系统时，逆变器的无功控制方式可通过 PF_flag 选择功率因数控制模式。

（3）电流限幅逻辑是限制逆变器的输出电流过流，通过 PQ_flag 选择有功电流优先模式或无功电流有限模式。光伏逆变器的电力电子设备有严格的限流要求，因此增加电流限幅环节，并通过标志位 PQ_flag 的设置确定逆变器的有功和无功优先输出状态，默认为有功优先输出。

此外，在进行分钟级以上的分析时，着重考虑厂站级控制策略，可以认为逆变器的响应速度足够快，可通过 P_flag 和 Q_flag 标志位对逆变器有功/无功控制模块进行简化。

2. 故障穿越控制及保护模块

为了在短路故障后支撑电力系统的故障恢复，并网光伏逆变器需要具备故障穿越功能，故障穿越一般包括低电压穿越和高电压穿越。低电压穿越是指当电力系统事故或扰动引起光伏发电站并网点电压跌落时，在一定的电压跌落范围和时间间隔内，光伏发电站能够保证不脱网连续运行。

根据国家标准 GB/T 19964—2012，光伏发电站应满足的低电压穿越要求如图 2-3 所示。

（1）光伏发电站并网点电压跌至 0 时，光伏发电站应能不脱网连续运行 0.15s。

（2）光伏发电站并网点电压跌至曲线 1 以下时，光伏发电站可以从电网切出。

对电力系统故障期间没有脱网的光伏发电站，其有功功率在故障清除后应快速恢复，自故障清除时刻开始，以至少 $30\%P_n/s$ 的功率变化率恢复至故障前的值。

故障穿越控制及保护模块计算方法如图 3-63 所示。故障穿越及保护环节是故障期间逆变器动态特性的关键环节，描述了逆变器在交流侧电压跌落/升高及恢复过程的暂态特性。首先根据端电压值将逆变器的运行工况分为高电压穿越工况、正常运行工况和低电压穿越工况，计算无功电流 I_q。随后根据故障穿越期间的电流限幅策略和标志位 I_{p_flag} 计算有功电流。故障清除后，需要限制有功电流的上升斜率。

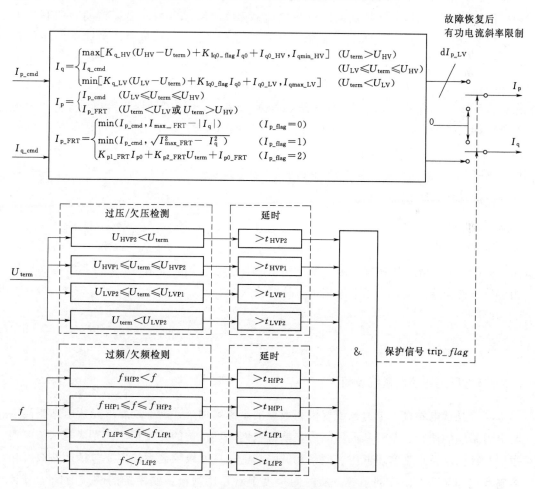

图 3-63 故障穿越控制及保护模块计算方法

保护环节是对逆变器保护控制逻辑的模拟，当逆变器出现过/欠压、过/欠频且持续时间超过整定值时，逆变器启动保护动作，逆变器退出运行防止损坏。其中，保护环节的分为一级欠压保护、二级欠压保护、一级过压保护、二级过压保护、一级欠频保护、二级欠频保护、一级过频保护、二级过频保护。

图 3-63 中，I_{p_cmd} 为有功/无功控制环节输出的有功电流指令；I_{q_cmd} 为有功/无功控制环节输出的无功电流指令；U_{term} 为逆变器交流侧端电压；f 为逆变器交流侧频率；I_{p_FRT} 为故障期间的有功电流；I_{p0} 为潮流计算结果有功电流初始值；I_{q0} 为潮流计算结果无功电流初始值；I_p 为有功电流输出值；I_q 为无功电流输出值。K_{q_LV} 为低穿期间的无功电流支撑系数；I_{q0_LV} 为低穿期间的无功电流起始值；U_{LV} 为进入低电压穿越控制的电压阈值；K_{flag_FRT} 为故障前无功电流叠加标志（1 有叠加，0 无叠加）；I_{qmax_LV} 为低穿期间的最大无功电流；K_{q_HV} 为高穿期间的无功电流支撑系数；I_{q0_HV} 为高穿期间的无功电流起始值；U_{HV} 为进入高电压穿越控制的电压阈值；I_{qmin_HV} 为高穿期间的最小无功电流；I_{max_FRT} 为故障穿越期间的最大输出电流；I_{p_flag} 为故障穿越期间的有功电流限幅标志位；K_{p1_FRT} 为故障穿越期间的有功电流系数 1；K_{p2_FRT} 为故障穿越期间的有功电流系数 2；I_{p0_FRT} 为故障穿越期间的有功电流起始值；dI_{p_LV} 为低电压故障清除后的有功电流上升斜率限值；U_{HVP1} 为一级过压保护整定电压；U_{HVP2} 为二级过压保护整定电压；U_{LVP1} 为一级欠压保护整定电压；U_{LVP2} 为二级欠压保护整定电压；f_{HfP1} 为一级过频保护整定频率；f_{HfP2} 为二级过频保护整定频率；f_{LfP1} 为一级欠频保护整定频率；f_{LfP2} 为二级欠频保护整定频率；t_{HVP1} 为一级过压保护动作时间；t_{HVP2} 为二级过压保护动作时间；t_{LVP1} 为一级欠压保护动作时间；t_{LVP2} 为二级欠压保护动作时间；t_{HfP1} 为一级过频保护动作时间；t_{HfP2} 为二级过频保护动作时间；t_{LfP1} 为一级欠频保护动作时间；t_{LfP2} 为二级欠频保护动作时间。

3. 输出电流模块

逆变器与电网之间采用受控电流源为并网接口，并通过受控电流源向电网注入电流。输出电流计算模块根据故障穿越控制器的有功电流分量、无功电流分量及电网电压相位计算逆变器交流侧三相电流相量，计算公式为

$$\dot{I}_{ac} = \left(\frac{|\dot{U}_{term}| I_p - j |\dot{U}_{term}| I_q}{\dot{U}_{term}} \right)^* \qquad (3-53)$$

3.5.3.5 厂站级控制系统模型

随着光伏电站接入电力系统规模和数量的不断增加，并网标准要求光伏电站提高参与电力系统的调频、调峰和调压能力，响应电网调度机构的控制指令。光伏电站需要通过厂站级控制系统来实现调压、调频和调峰功能，厂站级控制系统主要包括厂站级有功控制系统和无功电压控制系统。从时间尺度上看，厂站级控制系统的响应时间为分钟级，响应速度要小于逆变器控制系统。在进行数十秒到数分钟的电力系统仿真时，必须考虑厂站级控制系统模型对系统的影响。

厂站级控制系统模型的功能是模拟整个电站的有功、无功集中控制系统响应特性，

即接收电网上级调度指令，分配给站内各逆变器及无功补偿装置等，厂站级控制系统模型如图 3-64 所示。

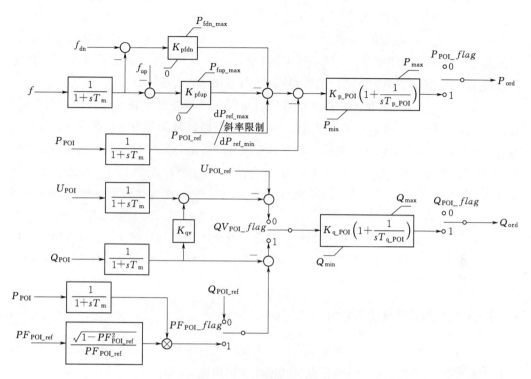

图 3-64　厂站级控制系统模型

有功控制系统可以接收上级调度指令，实现恒定有功功率控制模式，也可以根据光伏电站并网点频率调节其输出有功功率。无功控制系统可以根据上级调度指令，实现定无功功率控制模式、定功率因数控制模式、定无功电压控制模式和无功电压下垂控制模式。

光伏电站的厂站级控制系统模型采用灵活的结构，根据参数设置可实现不同控制功能：通过 P_{POI_flag} 和 Q_{POI_flag} 选择是否有厂站级控制系统；厂站级控制系统的无功控制方式，通过 QV_{POI_flag} 和 PF_{POI_flag} 选择定电压控制辅助电压下垂控制模式、功率因数控制模式、定无功功率控制模式；厂站级控制系统的有功控制方式，通过 PF_{POI_flag} 选择定功率辅助频率下垂控制模式或单独频率下垂控制模式。

图 3-64 中，f 为并网点电网频率；P_{POI_ref} 为厂站级有功功率参考值；P_{POI} 为并网点有功功率；U_{POI} 为并网点电压；U_{POI_ref} 为并网点电压参考值；PF_{POI_ref} 为并网点功率因数参考值；Q_{POI_ref} 为并网点无功功率参考值；Q_{POI} 为并网点无功功率。T_m 为测量延时时间常数；K_{pfup} 为过频频率下垂控制因子；K_{pfdn} 为欠频下垂控制因子；f_{up} 为过频死区；f_{dn} 为欠频死区；$\triangle P_{fup\_max}$ 为过频有功调节量上限；$\triangle P_{fdn\_max}$ 为欠频有功调节量上限；dP_{ref_max} 为有功控制指令上升斜率限值；dP_{ref_min} 为有功控制指令下降斜率限值；K_{p_POI} 为厂站级有功功率 PI 控制器比例系数；T_{p_POI} 为厂站级有功功率 PI 控制器时间常数；

K_{q_POI} 为厂站级无功功率 PI 控制器比例系数；T_{q_POI} 为厂站级无功功率 PI 控制器时间常数；K_{qv} 为无功功率下垂控制因子；P_{POI}_flag 为厂站级有功控制使能标志位（0，没有电站 AGC；1，根据 PF_{POI}_flag 选择）；QV_{POI}_flag 为无功功率/电压控制模式标志位（0，电压下垂控制；1，根据 PF_{POI}_flag 选择）；PF_{POI}_flag 为功率因数控制标志位（0，恒无功控制；1，恒功率因数控制）；Q_{POI}_flag 为厂站级无功控制使能标志位（0，没有电站 AVC；1，根据 QV_{POI}_flag 选择）。

无功电压控制根据并网点电压水平或接收电网调度指令确定输出无功功率参考值，通过 QV_{POI}_flag 和 PF_{POI}_flag 选择定电压控制策略还是无功指令控制策略。以常用的定电压控制模式为例，光伏电站无功控制检测并网点电压，根据并网点电压调整光伏发电站无功输出功率。并网点电压 U_{POI} 与参考值 U_{POI_ref} 的偏差值输入至 PI 控制器，计算得到站级无功指令 Q_{ord}。当并网点电压低于参考值时，增加无功功率输出维持电网电压。

正常运行状态时，光伏电站有功控制跟踪上级调度指令，频率异常时，光伏电站模型具备一次调频功能，且不限制光伏电站的有功功率变化率；模型可以分别设置过频和欠频的死区、下垂系数。

3.5.3.6　发电单元等值建模方法

对于同一光伏发电单元，通常采用相同类型的光伏组串和逆变器，某些情况下光伏组串可能采用不同品牌型号但相近电气性能的光伏组串。

对于包含相同类型光伏组串和相同类型逆变器的光伏发电单元，由于各逆变器与单元升压变压器之间的交流集电线路距离非常短，忽略由于馈线参数不同引起的各逆变器交流侧电压幅值和相位差，将多个光伏发电单元等值为单机。对于相同型号的逆变器，都是采用相同的电气元件，元件参数差异与制造水平相关，一般情况下差异也非常小。由于逆变器采用相同的控制策略，各逆变器的对外特性基本一致，因此可以采用逆变器单机倍乘等值的方法。

对于包含不同类型光伏组串和相同类型逆变器的光伏发电单元，可考虑求平均参数或忽略参数差异的光伏方阵模型，因为光伏发电单元、电站的暂态特性主要取决于具有控制器的逆变器性能，而光伏方阵的约束在于其随辐照度、温度变化的 $P\text{-}U$ 特性曲线。

3.5.3.7　发电站等值建模方法

首先分析光伏电站的地理情况。某 50MW 光伏电站占地面积 $1.3km^2$，南北长约 1.3km，东西宽 1km，平均海拔 3120m。单元箱变距离电缆分支箱的距离为从 200m 到 1240m 不等，可以看出各发电单元之间的阻抗差异非常小。

从拓扑结构来看，组串式光伏电站是由多个组串式光伏发电单元在交流侧并联而成，组串式光伏电站的暂态特性由所有组串式发电单元共同决定。

对于包含相同类型光伏组串和相同类型逆变器的光伏发电站，如果光伏电站在 50MW 以内，此时各发电单元之间的阻抗差异较小，将各发电单元等值为 1 个发电群。如果光伏电站超过 50MW，可以以 50MW 为单位，选取电气距离近的单元等值为 1 个发电群。

对于包含不同类型光伏方阵、逆变器的光伏发电站，建议对逆变器进行分群建模，或考虑逆变器暂态特性最恶劣情况建立光伏发电站等值模型。

3.5.4 电站性能判定方法

在完成光伏发电站模型构建的基础上，根据国家标准 GB/T 19964—2012 中的要求，仿真分析光伏发电站低电压穿越性能和电网适应性性能。

1. 低电压穿越性能

分别仿真模拟电力系统发生不同故障，记录光伏电站的响应参数。计算光伏发电站响应性能指标，包括有功功率恢复变化率、动态无功电流的响应时间、动态无功电流值。指标满足国家标准 GB/T 19964—2012 中的规定，则判定性能为合格，否则为不合格。

2. 电网适应性性能

分别测量并网点电压和频率波动，记录光伏电站的运行时长。当运行时长满足国家标准 GB/T 19964—2012 中的规定，则判定性能为合格，否则为不合格。

3.6 获证后监督

光伏发电并网服务认证证书有效期为五年，在证书有效期范围内，应每年对获得证书的光伏发电站开展一次获证后监督工作，通过对光伏发电站的运维情况、人员在岗和更换情况、关键设备运行状况开展全面检查，以确保光伏发电站的整体性能在证书有效期范围内始终满足相关标准的要求。

获证后监督的具体内容包括：①电站运维情况监督；②人员资质情况监督；③设备运行状况监督。

3.6.1 电站运维情况监督

监督人员应对光伏发电站一年内的运行及维护情况进行详细检查监督。调取一年内的光伏发电站故障录波装置记录，检查光伏发电站巡检记录、光伏发电站运行日志、光伏发电站故障维护记录、操作票和工作票记录、光伏发电站工器具使用情况等电站运行资料。

根据故障录波装置中的故障记录，调取故障当日光伏发电站运行数据，分析电站综合保护装置动作是否正常、光伏逆变器运行是否满足相关标准要求、电站运维人员对故障的处理流程是否符合相关规定的要求。根据对光伏发电站巡检记录、光伏发电站运行日志和光伏发电站故障维护记录的检查，确认电站在运行过程中是否存在问题或隐患、是否进行过关键设备或元器件的更换、运维人员是否具备排除故障和解决问题的能力。

应对光伏发电站巡检记录开展检查监督，巡检记录的内容至少应包括光伏发电站道路状况、光伏组件和支架情况、汇流箱和跟踪器工作情况、逆变器室和逆变器运行情况、无功补偿装置运行情况、主变压器和单元变压器运行情况、线缆连接及老化情况、主断路器和各支路断路器工作情况、二次设备室各屏柜工作情况等。巡检记录应对相关内容的检查结果做详细记录，并由巡检人和站长签字确认。

应对光伏发电站运行日志开展检查监督，运行日志的内容至少应包括事故处理及汇报等；电站的发电运行情况、设备的运行状态、当日检修工作内容、当日操作简要内容及接地线（接地刀闸）的装拆情况、工作票和操作票的办理情况、新发现的设备缺陷（包含光伏组件、输变电设备、辅助生产设备）及跟踪处理情况、设备报修和缺陷单填报情况、事故的发生处理全过程及由此造成的电量损失情况、检修申请批复及汇报情况等。运行日志记录的内容应详细、描述应准确，并由交班人和接班人签字确认。

应对光伏发电站故障维护记录开展检查监督，故障维护记录应至少包括发生故障的设备类型和时间地点、故障的现象及发生原因、维护的具体内容、维护人员和维护时间、维护采取的安全措施、存在的问题和处理的结果等。故障维护记录的内容应详细、描述应准确，并由维护人员和值班长签字确认。

应对操作票和工作票记录开展检查监督，光伏发电站巡检记录、光伏发电站运行日志和光伏发电站故障维护记录中所记录的工作内容，均应有相应的工作票和操作票留存。涉及外单位的工作票和操作票，应有外单位实际参与工作人员的签字。所有工作和操作应持票开展，严禁出现未开票先工作的情况。工作票和操作票的内容应详细、描述应准确，工作票应由实际工作人员和值班长签字确认；操作票应由操作人、监督人和值班长签字确认。

应对光伏发电站工器具使用情况开展检查监督，光伏发电站应配备的工器具至少应包括摇表、绝缘杆、绝缘手套、绝缘靴（鞋）、验电笔、验电器、绝缘硬梯、绝缘绳索、接地线、安全带、安全网、安全绳、安全帽、安全照明灯具、常用工具套装等。工器具的使用应在光伏发电站工器具使用记录上进行借用登记，工器具使用完毕后应在光伏发电站工器具使用记录上进行归还登记。工器具使用记录的内容应包括借用人、借用时间、借用物品和归还时间，并由安全员签字确认。

3.6.2 人员资质情况监督

监督人员应对光伏发电站一年内的人员配置和调动情况进行详细检查监督。对一年内的人员调动情况、职务更改情况等进行记录。检查光伏发电站各岗位人员的培训记录、培训内容是否满足岗位需要。对于光伏发电站人员资质情况监督，应从个人资质和工作培训两个方面进行重点监督。

1. 个人资质方面

光伏发电站运维人员必须具备电力作业资质，低压作业需要具备低压电工证，中高压作业需要具备高压电工证。与电网调度相关的项目，光伏发电站运行人员需要具备入网作业许可证。根据光伏发电站类型的不同，涉及高空作业的项目，光伏发电站运维人员需要具备高空作业证。

2. 工作培训方面

光伏发电站运行各岗位人员上岗之前，应通过理论、设备维护、现场操作、安全作业、光伏发电站管理规范等培训，并通过相对应的考核。

（1）光伏系统理论培训包括电力系统基础培训、继电保护原理培训、光伏发电系统理论培训等。

（2）设备维护培训包括光伏组件、光伏逆变器、汇流箱、开关柜、变压器、无功补偿装置等电气设备的维护检修。

（3）现场操作培训包括日常运行操作、开关分合闸操作、设备维护操作、紧急情况处理、运行数据记录等。

（4）安全作业培训包括工器具的使用、劳保用品的使用、故障检修步骤、线路验电、线路放电、紧急情况处理（如巨响、异味、冒烟、起火等）、紧急施救等。

（5）光伏发电站管理规范培训包括光伏发电站管理规范、光伏发电站巡检制度、光伏发电站运维制度、光伏发电站工器具使用制度、光伏发电站运检安全管理制度、光伏发电站运行人员值班制度、操作票和工作票制度等。

如有人员更换，应对新晋人员的专业知识水平、职业资格证明、业务熟练程度、电气设备操作及故障排查能力等方面进行深入检查，并按照记录表内容进行打分。如有人员岗位变动，应对人员是否具备相应岗位的工作能力进行评估，依据个人资质和培训情况，并按照记录表内容重新进行打分。

3.6.3 设备运行状况监督

监督人员应对光伏发电站一年内的设备运行状况进行详细检查监督。对光伏组件、光伏逆变器、线缆、变压器、开关柜、无功补偿装置、AGC 系统、AVC 系统、综合保护装置和故障录波装置的历史运行情况和目前运行状况进行记录。根据光伏发电站巡检记录、光伏发电站运行日志和光伏发电站故障维护记录中所记载的故障情况，对故障设备开展重点检查。

如有因光伏组件/线缆损坏进行更换的情况，应检查新更换的光伏组件/线缆的型号是否与原型号一致，如非同一型号，则需检查新更换的光伏组件/线缆的采购合同、到货验收记录、产品合格证、型式试验报告等，并记录型号规格、更换数量、产品序列号和详细参数。

如有因光伏逆变器故障进行更换或升级的情况，应检查逆变器升级后的功能是否涵盖升级前的功能，检查新更换的光伏逆变器型号是否与原型号一致。如非同一型号，则需检查新型号光伏逆变器的采购合同、到货验收记录、产品合格证、设备使用手册、调试投运报告、设备运行记录、逆变器试验报告等，并记录型号规格、更换数量、设备序列号和详细参数。对新更换或升级的光伏逆变器开展一致性核查工作，随机抽取一台光伏逆变器拆取主控板，送回实验室中开展半实物仿真工作，评估更换或升级是否会对光伏发电站整体并网性能产生影响。

如有因变压器、开关柜、无功补偿装置等一次设备故障进行更换的情况，应检查新更换的一次设备型号是否与原型号一致，如非同一型号，则需检查相关设备的采购合同、到货验收记录、产品合格证、设备使用手册、调试投运报告、设备运行记录、试验报告等，并记录型号规格、更换数量、设备序列号和详细参数。

如有因 AGC 系统、AVC 系统、综合保护装置和故障录波装置等二次设备故障进行更换或升级的情况，应检查设备升级后的功能是否涵盖升级前的功能，检查新更换的二次设备型号是否与原型号一致。如非同一型号，则需检查相关设备的采购合同、到货验收记录、产品合格证、设备使用手册、调试投运报告、设备运行记录、试验报告等，并记录型号规格、更换数量、设备序列号和详细参数。

对于光伏发电站存在设备更换或升级的情况，需对涉及更换的具体设备类型和数量进行评估，必要时应对光伏发电站重新开展建模仿真工作，以确保光伏发电站整体并网性能指标满足相关标准要求。

第4章　光伏发电并网认证案例

随着光伏发电并网认证机制的逐步建立和认证技术的日趋完善，光伏发电并网认证已经在光伏发电行业内广泛开展，得到了行业的普遍采信。为了使读者更好地理解光伏发电并网认证技术，本章选取典型光伏发电产品并网认证和光伏发电站并网认证案例，从认证的各个环节详细介绍了光伏发电并网认证技术如何应用在实际认证工作中。

4.1　产品并网认证案例

本节以国内某企业申请光伏发电产品并网认证为例，详细介绍整个申请流程以及每个环节认证机构和申请认证企业的具体责任和义务。以型式试验＋工厂检查＋获证后监督的认证模式举例说明。

4.1.1　认证申请

认证申请由厂家发起，厂家填写认证申请书，申请书中包含认证申请者的基本信息、认证场所、认证产品型号、参数等信息。认证机构根据厂家提供的营业执照、产品说明书、生产场所等信息资料审核认证申请书内容的真实性，并组织相关技术人员核对该型号产品型式试验是否可行，确保后续能够顺利开展型式试验。

在该环节中，申请人应遵守以下规定：

（1）按照产品认证实施规则，提交认证申请书和必要的技术文件，如营业执照、产品的技术文档、关键元器件清单、主要生产设备和检测设备清单以及生产工艺流程图等。

（2）申请人、制造商、生产厂不是同一组织时，应提交不同组织之间签订的合同副本。

（3）申请人委托他人申请产品认证的，应该与受委托人签订相关的合同，提交合同副本。认证机构应该：

1）提供受控的申请书范本供申请者填写，或者提供公开的网站供申请者在线提交申请；

2）提供详尽的认证流程以供申请者参考，包含认证周期、收费等信息。

4.1.2　合同评审及签订

收到认证申请书后，认证机构给申请者提供合同模板，双方填写好完整的信息，认证机构组织人员进行合同评审,形成文件《合同评审单》,当中包含认证类别、合同名称、评审要素、评审意见、评审结论,最终参与评审人员签字。

评审要素包括技术要素、能力要素、商务要素和风险可控性。评定意见包含合同内容的规范性、认证规则及检测标准的明确性,实验室人员和设备是否满足认证检测的需求,认证时间安排及费用是否满足要求,申请者提交的资料是否齐全,双方是否对认证范围达成共识等。最终评审结论:该合同可以有效实施。

4.1.3　制订方案

合同签订后,认证机构根据合同条款制订认证实施方案。对于初次申请认证的光伏发电并网产品,认证实施方案内容一般包含型式试验和工厂检查计划,目的是为了更好地完成产品认证工作,使认证工作的每个环节都符合认证机构管理流程和认证实施规则,并在认证项目执行之前明确认证环节中的关键节点。

4.1.4　型式试验

型式试验一般采取送样至指定实验室的方式进行,按照认证实施方案,申请厂家将申请认证的产品(该案例中为某型号的并网光伏逆变器)送到认证机构认可的实验室进行型式试验。测试依据标准是《光伏发电站接入电力系统技术规定》(GB/T 19964—2012)和《光伏发电系统模型及参数测试规程》(GB/T 32892—2016)。型式试验测试项目列表见表 4-1。

表 4-1　　　　　　　　　　型式试验测试项目列表

序号	依　据　标　准	测　试　项　目
1	GB/T 19964—2012	低电压穿越
2		有功功率控制
3		无功功率控制
4		电能质量
5		电网适应性
6	GB/T 32892—2016	交流侧大扰动
7		交流侧小扰动
8		有功功率控制
9		无功功率控制
10		直流侧扰动

1. 认证逆变器概况

逆变器是光伏系统中将直流电转换成符合电网要求的交流电的关键设备,其性能的好坏会直接影响到光伏系统以及其接入系统的安全稳定运行,本认证案例中逆变器电气参数见表 4-2,认证逆变器拓扑图如图 4-1 所示。

表 4-2		认证逆变器电气参数	
直 流 侧 参 数		交 流 侧 参 数	
直流母线启动电压 U_{dc}	250V	额定输出功率	47.5kW
最低直流母线电压 U_{dc}	200V	最大输出功率	52.5kW
最高直流母线电压 U_{dc}	1100V	额定网侧电压 U_{ac}	500V
满载 MPPT 电压范围 U_{dc}	625～850V	允许网侧电压范围 U_{ac}	400～575V
最佳 MPPT 工作点电压 U_{dc}	750V	额定电网频率	50Hz
最大输入电流	88A	最大交流输出电流	60.8A

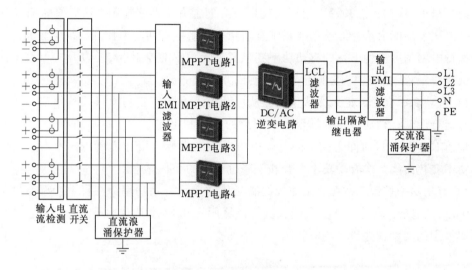

图 4-1 认证逆变器拓扑图

2. 并网性能测试方案

本案例中逆变器测试依据标准为 GB/T 19964—2012，测试设备包括功率分析仪、示波器、电能质量分析仪，各项测试具体过程如下：

（1）低电压穿越。并网光伏逆变器低电压穿越性能测试使用阻抗分压原理的电压跌落发生装置模拟电网电压跌落。根据标准要求，光伏逆变器的低电压穿越测试应至少选取 5 个跌落点，其中应包含 $0\%U_n$ 和 $20\%U_n$ 跌落点，其他各点应分布在（20%～50%）U_n、（50%～75%）U_n、（75%～90%）U_n 三个区间内。本次测试选取 $0\%U_n$、$20\%U_n$、$40\%U_n$、$60\%U_n$、$80\%U_n$ 及 $90\%U_n$ 共 6 个跌落电压点，并按照标准中曲线要求选取跌落时间，每个跌落电压点分别包含重载、轻载三相对称跌落和重载、轻载各单相不对称跌落。低电压穿越测试接线示意图如图 4-2 所示。按图 4-2 连接光伏逆变器、测试装置以及其他相关设备，在高压侧实现电压跌落，逐次进行测试，在高压侧实现分别记录逆变器交流侧输出电压和电流。

（2）有功功率控制。根据标准规定，光伏逆变器有功功率变化速率每分钟应不超过 10% 装机容量，允许出现因太阳能辐照度降低而引起的光伏逆变器有功功率变化速率超

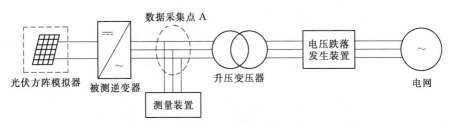

图 4-2　低电压穿越测试接线示意图

出限值的情况。光伏逆变器应具备参与电力系统的调频和调峰的能力，并符合《电网运行准则》（DL/T 1040—2007）的相关规定；应配置有功功率控制系统，具备有功功率连续平滑调节的能力，并能够参与系统有功功率控制；有功功率控制系统应能够接收并自动执行电网调度机构下达的有功功率变化及有功功率的控制指令。功率控制与电能质量测试接线示意图如图 4-3 所示，具体测试方案如下：

1）有功功率变化。记录光伏逆变器从启动至上升到额定功率（或从额定功率下降至正常运行最低有功功率）的过程中并网点的电压和电流数据，计算所有 0.2s 有功功率平均值（$P_{0.2}$）；以时间为横坐标，有功功率为纵坐标，用计算所得的所有 $P_{0.2}$ 绘制有功功率变化曲线，求有功功率上升和下降过程中的变化速率。

2）有功功率控制。按照设定曲线控制光伏逆变器有功功率，在每个功率基准值上保持 2min，记录并网点电压、电流数据，计算所有 0.2s 有功功率平均值 $P_{0.2}$，计算有功功率控制的功率偏差量和响应时间。

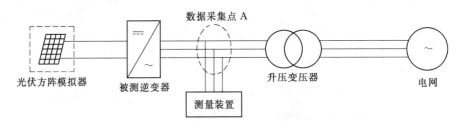

图 4-3　功率控制与电能质量测试接线示意图

（3）无功功率控制。根据标准规定，光伏逆变器应满足额定有功出力下功率因数在 −0.95～0.95 的范围内动态可调，应可根据电网调度机构指令，自动调节其发出（或吸收）的无功功率，实现对并网点电压的控制，其调节速度和控制精度应满足电力系统电压调节的要求。具体测试方案如下：

1）无功功率输出特性。从（0～100%）P_n 范围内，在每 10% 的有功功率区间内，调节光伏逆变器运行在输出最大感性无功工作模式；采集至少 2 个 1min 时序电压、电流数据，调节光伏逆变器运行在输出最大容性无功工作模式，采集至少 2 个 1min 时序电压、电流数据，并计算每个 1min 无功功率的平均值 Q_{60}。

2）无功功率控制能力。设定被测光伏逆变器输出有功功率稳定至 50%P_n，按照设定曲线控制光伏逆变器无功功率，记录并网点处电流、电压数据，计算所有 0.2s 无功

功率平均值 $Q_{0.2}$，计算无功功率控制的功率偏差量和响应时间。

（4）电能质量。根据标准规定，要求逆变器接入系统后，其接入公共连接点的电压波动和闪变值应满足 GB/T 12326 的要求，谐波注入电流应该满足 GB/T 14549 的要求（其中并网点向电力系统注入的谐波电流允许值应按照接入容量与公共连接点上具有谐波源的发/供电设备总容量之比进行分配），间谐波应该满足 GB/T 24337 的要求，电压不平衡度应该满足 GB/T 15543 的要求，测试接线如图 4-3 所示，具体测试方案如下：

1）不平衡度。电压与电流不平衡度测试时控制无功功率输出 Q 趋近于零，从光伏逆变器持续正常运行的最小功率开始，每递增 10％的光伏逆变器额定功率为一个区间，每个区间内连续测量 10min 时段内的 200 个负序电压不平衡度，记录其负序电压不平衡度测量值的 95％概率大值以及所有测量值中的最大值。

2）谐波与间谐波。电流谐波与间谐波测试时控制光伏逆变器无功功率输出 Q 趋近于零，从光伏逆变器持续正常运行的最小功率开始，每递增 10％的光伏逆变器额定功率为一个区间，每个区间均进行测试，测量时间为 10min。

3）闪变。闪变测试时控制光伏逆变器无功功率输出 Q 趋近于零，从光伏逆变器持续正常运行的最小功率开始，每递增 10％的光伏逆变器额定功率为一个区间，在每个功率区间内，每 10min 记录一组电压闪变强度数据，每个功率区间测量 2 次。

（5）电网适应性。根据标准规定，要求光伏逆变器在表 4-3 并网点电压范围内应能按规定运行；光伏逆变器应在表 4-4 电力系统频率范围内按规定运行。

表 4-3　　　　　　　光伏逆变器在不同并网点电压范围内的运行规定

电压范围	运行要求
＜0.9p.u.	应符合 GB/T 19964—2012 低电压穿越的要求
0.9p.u.≤U_T≤1.1p.u.	应正常运行
1.1p.u.＜U_T＜1.2p.u.	应至少持续运行 10s
1.2p.u.≤U_T≤1.3p.u.	应至少持续运行 0.5s

表 4-4　　　　　　　光伏发电站在不同电力系统频率范围内的运行规定

频率范围	运行要求
f＜48Hz	根据光伏发电站逆变器允许运行的最低频率而定
48Hz≤f＜49.5Hz	频率每次低于 49.5Hz，光伏发电站应能至少运行 10min
49.5Hz≤f≤50.2Hz	连续运行
50.2Hz＜f≤50.5Hz	频率每次高于 50.2Hz，光伏发电站应能至少运行 2min，并执行电网调度机构下达的降低出力或高周切机策略；不允许处于停运状态的光伏发电站并网
f＞50.5Hz	立刻终止向电网线路送电，且不允许处于停运状态的光伏发电站并网

电网适应性测试接线示意图如图 4-4 所示。

3. 模型参数测试方案

光伏发电站应建立光伏发电单元（含光伏组件、逆变器、单元升压变压器等）、光

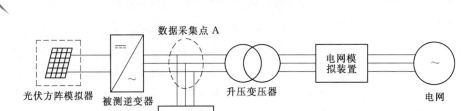

图 4-4　电网适应性测试接线示意图

伏发电站汇集线路、光伏发电站控制系统模型及参数，用于光伏发电站接入电力系统的规划设计及调度运行。根据标准《光伏发电系统建模导则》（GB/T 32826—2016）要求，模型应该包含潮流计算模型、短路电流计算模型和机电暂态分析模型；对于不具有模型及参数的光伏发电系统，应首先进行模型参数测试，确定光伏发电系统的模型结构及参数取值；对于已具有模型及参数的光伏发电系统，应开展模型验证，校核光伏发电系统机电暂态模型的准确性；光伏发电系统包含多种不同型号逆变器时，应对各种型号逆变带所组成的光伏发电单元分别进行参数测试及模型验证；光伏发电系统宜具备供第三方进行参数测试及模型验证的设备接口。根据 GB/T 32892—2016 模型参数测试回路如图 4-5 所示，测试项目包括交流侧大扰动、交流侧小扰动、有功功率控制、无功功率控制以及直流侧扰动。

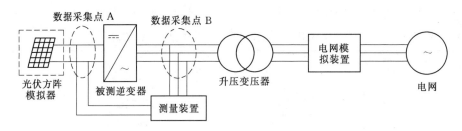

图 4-5　模型参数测试接线示意图

（1）交流侧大扰动。模型参数测试接线如图 4-5 所示，具体测试方案如下：

1）保持逆变器正常运行，且输出有功功率 $P \geqslant 0.7P_n$，无功功率 $Q_C \leqslant 0.1Q_{max}$，且 $Q_L \leqslant 0.1Q_{max}$（Q_{max} 为逆变器最大输出无功功率）。

2）设置逆变器正常运行交流侧电压为 0.98～1.02p.u.，调节逆变器交流侧电压跌落至 0～0.10p.u.，持续 0.15s，恢复逆变器交流侧电压至扰动前电压值，至逆变器稳定运行后 2s。

3）记录整个过程中数据采集点 A 和数据采集点 B 的电压、电流瞬时值。

4）保持逆变器正常运行，重复步骤 2）～步骤 3），使得扰动期间逆变器交流侧电压范围分别为 0.20～0.30p.u.、0.50～0.60p.u.、0.80～0.90p.u.、1.10～1.15p.u. 和 1.25～1.30p.u.，持续时间分别为 0.6s、1.4s、1.8s、3s 和 0.5s。

5）保持逆变器正常运行，且输出有功功率 $P \geqslant 0.7P_n$，容性无功功率 $Q_C \geqslant 0.7Q_{max}$，重复步骤 2）～步骤 4）。

6) 保持逆变器正常运行，且输出有功功率 $P \geqslant 0.7P_n$，感性无功功率 $Q_L \geqslant 0.7Q_{max}$，重复步骤2) ～步骤4)。

7) 保持逆变器正常运行，设定输出有功功率在 $0.5P_n \leqslant P \leqslant 0.7P_n$ 范围内，分别在无功功率 $Q_C \leqslant 0.1Q_{max}$ 且 $Q_L \leqslant 0.1Q_{max}$、容性无功功率 $Q_C \geqslant 0.7Q_{max}$、感性无功功率 $Q_L \geqslant 0.7Q_{max}$ 工况下重复步骤2) ～步骤4)。

8) 保持逆变器正常运行，设定输出有功功率在 $0.1P_n \leqslant P \leqslant 0.3P_n$ 范围内，分别在无功功率 $Q_C \leqslant 0.1Q_{max}$ 且 $Q_L \leqslant 0.1Q_{max}$、容性无功功率 $Q_C \geqslant 0.7Q_{max}$、感性无功功率 $Q_L \geqslant 0.7Q_{max}$ 工况下重复步骤2) ～步骤4)。

（2）交流侧小扰动。

1) 保持逆变器正常运行，且输出有功功率 $P \geqslant 0.7P_n$，无功功率 $Q_C \leqslant 0.1Q_{max}$，且 $Q_L \leqslant 0.1Q_{max}$。

2) 设置逆变器正常运行交流侧电压为 $0.98 \sim 1.02 \text{p.u.}$，调节逆变器侧电压跌落至 $0.90 \sim 0.93 \text{p.u.}$，至逆变器稳定运行后 2s，恢复逆变器交流侧电压至扰动前电压值，至逆变器稳定运行后 2s。

3) 记录整个过程中数据采集点 A 和数据采集点 B 的电压、电流瞬时值。

4) 保持逆变器正常运行，重复步骤2) ～步骤3)，使得扰动期间逆变器交流侧电压范围分别为 $0.95 \sim 0.98 \text{p.u.}$、$1.02 \sim 1.05 \text{p.u.}$、$1.07 \sim 1.10 \text{p.u.}$。

5) 保持逆变器正常运行，且输出有功功率 $P \geqslant 0.7P_n$，容性无功功率 $Q_C \geqslant 0.5Q_{max}$，重复步骤2) ～步骤4)。

6) 保持逆变器正常运行，且输出有功功率 $P \geqslant 0.7P_n$，感性无功功率 $Q_L \geqslant 0.5Q_{max}$，重复步骤2) ～步骤4)。

7) 保持逆变器正常运行，设定输出有功功率在 $0.5P_n \leqslant P \leqslant 0.7P_n$ 范围内，分别在无功功率 $Q_C \leqslant 0.1Q_{max}$ 且 $Q_L \leqslant 0.1Q_{max}$、容性无功功率 $Q_C \geqslant 0.5Q_{max}$、感性无功功率 $Q_L \geqslant 0.5Q_{max}$ 工况下重复步骤2) ～步骤4)。

8) 保持逆变器正常运行，设定输出有功功率在 $0.1P_n \leqslant P \leqslant 0.3P_n$ 范围内，分别在无功功率 $Q_C \leqslant 0.1Q_{max}$ 且 $Q_L \leqslant 0.1Q_{max}$、容性无功功率 $Q_C \geqslant 0.5Q_{max}$、感性无功功率 $Q_L \geqslant 0.5Q_{max}$ 工况下重复步骤2) ～步骤4)。

（3）有功功率控制。

1) 设定逆变器输出无功功率 $Q_C < 0.1Q_{max}$ 且 $Q_L < 0.1Q_{max}$。

2) 按照图4-6设定曲线控制逆变器有功功率参考值。图4-6中 A、B、C、D、E 表示不同功率的持续时间。

3) 记录整个试验过程中数据采集点 A 和数据采集点 B 的电压、电流瞬时值。

（4）无功功率控制。

1) 设定逆变器输出有功功率 $0.5P_n$。

2) 按照图4-7的设定曲线控制逆变器无功功率参考值。

3) 记录整个试验过程中数据采集点 A 和数据采集点 B 的电压、电流瞬时值。

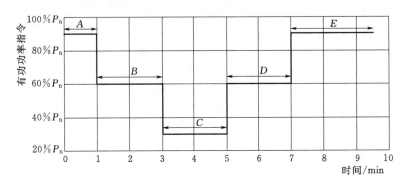

图4-6　有功功率控制曲线图

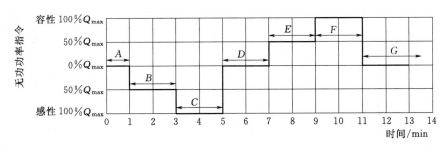

图4-7　无功功率控制曲线图

（5）直流侧扰动。

1）保持逆变器正常运行，且输出有功功率 $P>0.7P_n$。

2）设置逆变器工作在有功功率控制模式，有功功率控制指令 $P_{ord}=0.7\text{p.u.}$，重新设置逆变器的控制方式为最大功率跟踪。

3）记录整个试验过程中数据采集点 A 和数据采集点 B 的电压、电流瞬时值。

4）重复步骤2）～步骤3），$P_{ord}=0.3\text{p.u.}$。

4. 并网性能测试结果与分析

低电压穿越、有功功率控制、无功功率控制、电能质量和电网适应性测试内容较多，数据量大，为了直观明了地说明测试过程，避免冗余，本案例中每个测试项目只给出部分测试结果。

（1）低电压穿越。此处给出典型的跌落点：重载 $0\%U_n$ 三相对称跌落、重载 $40\%U_n$ 三相对称跌落及重载 $60\%U_n$ 的 A 相不对称跌落各一次的测试结果，以示说明。

1）重载 $0\%U_n$ 三相对称跌落测试。测试过程中，测得故障发生时和故障恢复时的线电压瞬时值、相电流瞬时值变化曲线如图4-8～图4-11所示。可以看出跌落持续时间达到了标准所要求的在 $0\%U_n$ 跌落时的150ms。

计算得到测试过程中逆变器出口侧线电压、无功电流有效值变化曲线如图4-12所示，故障期间电流正序、负序、零序分量有效值变化曲线如图4-13所示，无功电流动态响应变化曲线如图4-14所示，有功功率、无功功率平均值变化曲线如图4-15所示，三相对称跌落见表4-5。

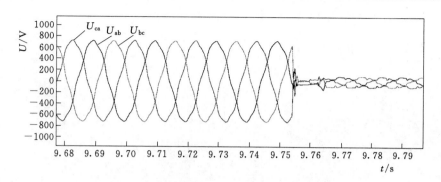

图 4-8 故障发生时线电压瞬时值变化曲线图

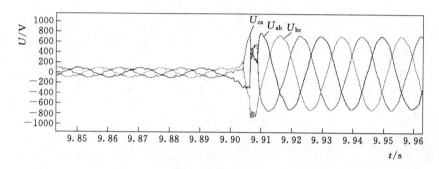

图 4-9 故障恢复时线电压瞬时值变化曲线图

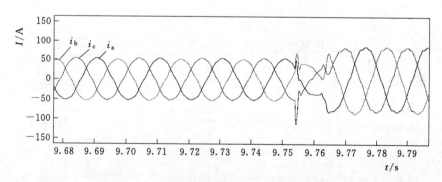

图 4-10 故障发生时相电流瞬时值变化曲线图

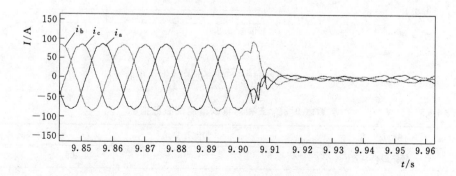

图 4-11 故障恢复时相电流瞬时值变化曲线图

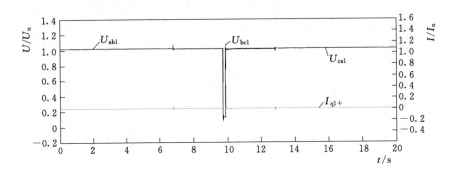

图 4 - 12　线电压、无功电流有效值变化曲线图

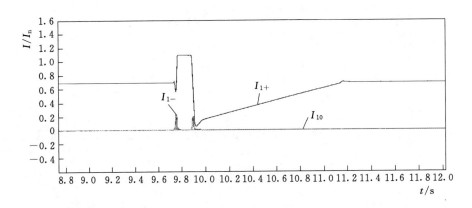

图 4 - 13　故障期间电流正序、负序、零序分量有效值变化曲线图

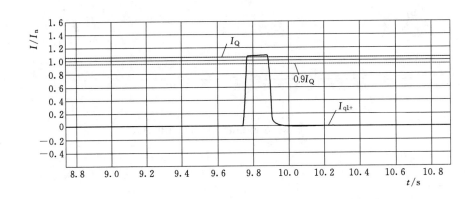

图 4 - 14　故障期间无功电流动态响应变化曲线图

表 4 - 5　　　　　　　　重载 0%U_n 三相对称跌落测试参数指标

测　试　指　标	实测计算值	标准参考值
暂态跌落深度/%	7	[0，5]（空载）
稳态跌落深度/%	12	—

测　试　指　标	实测计算值	标准参考值
跌落开始时刻/s	9.74	—
跌落结束时刻/s	9.90	—
跌落持续时间 t_f/ms	166	≥150
功率恢复时间 t_r/s	1.12	
平均功率恢复速率/(%P_n·t^{-1})	60	≥30
无功电流响应时间 t_{res}/ms	26	≤30
无功电流注入持续时间 t_{last}/ms	140	—
无功电流注入有效值/A	58	≥58
最大无功注入电流/A	59	—

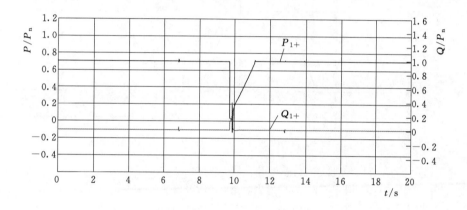

图 4-15　有功功率、无功功率平均值变化曲线图

2）重载 40%U_n 三相对称跌落测试。测试过程中，测得故障发生时和故障恢复时的线电压瞬时值、相电流的瞬时值变化曲线如图 4-16～图 4-19 所示，可以看出跌落持续时间达到了标准所要求的在 20%U_n 跌落时的 1018ms。

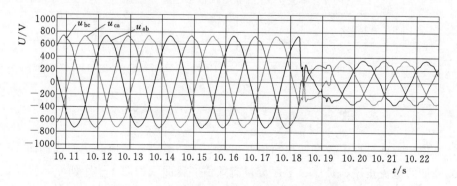

图 4-16　故障发生时线电压瞬时值变化曲线图

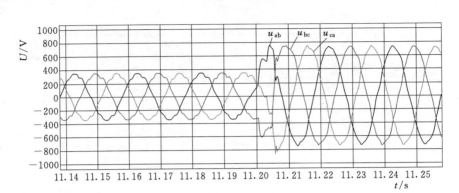

图 4 - 17　故障恢复时线电压瞬时值变化曲线图

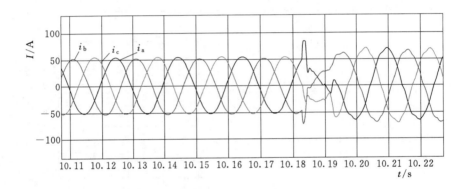

图 4 - 18　故障发生时相电流瞬时值变化曲线图

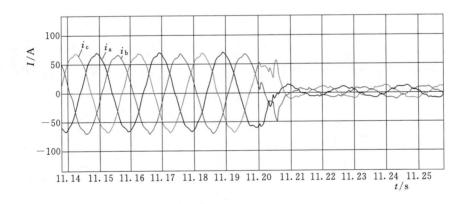

图 4 - 19　故障恢复时相电流瞬时值变化曲线图

计算得到测试过程中逆变器出口侧线电压、无功电流有效值变化曲线如图 4 - 20 所示，故障期间电流正序、负序、零序分量有效值变化曲线如图 4 - 21 所示，无功电流动态响应变化曲线如图 4 - 22 所示，有功功率、无功功率平均值变化曲线如图 4 - 23 所示，三相对称跌落测试参数指标见表 4 - 6。

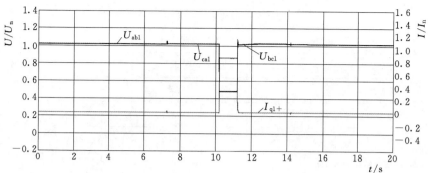

图 4-20 线电压、无功电流有效值变化曲线图

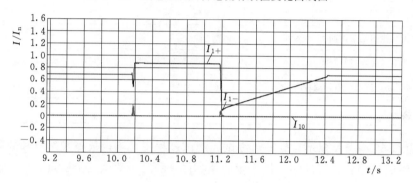

图 4-21 故障期间电流正序、负序、零序分量有效值变化曲线图

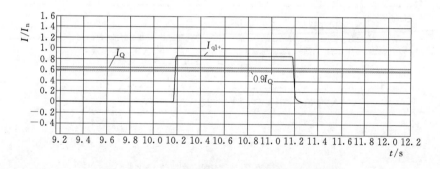

图 4-22 故障期间无功电流动态响应变化曲线图

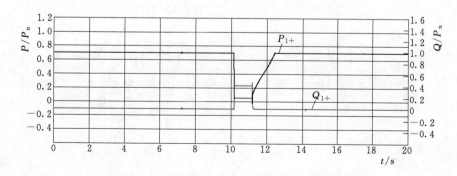

图 4-23 有功功率、无功功率平均值变化曲线图

表 4 - 6　　　　　　重载 40%U_n 三相对称跌落测试参数指标

测 试 指 标	实测计算值	标准参考值
暂态跌落深度/%	39	40±5（空载）
稳态跌落深度/%	47	—
跌落开始时刻/s	10.17	—
跌落结束时刻/s	11.20	—
跌落持续时间 t_f/ms	1031	≥1018
功率恢复时间 t_r/s	1.11	—
平均功率恢复速率/($\%P_n \cdot t^{-1}$)	57	≥30
无功电流响应时间 t_{res}/ms	20	≤30
无功电流注入持续时间 t_{last}/ms	1011	—
无功电流注入有效值/A	47	≥35
最大无功注入电流/A	47	—

3）重载 60%U_nA 相不对称跌落测试。测试过程中，测得故障发生时和故障恢复时的线电压瞬时值、相电流的瞬时值变化曲线如图 4 - 24～图 4 - 27 所示，可以看出跌落持续时间达到了标准所要求的在 60%U_n 跌落时的 1411ms。

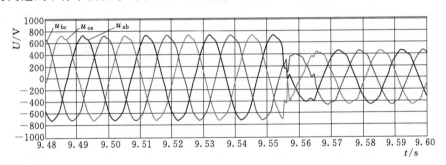

图 4 - 24　故障发生时线电压瞬时值变化曲线图

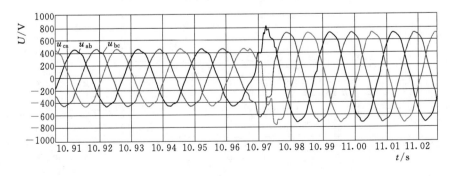

图 4 - 25　故障恢复时线电压瞬时值变化曲线图

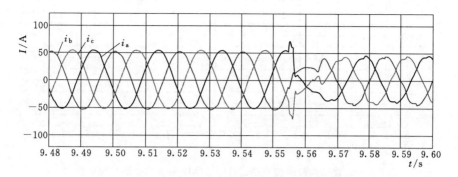

图 4-26 故障发生时相电流瞬时值变化曲线图

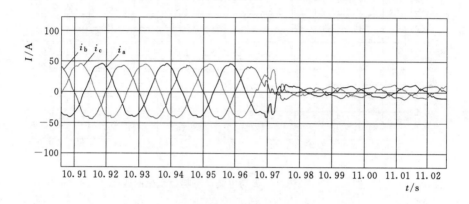

图 4-27 故障恢复时相电流瞬时值变化曲线图

计算得到测试过程中逆变器出口侧线电压、无功电流有效值变化曲线如图 4-28 所示，故障期间电流正序、负序、零序分量有效值变化曲线如图 4-29 所示，无功电流动态响应变化曲线如图 4-30 所示，有功功率、无功功率平均值变化曲线如图 4-31 所示，不对称跌落测试参数指标见表 4-7。

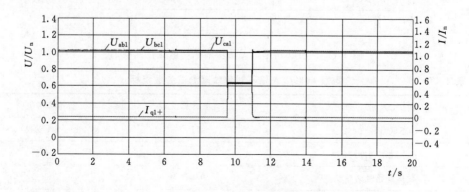

图 4-28 线电压、无功电流有效值变化曲线图

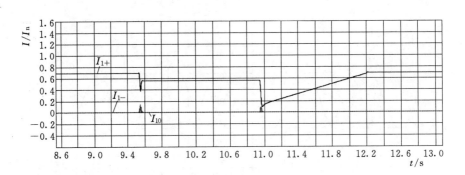

图 4-29　故障期间电流正序、负序、零序分量有效值变化曲线图

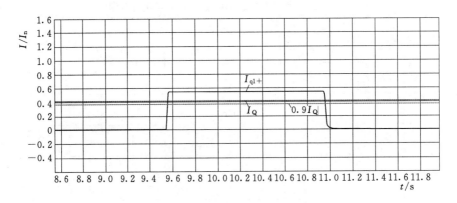

图 4-30　故障期间无功电流动态响应变化曲线图

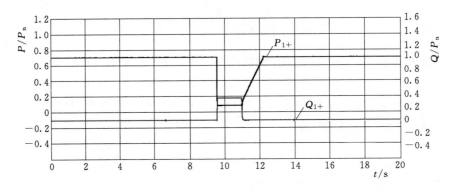

图 4-31　有功功率、无功功率平均值变化曲线图

表 4-7　　　　　　　　　重载 $60\%U_n$ A 相不对称跌落测试参数指标

测 试 指 标	实测计算值	标准参考值
暂态跌落深度/%	57	60±5（空载）
稳态跌落深度/%	63	—
跌落开始时刻/s	9.54	—
跌落结束时刻/s	10.97	—

测 试 指 标	实测计算值	标准参考值
跌落持续时间 t_f/ms	1426	≥1411
功率恢复时间 t_r/s	1.12	—
平均功率恢复速率/(%P_n·t^{-1})	55	≥30
无功电流响应时间 t_{res}/ms	19	≤30
无功电流注入持续时间 t_{last}/ms	1407	—
无功电流注入有效值/A	30	≥22
最大无功注入电流/A	30	—

由分析计算所得线电压、无功电流有效值变化曲线图（图 4 - 12、图 4 - 20、图 4 - 28）可以看出在跌落期间，线电压有效值跌落深度达到了标准所要求的跌落深度限值；由故障期间电流正序、负序、零序分量有效值变化曲线图（图 4 - 19、图 4 - 27、图 4 - 35）可以看出在跌落期间电流有效值增加，在跌落结束后，电流有效值突降，再由最低点增加到稳态；由故障期间无功电流动态响应变化曲线图（图 4 - 14、图 4 - 22、图 4 - 30）可以看出在跌落期间无功电流动态响应达到了标准的要求，具体数值见表 4 - 5～表 4 - 7；由有功功率、无功功率平均值变化曲线图（图 5 - 15、图 5 - 23、图 5 - 31）可以看出在跌落期实现了无功、有功的切换。

综上所述，该送检样品在测试点的电压跌落与恢复期间该送检样品均能不间断并网运行；该送检样品在测试期间，均能够按要求正确响应并发出无功电流，具备动态无功电流支撑能力；该送检样品在故障消除后，能够以较快的有功功率变化率恢复至故障前功率值，符合标准要求。

（2）有功功率控制。该项测试分有功功率变化和有功功率控制能力两个子项，此处只给出有功功率控制能力测试结果，根据表 4 - 8 和图 4 - 32，从测试结果可以看出，被测样品具备有功功率控制能力。

表 4 - 8　　　　　　　　　有功功率控制能力测试结果表

最大功率偏差/kW		正偏差	0.05	
		负偏差	0.24	
有功功率设定点/%	P_set/kW	P_{60}/kW	$\Delta P/P_n$	响应时间/s
80	38.00	37.77	0.0048	3.80
60	28.50	28.33	0.0035	2.60
40	19.00	18.91	0.0018	0.80
20	9.50	9.51	0.0002	1.20
100	47.50	47.42	0.0017	1.80

（3）无功功率控制。该项测试分无功功率输出特性和无功功率控制能力两个子项，

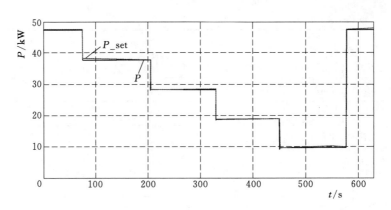

图 4-32　有功功率控制能力测试结果图

此处只给出无功功率控制能力测试结果如表 4-9、表 4-10 和图 4-33 所示,从测试结果可以看出,被测样品具备无功功率控制能力。

表 4-9　　　　　　　　　50%功率点无功功率输出

Q/kvar	$P_{0.2}$/kW	$Q_{0.2}$/kvar	$U_{0.2}$/V
最大感性	23.39	31.45	288.81
0	23.80	0.12	288.70
最大容性	23.36	−31.24	288.59

表 4-10　　　　　　　　　无 功 功 率 输 出 响 应

阶跃区间	60s 内无功最大精度偏差/kvar	响应时间/s
$Q_0 \sim Q_C$	−0.01	6.20
$Q_C \sim Q_L$	0.01	12.01
$Q_L \sim Q_0$	−0.20	6.83

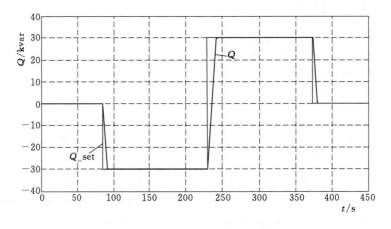

图 4-33　无功功率控制能力测试结果图

（4）电能质量。电能质量指标包括不平衡度、谐波与间谐波和闪变，此处只给出 A 相电流谐波子群有效值用以示例，A 相电流谐波子群有效值测试结果如图 4-34～图 4-36所示。

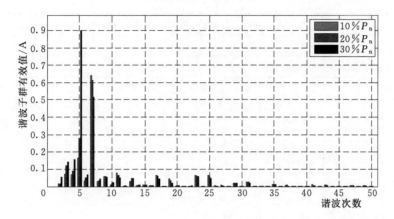

图 4-34　（10%～30%）P_n功率区间 A 相电流谐波含量

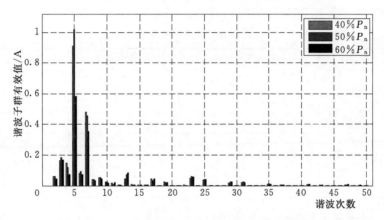

图 4-35　（40%～60%）P_n功率区间 A 相电流谐波含量

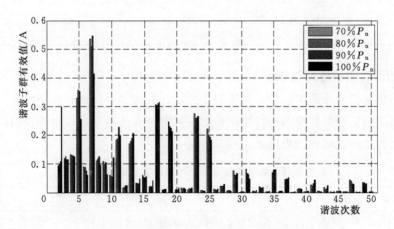

图 4-36　（70%～100%）P_n功率区间 A 相电流谐波含量

（5）电网适应性。电网适应性包括电压适应性和频率适应性，测试结果见表 4-11 和表 4-12，从中可以看出被测样品符合标准要求。

表 4-11　　　　　　　　　　电压适应性测试结果表

并网点设定电压	并网点实际测量电压	设定时间/s	单元运行时间/s
91.00%U_n	91.09%U_n	20.00	20.00
95.00%U_n	95.07%U_n	20.00	20.00
109.00%U_n	108.87%U_n	20.00	20.00
111.00%U_n	110.12%U_n	10.00	10.00
115.00%U_n	114.76%U_n	10.00	10.00
119.00%U_n	118.85%U_n	10.00	10.00
121.00%U_n	120.84%U_n	1.00	1.00
125.00%U_n	124.75%U_n	1.00	1.00
129.00%U_n	128.63%U_n	1.00	1.00
130.00%U_n	129.54%U_n	1.00	1.00

表 4-12　　　　　　　　　　频率适应性测试结果表

并网点设定频率/Hz	并网点实际测量频率/Hz	设定时间/s	单元运行时间/s
48.05	48.05	630.00	630.00
49.00	49.00	630.00	630.00
49.45	49.45	630.00	630.00
49.55	49.55	1230.00	1230.00
49.85	49.85	1230.00	1230.00
50.15	50.15	1230.00	1230.00
50.25	50.25	130.00	130.00
50.30	50.30	130.00	130.00
50.45	50.45	130.00	130.00
50.55	50.55	—	0.05

5. 模型参数测试结果与分析

测试项目包括交流侧大扰动、交流侧小扰动、有功功率控制、无功功率控制、直流侧扰动，用于辨识逆变器稳态运行控制模块参数测试和故障穿越及保护控制模块参数测试，该案例具体测试辨识结果见表 4-13 和表 4-14。

表 4-13　　　　　逆变器模型故障穿越及保护控制模块参数辨识结果

名　称	描　　述	辨识结果
U_{HV1}/p.u.	逆变器进入高电压穿越控制的电压阈值	1.10
U_{LV1}/p.u.	逆变器进入低电压穿越控制的电压阈值	0.90

名　称	描　述	辨识结果
K_{q_LV}	逆变器低电压穿越控制无功电流支撑系数	1.6934
I_{qmax_LV}/p. u.	逆变器低/零电压穿越控制的无功电流限值	1.075
I_{q0_LV}/p. u.	逆变器低/零电压穿越控制的无功电流初始值	0.06
I_{p_FRT}/p. u.	逆变器低/零电压穿越控制的有功电流限值	0.12
dI_{p_LV}/(p. u. · s^{-1})	逆变器低/零电压穿越控制, 电网电压恢复后有功电流恢复速率	0.55

表 4 – 14　　　　　　　　　逆变器模型稳态运行控制模块参数辨识结果

名　称	描　述	辨识结果
K_p	逆变器有功控制环节的 PI 控制比例系数	0.10
T_p/s	逆变器有功控制环节的 PI 控制积分时间常数	0.03
K_q	逆变器无功控制环节的 PI 控制比例系数	0.10
T_q/s	逆变器无功控制环节的 PI 控制积分时间常数	0.03
T_{p_ord}/s	逆变器有功控制指令等效延时环节时间常数	0
dP_{ord_max}/(p. u. · s^{-1})	逆变器有功控制斜率上限	0.03
dP_{ord_min}/(p. u. · s^{-1})	逆变器有功控制斜率下限	−0.03
T_{q_ord}/s	逆变器无功控制指令等效延时环节时间常数	0
dQ_{ord_max}/(p. u. · s^{-1})	逆变器无功控制斜率上限	999
dQ_{ord_min}/(p. u. · s^{-1})	逆变器无功控制斜率下限	−999

4.1.5　工厂检查

在型式试验完成且结论合格后, 认证机构与认证申请者确定工厂检查的具体事宜。按时间顺序, 工厂检查分为以下几个阶段。

1. 前期策划

认证机构与申请者沟通具体适合检查的时间段（初审时, 在该时间段内必须要有申请认证产品在生产）。确定好时间段, 认证机构下发《工厂检查任务书》给检查组长, 组员由检查组长确定并告知认证机构。《工厂检查任务书》包含如下内容: 认证领域、审核人（日）数、产品型号、厂家信息及相关注意事项。

2. 工厂检查计划

组长收到《工厂检查任务书》之后, 与申请认证企业取得联系。首先请对方提前提供生产企业的相关信息, 先进行文件审查, 内容包含企业地址、法人、营业执照、质量负责人、运行的管理体系及证书等。执行厂检之前, 可以先将《工厂检查记录表》发送企业, 让其知晓现场检查的具体内容, 有利于现场检查顺利实施。其次确认具体的检查时间, 组长编制《现场检查计划书》, 内容包含首次会议时间及沟通内容、具体检查条款、每个检查员的分工等，主要依据《工厂产品质量保证能力要求》和认证实施规则中规定的相应条款。

3. 工厂检查实施

依据《现场检查计划书》以及《工厂产品质量保证能力要求》逐条进行，首次会议之后，组长对检查组进行人员分工，一个小组主要审查文件和记录；另一个小组主要检查原材料存放、产品生产过程、产品检验以及产品包装、运输和存储等内容。检查的具体内容包括职责和资源、文件和记录、设计与开发、采购控制、生产过程控制、检验程序、检验及试验仪器设备、不合格品控制、内部质量审核、认证产品的一致性、投诉、产品一致性检查、对上次不符合项的整改情况以及产品抽样情况等。

光伏逆变器生产的主要工艺在于装配，关键零部件有 PCB 板件、IGBT 模块、风扇、断路器、接触器、熔断器等。重点检查生产线上对于工艺的把控，检查安装作业指导书是否在产线上可获取，工人是否按照指导书要求进行装配，生产环节的关键节点是否做相应的过程检验，关键原材料的进货检验规则是否符合生产要求。最后在生产线末端或者库房随机抽取样品，记录下编号后安排现场检验，通过现场检验可以检查人员、仪器设备和测试能力。

末次会议之前，检查组内部沟通、各小组交换信息，对搜集到的全部证据进行整理、分析，根据不符合项的具体情况，确定验证方式，得出检查结论。末次会议中最重要的一点就是要和受审方在不符合项方面需要充分沟通，达成一致。

4. 编制报告

工厂检查的最后阶段，就是编制《工厂检查报告》。报告除包含该项目的一些通用信息外，其主要内容就是检查发现和检查结论，本次检查并无不符合项，因此根据厂家提供的资料以及检查组现场检查发现的证据，检查组将报告提交认证机构进行评定。如果存在不符合项的话，还需要进行现场验证或者书面验证，有时候需要一定的整改期限才能完成。

4.1.6　认证决定

检查组长提交所有检查材料给认证机构评定部，由评定部组织内部人员进行认证评定，给出决定意见。以下为本项目认证评定的主要内容：

"自愿性产品认证－光伏发电并网逆变器产品认证-×××有限公司－CEPRI_PV_2017-认证评定会议"于 2017 年 12 月 6 日在北京召开，会议应到 3 人，实到 3 人。评定委员会成员到会 1 人，项目评定委员会主席为×××。

会议首先由主持人介绍参会人员，经评定委员会评审，参会人员组成符合认证程序要求。

会议第二项由评定部项目评定负责人说明评定计划执行情况。评审委员会对项目审核组人员及审核活动、文件审核、产品检验检测及工厂检查等项目正式报告材料进行了形式审查。

会议第三项由评定委员会对现场认证检查组提交的产品认证过程文件、报告进行审查。评审委员会对审核组提交的现场检查不符合报告及整改纠正材料进行了审查，并对现场检查报告的论据充分性和结果准确性进行评定。经审查，评定委员会认为项目产品申报文件齐全正确，认证产品通过认证规则规定的型式试验，出具了检测报告。认证产品通过工厂检查，不符合纠正措施有效。评定委员会根据各项审查结果做出"自愿性产品认证-光伏发电并网逆变器产品认证-×××有限公司-CEPRI＿PV＿2017"的决定，发放证书。认证证书由授权签字人签字有效。

4.1.7　获证后监督

为确保认证产品持续符合认证要求，按照规定，定期监督时间不应超过 12 个月。对该企业的监督也在一年之内进行。监督检查的主要内容为工厂质量能力保证复查和产品一致性核查，对于体系方面也进行了核实，确认体系认证证书在有效期内，相应的质量负责人和技术负责人有无变更。监督完成后，由检查组长提交监督检查材料，最后由评定部决定是否继续维持该型号产品的证书有效性。

4.2　电站并网认证案例

以某 20MWp 光伏发电站为例，对光伏发电站并网认证全环节进行介绍，包括电站概况、现场检查、一致性核查、现场测试、建模仿真及性能评估、认证决定、获证后监督。

4.2.1　电站概况

该电站总安装容量 20MWp，由 20 个安装容量为 1MWp 的固定倾角式光伏阵列单元组成，每个单元采用 2 台 630kW 并网逆变器共同布置在一间逆变器室内，315V/35kV 箱式变压器置于逆变器室外。输出的电能由光伏发电站内 2 回 35kV 电缆集电线路汇集后送至光伏发电站内 110kV 升压站，经变压器升压后由 1 回 110kV 线路送出，线路长度约 10km。光伏电站信息表见表 4-15。

下面将通过 4.2.2~4.2.7 节对光伏发电站并网性能认证的各个环节进行介绍，包括现场核查、一致性核查、现场测试、建模仿真及性能评估、认证决定、获证后监督。

4.2.2　现场检查

光伏发电并网认证过程中，现场检查包括对文件资料检查、人员资质检查以及关键设备及元器件检查。依据 3.2 节中光伏发电站现场检查基本原则，形成表 4-16~表 4-18 的检查评分表，检查中应记录发电站的一次、二次设备运行情况、主要参数，用于获证后监督的核对。

表 4-15　　　　　　　　　　　光 伏 电 站 信 息 表

电 站 名 称			×××光伏电站	
安装和运行日期			2016 年 12 月 31 日	
基本信息	概要信息	装机容量	20MW	
		逆变器额定功率/数量	630kW/40	
	无功补偿装置	制造商	×××有限公司	
		额定容量	±12.5Mvar	
		额定电压	35kV	
	有功功率控制系统	制造商	×××有限公司	
		型号	×××	
	无功电压控制系统	制造商	×××有限公司	
		型号	×××	
	功率预测系统	制造商	×××有限公司	
		型号	×××	
接入电网信息		接入电压等级	110kV	
		电网供电距离	10.04km	
		并网点位置	110kV 某变电站	
		共用变容量	180MVA	
		短路容量	2254MVA	
		是否有升压变压器	☑是	□ 否
			数量：1	单台容量：63MVA
		短路容量	—	
		接受调度情况	☑是	□ 否

表 4-16　　　　　　　　　　光伏电站认证资料检查评分表

序号	检查的文件名称	检 查 内 容	评分
1	光伏发电站接入系统审查意见	文件是否加盖管理机构公章；确认光伏发电站是否已按照各项审查意见进行整改	9 分
2	光伏发电站投入运行批准书	文件是否加盖管理机构公章；有无电气主接线图、接入电网示意图和接入开关站主接线图；有无管理部门下发的接入系统调度设备命名、管辖范围划分和新设备启动要求等内容	10 分
3	光伏发电项目可研报告	检查报告编制单位是否具备相关咨询资质，报告涉及的内容是否真实合理。报告的内容应至少包含当地太阳能资源、工程地质条件、项目任务和规模、系统总体方案设计及发电量计算、电气设计、消防工程设计、土建工程、施工组织设计、工程管理设计、环境保护与水土保持、劳动安全与工业卫生、工程概算、财务评价与社会效果分析等方面	10 分
4	光伏发电站接入系统专题研究报告	检查报告编制单位是否具备相关咨询资质，报告涉及的内容是否真实合理。报告的内容应至少包含光伏发电站概况、当地电网现状及规划、接入系统方案分析、电气计算、继电保护配置、通信设计、调度自动化管理、当地电网地理接线图等方面	9 分

续表

序号	检查的文件名称	检 查 内 容	评分
5	光伏发电站调试（测试）方案	调试（测试）的单位是否具备相关调试（测试）资质，调试（测试）方案的内容是否全面，流程步骤是否合理。方案的内容应至少包括调试（测试）的目的、依据的标准或规定、各参与方职责分工、计划进度安排、参与人员资质情况、设备仪器清单、调试（测试）具体操作流程、安全注意事项、质量管理等方面	10分
6	光伏发电站管理规范	是否全面合理，要求是否明确	8分
7	光伏发电站巡检制度	是否全面合理，要求是否明确	8分
8	光伏发电站运维制度	是否全面合理，要求是否明确	9分
9	光伏发电站工器具使用制度	是否全面合理，要求是否明确	8分
10	光伏发电站安全操作制度	是否全面合理，要求是否明确	8分
11	光伏发电站运行人员值班制度	是否全面合理，要求是否明确	9分
12	电力安全工作规程考核记录	是否真实详尽，有无缺失遗漏	8分
13	光伏发电站运行日志	是否真实详尽，有无缺失遗漏	8分
14	光伏发电站运行报告	是否真实详尽，有无缺失遗漏	8分
15	光伏发电站故障维护记录	是否真实详尽，有无缺失遗漏	8分
16	平均分		8.67分

表 4-17　　　　　　　　　光伏发电站人员资质检查评分表

序号	检查的项目	检 查 内 容	评分
1	人员资质	各岗位人员有无职业资格证书、高/低压电工操作证书、入网作业许可证和各类培训证书	8分
2	人员配置及职责管理制度	人员职责定位至少包括站长、值班长、值班调度员、运维人员、运行人员和安全员等	9分
3	定期开展培训	有无定期开展职业素质教育、服务知识和技能培训，是否留有培训记录，培训内容至少包括光伏发电理论培训、设备维护培训、现场操作培训、安全作业培训、电站管理制度培训等	8分
4	平均分		8.33分

表 4-18　　　　　　　　　光伏发电站关键设备及元器件检查评分表

序号	检查的项目	检 查 内 容	评分
1	母线	检查光伏发电站各级母线所使用的铜排或线缆采购合同、到货验收记录、产品合格证等，并记录型号规格和详细参数	8分

续表

序号	检查的项目	检 查 内 容	评分
2	集电线路	检查光伏发电站各条集电线路所使用的线缆采购合同和线缆试验报告、到货验收记录、产品合格证等，并记录型号规格和详细参数	9 分
3	光伏组件	检查光伏发电站光伏组件的采购合同、到货验收记录、产品合格证、光伏组件型式试验报告等，并记录组件类型/数量、型号规格和详细参数	8 分
4	主变压器	检查光伏发电站主变压器的采购合同、到货验收记录、产品合格证、设备使用手册、调试投运报告、设备运行记录、变压器试验报告等	9 分
5	单元变压器	检查光伏发电站各单元变压器的采购合同、到货验收记录、产品合格证、设备使用手册、调试投运报告、设备运行记录、变压器试验报告等	10 分
6	光伏逆变器	检查光伏发电站各型号光伏逆变器的采购合同、到货验收记录、产品合格证、设备使用手册、调试投运报告、设备运行记录、逆变器试验报告等；逆变器试验报告至少应包括逆变器型式实验报告、逆变器并网性能检测报告、逆变器模型参数测试报告等，报告应由具有国家级检测资质的第三方实验室提供。应在逆变器厂家的配合下，对光伏发电站所使用的每种型号逆变器至少随机抽取一台，进行逆变器软件和硬件核查，并对光伏逆变器整体外观、箱体内部、关键元器件和铭牌进行拍照留存。应记录的光伏逆变器软件版本号至少应包括总控 DSP 软件、监控软件、DCDC DSP 软件、DCAC DSP 软件等。应对光伏逆变器板件序列号进行记录，至少应包括主控 PCB 板件、监控 PCB 板件、键盘 PCB 板件、辅助电源 PCB 板件、DCDC 驱动 PCB 板件、逆变驱动 PCB 板件、信号转接 PCB 板件、内部信号转接 PCB 板件、系统并联信号 PCB 板件等。应对方便观察到的逆变器关键元器件进行现场检查并记录器件型号，应检查的元器件至少应包括功率器件、直流断路器、直流接触器、交流接触器、交流断路器、交流熔断器、直流电容、交流电容、滤波电容、滤波电抗、电流互感器、直流电流霍尔元件等	10 分
7	开关柜	检查光伏发电站开关柜的采购合同、到货验收记录、产品合格证、设备使用手册、调试投运报告、设备运行记录等	8 分
8	无功补偿装置	检查光伏发电站无功补偿装置的采购合同、到货验收记录、产品合格证、设备使用手册、调试投运报告、设备运行记录、无功补偿装置参数测试报告等	9 分
9	AGC 系统	检查光伏发电站 AGC 系统的采购合同、到货验收记录、产品合格证、设备使用手册、调试投运报告、设备运行记录、AGC 系统联调报告等	8 分
10	AVC 系统	检查光伏发电站 AVC 系统的采购合同、到货验收记录、产品合格证、设备使用手册、调试投运报告、设备运行记录、AVC 系统联调报告等	8 分
11	综合保护装置	检查光伏发电站综合保护装置的采购合同、到货验收记录、产品合格证、设备使用手册、调试投运报告、设备运行记录、保护定值等	9 分
12	故障录波装置	检查光伏发电站故障录波装置的采购合同、到货验收记录、产品合格证、设备使用手册、调试投运报告、设备运行记录等	10 分
13		平均分	8.83 分

4.2.3 一致性核查

光伏发电站并网性能认证过程中，一致性核查是通过相关技术手段核查现场用光伏逆变器和型式试验光伏逆变器并网性能的一致性。本案例采用半实物仿真的方法实现一致性核查。

4.2.3.1 半实物建模

1. 光伏阵列建模

（1）100kW 光伏阵列模型。按照案例中光伏发电站逆变器实际功率的规模，仿真平台中光伏阵列最大输出功率为 500kW，由 5 个最大输出功率 100kW 的光伏阵列并联组成，100kW 光伏阵列由 3 个光伏模拟组件串串联组成，其中每个光伏模拟组件串的最大功率为 33440.7W。标准环境下每个光伏模拟组件串的参数为 $U_m = 217.6V$，$I_m = 153.68A$，$U_{oc} = 265.67V$，$I_{sc} = 167.29A$，$R_{ref} = 1000W/m^2$，$T_{ref} = 25℃$，$T_a = 28℃$，$t_c = 0.006$，$\alpha = 0.02$，$\beta = 0.7$，$R_s = 2\Omega$。

根据均匀光照下光伏阵列仿真模型，可以得出 100kW 光伏阵列在不同光照强度下输出的功率电压曲线，如图 4-37 所示。其中，光照强度 $R = 100W/m^2$、$R = 300W/m^2$、$R = 600W/m^2$ 和 $R = 1000W/m^2$ 时，最大功率点分别为 A（534.74V，8.22kW）、B（562.91V，25.98kW）、C（603.00V，55.59kW）、D（652.9V，100.32kW），图 4-37 中所示的虚线为光

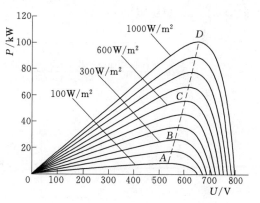

图 4-37 100kW 光伏阵列不同光伏强度下 P-U 曲线

伏阵列的最大功率点跟踪的理论轨迹，光伏阵列输出电压必须始终跟踪该理论轨迹的横坐标，即光伏阵列最大功率点的参考电压，才能确保光伏阵列始终输出在当前光照强度及环境温度下的最大功率。

（2）500kW 光伏阵列模型。5 个 100kW 光伏阵列并联形成 500kW 光伏阵列模型。所建立模型中，5 个并联模型的曲线完全一致，未考虑 100kW 光伏阵列光照不均匀导致输出曲线多峰的情况。

均匀光照下，5 个光伏阵列并联运行，得到不同光照强度下输出的功率电压曲线，其中，光照强度 $R = 100W/m^2$、$R = 300W/m^2$、$R = 600W/m^2$ 和 $R = 1000W/m^2$ 时，最大功率点分别为 A（534.74V，41.08kW）、B（562.91V，129.74kW）、C（603.00V，277.96kW）、D（652.9V，501.59kW），图 4-38 中所示的虚线为光伏阵列的最大功率点跟踪的理论轨迹。

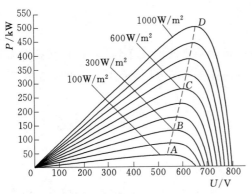

图 4-38　500kW 光伏阵列不同
光伏强度下 $P\text{-}U$ 曲线

2. 电压跌落发生装置建模

按照 3.3.5 节所述的设计方案及电抗器参数，通过 RT-LAB 仿真软件，搭建电压跌落发生装置 RT-LAB 仿真模型，如图 4-39 所示，SM 子系统模型图如图 4-40 所示，各电气元件介绍如下：①电网模型，三相电网电压为 35kV，内阻为 2.5Ω；②电压跌落发生器器模型，电压跌落发生器模型采用 3.3.5 节设计的新型拓扑结构，组合电抗器参数在 3.3.5 节中已介绍，展开模型如图 4-41 所示；③变压器模型，变压器采用 Y/Y 型，变比为

35kV：315V，短路阻抗为 5%。

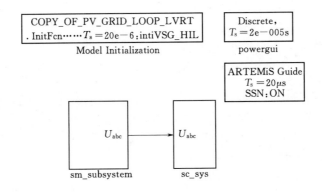

图 4-39　电压跌落发生器 RT-LAB 仿真模型

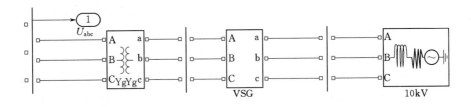

图 4-40　SM 子系统模型图

模型搭建完成后，首先对模型进行离线仿真，无任何报错后开始对电压跌落发生器模型进行编译，并下载至目标机，进行该装置的空载电压跌落。以三相电压对称跌落至 $0\%U_\text{n}$、$20\%U_\text{n}$、$40\%U_\text{n}$、$60\%U_\text{n}$、$80\%U_\text{n}$、$90\%U_\text{n}$ 和 B 相电压跌落至 $0\%U_\text{n}$、$20\%U_\text{n}$、$40\%U_\text{n}$、$60\%U_\text{n}$、$80\%U_\text{n}$、$90\%U_\text{n}$ 共 12 个跌落点为例进行仿真验证。为方便描述，仿真图中采用标幺值表示，基准线电压为 315V。

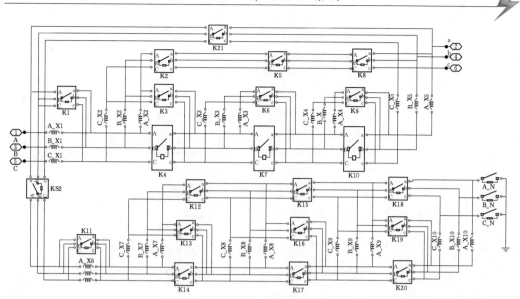

图 4-41 电压跌落发生器展开模型

（1）三相电压对称跌落至 0 时，三相电压瞬时值和有效值波形图如图 4-42 和图 4-43所示。可以看出，实际跌落过程中电压幅值为 0.1%U_n。

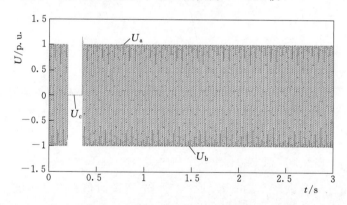

图 4-42 电压对称跌落至 0 时电压瞬时值波形图

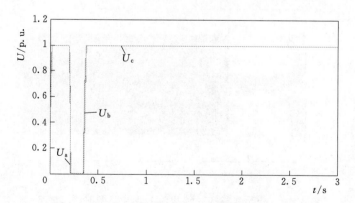

图 4-43 电压对称跌落至 0 时电压有效值波形图

三相电压对称跌落至 0 时，跌落瞬间电压瞬时值波形图如图 4 - 44 所示。可以看出，电压跌落瞬间的动态响应良好，经 2ms 进入稳态值。

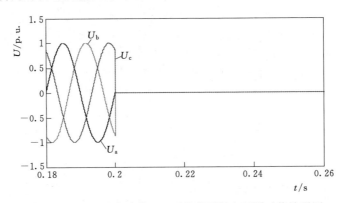

图 4 - 44　电压对称跌落至 0 时跌落瞬间电压瞬时值波形图

三相电压对称跌落至 0 时，恢复瞬间电压瞬时值波形图如图 4 - 45 所示。可以看出，电压恢复瞬间动态响应良好，经 8ms 进入稳态值。

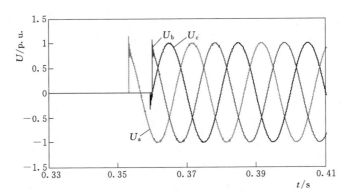

图 4 - 45　电压对称跌落至 0 时恢复瞬间电压瞬时值波形图

（2）三相电压对称跌落至 $20\%U_n$ 时，三相电压瞬时值和有效值波形图如图 4 - 46 和图 4 - 47 所示。可以看出，跌落过程中电压幅值为 $20\%U_n$，三相电压幅值稳定。

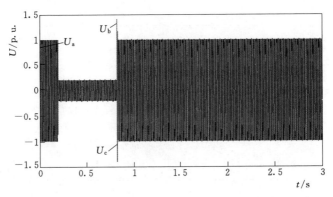

图 4 - 46　电压对称跌落至 $20\%U_n$ 时电压瞬时值波形图

三相电压对称跌落至 $20\%U_n$ 时跌落瞬间电压瞬时值波形图如图 4-48 所示。可以看出，电压跌落瞬间的动态响应良好，经 2ms 进入稳态值。

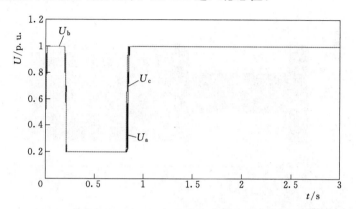

图 4-47 电压对称跌落至 $20\%U_n$ 时电压有效值波形图

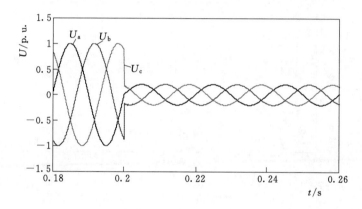

图 4-48 电压对称跌落至 $20\%U_n$ 时跌落瞬间电压瞬时值波形图

三相电压对称跌落至 $20\%U_n$ 时恢复瞬间电压瞬时值波形图如图 4-49 所示。可以看出，电压恢复瞬间有超调，但是很快进入稳态，动态调节时间约 8ms。

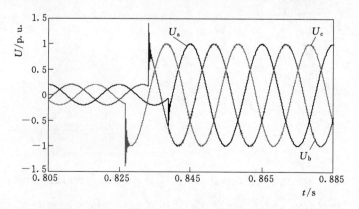

图 4-49 电压对称跌落至 $20\%U_n$ 时恢复瞬间电压瞬时值波形图

（3）三相电压对称跌落至 $40\%U_n$ 时三相电压瞬时值和有效值波形图如图 4-50、图 4-51 所示。可以看出，跌落过程中电压幅值为 $40\%U_n$，三相电压幅值稳定。

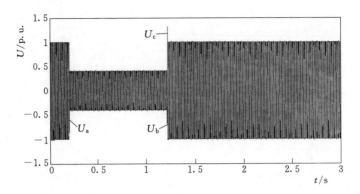

图 4-50　电压对称跌落至 $40\%U_n$ 时电压瞬时值波形图

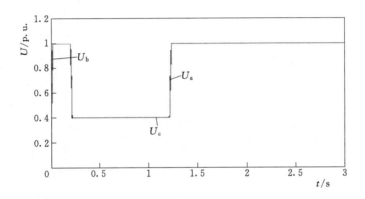

图 4-51　电压对称跌落至 $40\%U_n$ 时电压有效值波形图

三相电压对称跌落至 $40\%U_n$ 时跌落瞬间电压瞬时值波形图如图 4-52 所示。可以看出，电压跌落瞬间的动态响应良好，经 2ms 进入稳态值。

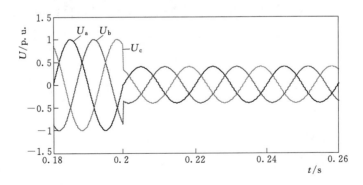

图 4-52　电压对称跌落至 $40\%U_n$ 时跌落瞬间电压瞬时值波形图

三相电压对称跌落至 $40\%U_n$ 时恢复瞬间电压瞬时值波形图如图 4-53 所示。可以看出，电压恢复瞬间存在超调，但响应非常快，经 8ms 进入稳态值。

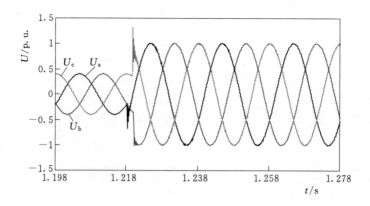

图 4-53 电压对称跌落至 40%U_n 时恢复瞬间电压瞬时值波形图

（4）三相电压对称跌落至 60%U_n 时三相电压瞬时值和有效值波形图如图 4-54、图 4-55 所示。可以看出，跌落过程中电压幅值为 60%U_n，三相电压幅值稳定。

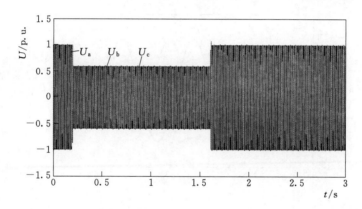

图 4-54 电压对称跌落至 60%U_n 时电压瞬时值波形图

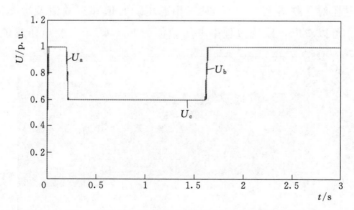

图 4-55 电压对称跌落至 60%U_n 时电压有效值波形图

三相电压对称跌落至 60%U_n 时，跌落瞬间电压瞬时值波形图如图 4-56 所示。可以看出，电压跌落瞬间的动态响应良好，经 2ms 进入稳态值。

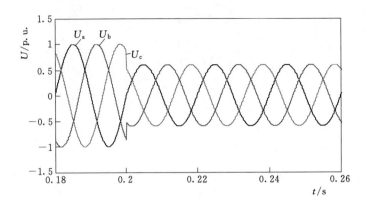

图 4-56　电压对称跌落至 $60\%U_n$ 时跌落瞬间电压瞬时值波形图

三相电压对称跌落至 $60\%U_n$ 时恢复瞬间电压瞬时值波形图如图 4-57 所示。可以看出电压恢复瞬间存在超调，但响应非常快，经 8ms 进入稳态值。

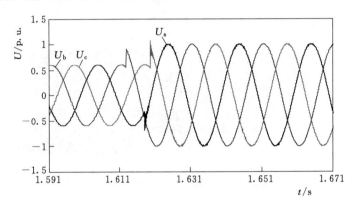

图 4-57　电压对称跌落至 $60\%U_n$ 时恢复瞬间电压瞬时值波形图

（5）三相电压对称跌落至 $80\%U_n$ 时三相电压瞬时值和有效值波形图如图 4-58 和图 4-59 所示。可以看出，跌落过程中电压幅值为 $80\%U_n$，三相电压幅值稳定。

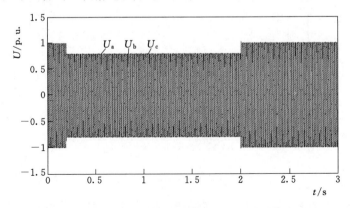

图 4-58　电压对称跌落至 $80\%U_n$ 时电压瞬时值波形图

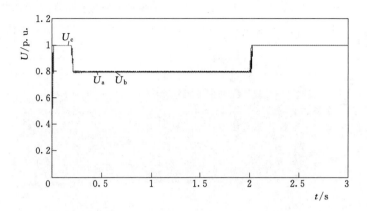

图 4-59 电压对称跌落至 $80\%U_n$ 时电压有效值波形图

电压对称跌落至 $80\%U_n$ 时跌落瞬间电压瞬时值波形如图 4-60 所示。跌落瞬间动态响应良好，经 2ms 进入稳态。

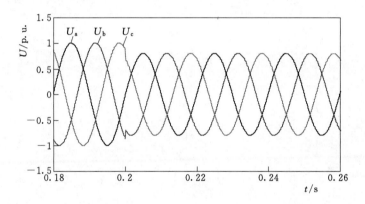

图 4-60 电压对称跌落至 $80\%U_n$ 时跌落瞬间电压瞬时值波形图

三相电压对称跌落至 $80\%U_n$ 时恢复瞬间电压瞬时值波形图如图 4-61 所示。电压恢复瞬间存在超调，但响应非常快，经 10ms 进入稳态值。

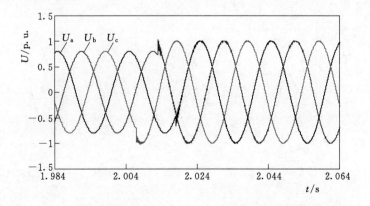

图 4-61 电压对称跌落至 $80\%U_n$ 时恢复瞬间电压瞬时值波形图

（6）三相电压对称跌落至 $90\%U_n$ 时三相电压瞬时值和有效值波形图如图 4-62 和图 4-63 所示。可以看出，跌落过程中电压幅值为 $90\%U_n$，三相电压幅值稳定。

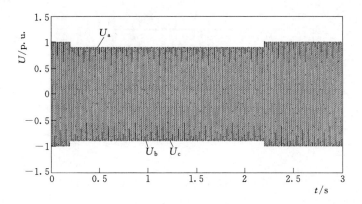

图 4-62　电压对称跌落至 $90\%U_n$ 时电压瞬时值波形图

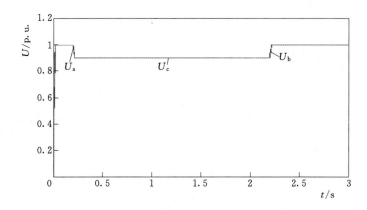

图 4-63　电压对称跌落至 $90\%U_n$ 时电压有效值波形图

三相电压对称跌落至 $90\%U_n$ 时跌落瞬间电压瞬时值波形图如图 4-64 所示。电压跌落瞬间的动态响应良好，经 2ms 进入稳态值。

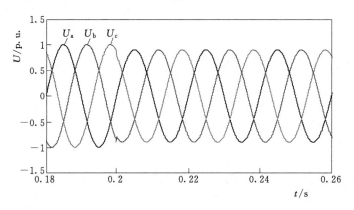

图 4-64　电压对称跌落至 $90\%U_n$ 时跌落瞬间电压瞬时值波形图

电压对称跌落至 $90\%U_n$ 时恢复瞬间电压瞬时值波形如图 4-65 所示。电压动态响应良好，经 5ms 进入稳态。

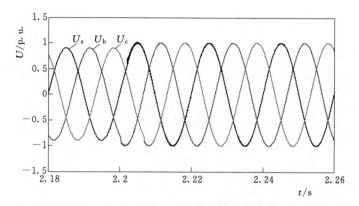

图 4-65 电压对称跌落至 $90\%U_n$ 时恢复瞬间电压瞬时值波形图

（7）B 相电压跌落至 0 时三相电压瞬时值和有效值波形图如图 4-66 和图 4-67 所示。可以看出，跌落过程中 B 相电压幅值为 0，其他两相电压幅值不受影响。

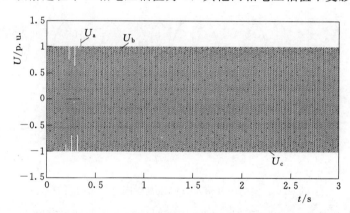

图 4-66 B 相电压跌落至 0 时电压瞬时值波形图

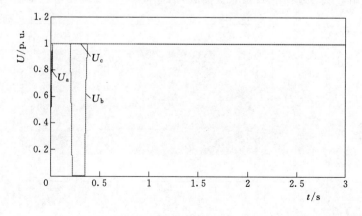

图 4-67 B 相电压跌落至 0 时电压有效值波形图

B 相电压跌落至 0 时跌落瞬间电压瞬时值波形图如图 4-68 所示，电压跌落瞬间 B 相动态响应良好，其他相不受影响，B 相经 2ms 进入稳态值。

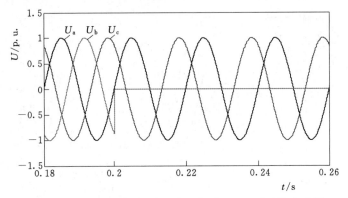

图 4-68　B 相电压跌落至 0 时跌落瞬间电压瞬时值波形图

B 相电压跌落至 0 时恢复瞬间电压瞬时值波形图如图 4-69 所示，电压恢复瞬间动态响应良好，经 5ms 进入稳态值。

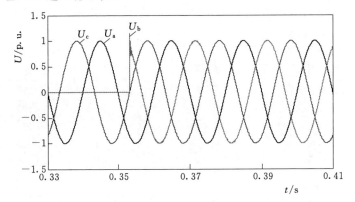

图 4-69　B 相电压跌落至 0 时恢复瞬间电压瞬时值波形图

（8）B 相电压跌落至 $20\%U_n$ 时三相电压瞬时值和有效值波形图如图 4-70 和图 4-71 所示。可以看出，跌落过程中 B 相电压幅值为 $20\%U_n$，其他两相电压幅值不受影响。

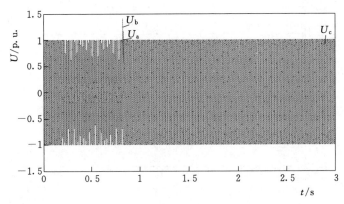

图 4-70　B 相电压跌落至 $20\%U_n$ 时电压瞬时值波形图

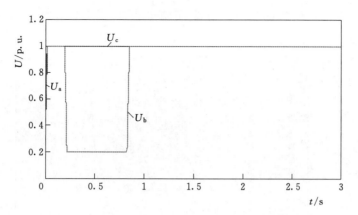

图 4-71　B相电压跌落至 20%U_n 时电压有效值波形图

B相电压跌落至 20%U_n 时跌落瞬间电压瞬时值波形图如图 4-72 所示，电压跌落瞬间 B相动态响应良好，其他相不受影响，B相经 2ms 进入稳态值。

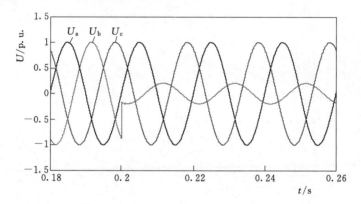

图 4-72　B相电压跌落至 20%U_n 时跌落瞬间电压瞬时值波形图

B相电压跌落至 20%U_n 时恢复瞬间电压瞬时值波形图如图 4-73 所示，B相电压恢复瞬间存在超调，但响应非常快，经 5ms 进入稳态值。

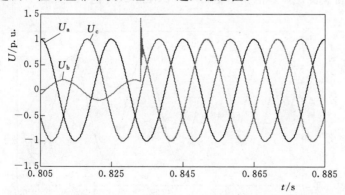

图 4-73　B相电压跌落至 20%U_n 时恢复瞬间电压瞬时值波形图

（9）B相电压跌落至 40%U_n 时三相电压瞬时值和有效值波形图如图 4-74、图 4-

75 所示，可以看出，跌落过程中 B 相电压幅值为 40%U_n，其他两相电压幅值不受影响。

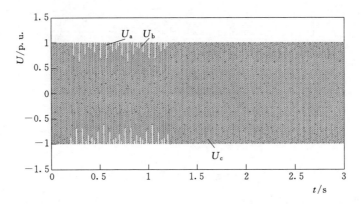

图 4-74　B 相电压跌落至 40%U_n 时电压瞬时值波形图

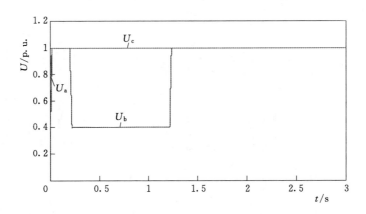

图 4-75　B 相电压跌落至 40%U_n 时电压有效值波形图

B 相电压跌落至 40%U_n 时跌落瞬间电压瞬时值波形图如图 4-76 所示，电压跌落瞬间 B 相动态响应良好，其他相不受影响，B 相经 2ms 进入稳态值。

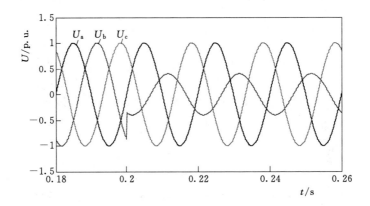

图 4-76　B 相电压跌落至 40%U_n 时跌落瞬间电压瞬时值波形图

B相电压跌落至40%U_n时恢复瞬间电压瞬时值波形图如图4-77所示，B相电压恢复瞬间动态响应良好，经4ms进入稳态值。

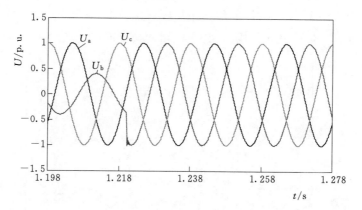

图4-77 B相电压跌落至40%U_n时恢复瞬间电压瞬时值波形图

（10）B相电压跌落至60%U_n时三相电压瞬时值和有效值波形图如图4-78和图4-79所示，可以看出，跌落过程中B相电压幅值为60%U_n，其他两相电压幅值不受影响。

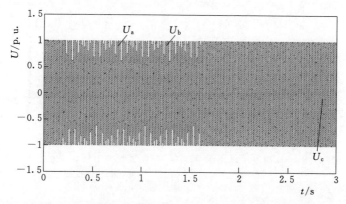

图4-78 B相电压跌落至60%U_n时电压瞬时值波形图

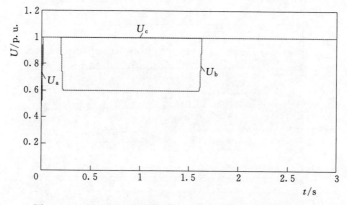

图4-79 B相电压跌落至60%U_n时电压有效值波形图

B相电压跌落至 $60\%U_n$ 时跌落瞬间电压瞬时值波形图如图 4-80 所示，电压跌落瞬间 B 相动态响应良好，其他相不受影响，B 相经 2ms 进入稳态值。

B相电压跌落至 $60\%U_n$ 时恢复瞬间电压瞬时值波形图如图 4-81 所示，B 相电压恢复瞬间存在超调，但响应非常快，经 10ms 进入稳态值。

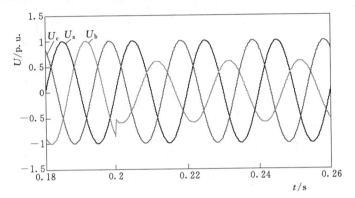

图 4-80　B 相电压跌落至 $60\%U_n$ 时跌落瞬间电压瞬时值波形图

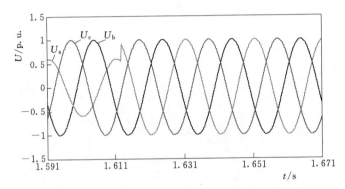

图 4-81　B 相电压跌落至 $60\%U_n$ 时恢复瞬间电压瞬时值波形图

（11）B相电压跌落至 $80\%U_n$ 时三相电压瞬时值和有效值波形图如图 4-82 和图 4-83 所示，可以看出，跌落过程中 B 相电压幅值为 $80\%U_n$，其他两相电压幅值不受影响。

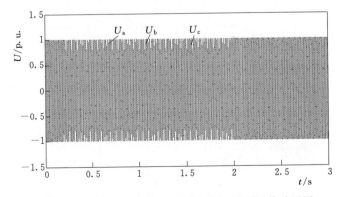

图 4-82　B 相电压跌落至 $80\%U_n$ 时电压瞬时值波形图

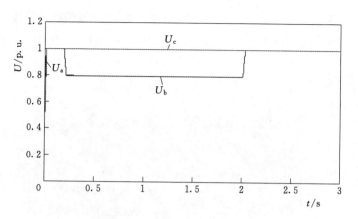

图 4-83　B 相电压跌落至 80%U_n 时电压有效值波形图

B 相电压跌落至 80%U_n 时跌落瞬间电压瞬时值波形图如图 4-84 所示，电压跌落瞬间 B 相动态响应良好，其他相不受影响，B 相经 2ms 进入稳态值。

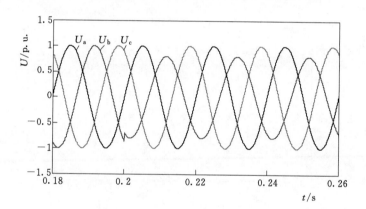

图 4-84　B 相电压跌落至 80%U_n 时跌落瞬间电压瞬时值波形图

B 相电压跌落至 80%U_n 时恢复瞬间电压瞬时值波形图如图 4-85 所示，B 相电压恢复瞬间存在超调，但响应非常快，经 10ms 进入稳态值。

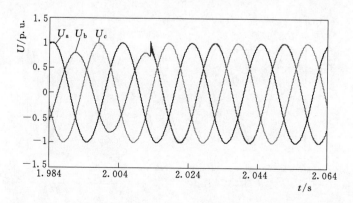

图 4-85　B 相电压跌落至 80%U_n 时恢复瞬间电压瞬时值波形图

（12）B 相电压跌落至 90%U_n 时三相电压瞬时值和有效值波形图如图 4 - 86 和图 4 - 87所示，可以看出，跌落过程中 B 相电压幅值为 90%U_n，其他两相电压幅值不受影响。

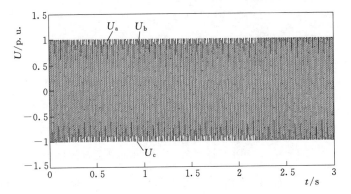

图 4 - 86　B 相电压跌落至 90%U_n 时电压瞬时值波形图

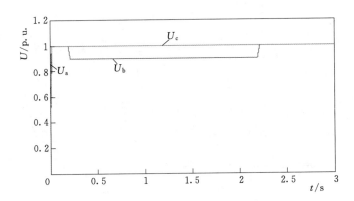

图 4 - 87　B 相电压跌落至 90%U_n 时电压有效值波形图

B 相电压跌落至 90%U_n 时跌落瞬间电压瞬时值波形图如图 4 - 88 所示，电压跌落瞬间 B 相动态响应良好，其他相不受影响，B 相经 2ms 进入稳态值。

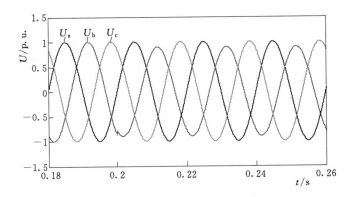

图 4 - 88　B 相电压跌落至 90%U_n 时跌落瞬间电压瞬时值波形图

B 相电压跌落至额定电压 $90\%U_{\text{n}}$ 时恢复瞬间电压瞬时值波形图如图 4-89 所示，B 相电压恢复瞬间响应非常快，经 2ms 进入稳态值。

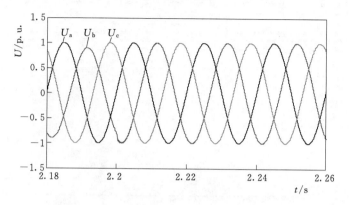

图 4-89　B 相电压跌落至 $90\%U_{\text{n}}$ 时恢复瞬间电压瞬时值波形图

3. 电网适应性检测装置建模

按照 3.3.6 节所述的设计方案，通过 RT-LAB 仿真软件，搭建电网适应性检测装置 RT-LAB 仿真模型，验证电网适应性检测装置空载运行性能。

电网适应性检测装置参数为：三相电网额定电压为 325V，等效内阻为 0.004Ω，内部感抗与内部阻抗比值为 8。

（1）频率适应性测试模型空载验证。频率适应性测试步骤如下：

1）在并网点标称电压条件下，调节电网模拟装置，使得母线频率从额定值分别阶跃至 49.55Hz、50.15Hz 和 49.55～50.15Hz 之间的任意值保持至少 20min 后恢复到额定值。记录光伏逆变器运行时间或脱网跳闸时间。

2）在并网点标称电压条件下，调节电网模拟装置，使得母线频率从额定值分别阶跃至 48.05Hz、49.45Hz 和 48.05～49.45Hz 之间的任意值保持 10min 后恢复到额定值。记录光伏逆变器运行时间或脱网跳闸时间。

3）在并网点标称电压条件下，调节电网模拟装置，使得母线频率从额定值分别阶跃至 50.25Hz、50.45Hz 和 50.25～50.45Hz 之间的任意值保持 2min 后恢复到额定值。记录光伏逆变器运行时间或脱网跳闸时间。

4）在并网点标称电压条件下，调节电网模拟装置，使得母线频率从额定值分别阶跃至 50.55Hz，记录光伏逆变器的脱网跳闸时间。

因此，依据上述步骤验证电网适应性检测装置频率变化时的模型性能。测试时，为消除锁相环对频率测量精度的影响，采用过零点锁相的方式对频率进行计算。模型利用 RT-LAB 在线调整参数的功能，可以任意时刻改变电网电压频率，如图 4-90 所示。

1）设定频率为 48.05Hz。初始状态下电网电压为 50Hz，0.3s 时电网电压突变为 48.05Hz，电网 A 相电压波形图如图 4-91 所示，电压频率在 20ms 内能够达到设定值。

2）设定频率为 49.00Hz。初始状态下电网电压为 50Hz，0.3s 时电网电压突变为

变量　　　　　　　值(＊表示当前值未应用)　　　应用/放弃改变　　　立刻应用改变

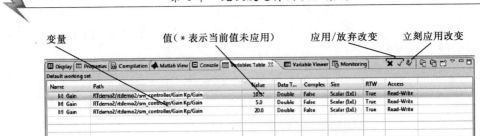

图 4 - 90　RT - LAB 频率在线调整

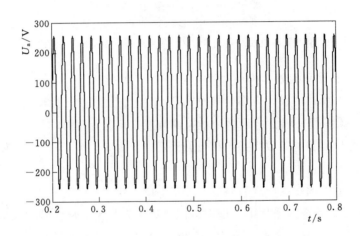

图 4 - 91　频率突变为 48.05Hz 时 A 相电压波形图

49.00Hz，电网 A 相电压波形图如图 4 - 92 所示，电压频率在 20ms 内能够达到设定值。

　　3）设定频率为 49.45Hz。初始状态下电网电压为 50Hz，0.3s 时电网电压突变为 49.45Hz，电网 A 相电压波形图如图 4 - 93 所示，电压频率在 20ms 内能够达到设定值。

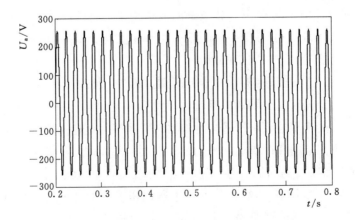

图 4 - 92　频率突变为 49.00Hz 时 A 相电压波形图

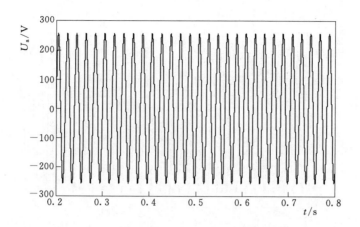

图 4-93　频率突变为 49.45Hz 时 A 相电压波形图

4）设定频率为 49.55Hz。初始状态下电网电压为 50Hz，0.3s 时电网电压突变为 49.00Hz，电网 A 相电压波形图如图 4-94 所示，电压频率在 20ms 内能够达到设定值。

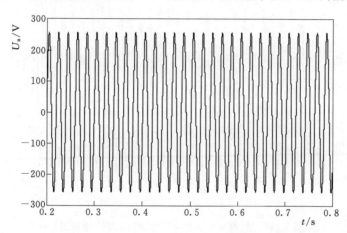

图 4-94　频率突变为 49.55Hz 时 A 相电压波形图

5）设定频率为 49.85Hz。初始状态下电网电压为 50Hz，0.3s 时电网电压突变为 49.85Hz，电网 A 相电压波形图如图 4-95 所示，电压频率在 20ms 内能够达到设定值。

6）设定频率为 50.15Hz。初始状态下电网电压为 50Hz，0.3s 时电网电压突变为 50.15Hz，电网 A 相电压波形图如图 4-96 所示，电压频率在 20ms 内能够达到设定值。

7）设定频率为 50.25Hz。初始状态下电网电压为 50Hz，0.3s 时电网电压突变为 50.25Hz，电网 A 相电压波形图如图 4-97 所示，电压频率在 20ms 内能够达到设定值。

8）设定频率为 50.30Hz。初始状态下电网电压为 50Hz，0.3s 时电网电压突变为 49.00Hz，电网 A 相电压波形图如图 4-98 所示，电压频率在 20ms 内能够达到设定值。

9）设定频率为 50.45Hz。初始状态下电网电压为 50Hz，0.3s 时电网电压突变为

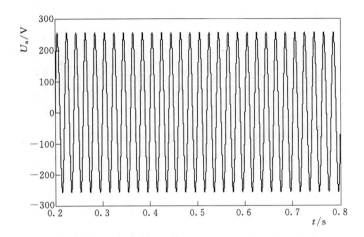

图 4-95　频率突变为 49.85Hz 时 A 相电压波形图

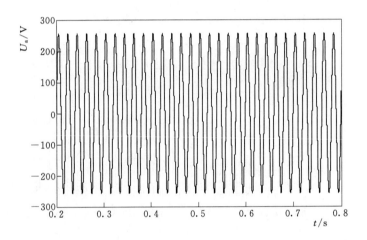

图 4-96　频率突变为 50.15Hz 时 A 相电压波形图

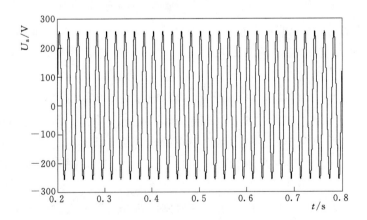

图 4-97　频率突变为 50.25Hz 时 A 相电压波形图

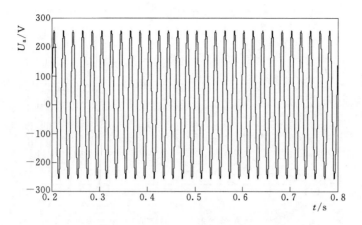

图 4 - 98　频率突变为 50.30Hz 时 A 相电压波形图

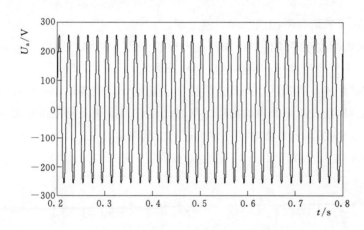

图 4 - 99　频率突变为 50.45Hz 时 A 相电压波形图

49.00Hz，电网 A 相电压波形图如图 4 - 99 所示，电压频率在 20ms 内能够达到设定值。

10）设定频率为 50.55Hz。初始状态下电网电压为 50Hz，0.3s 时电网电压突变为 50.55Hz，电网 A 相电压波形图如图 4 - 100 所示，电压频率在 20ms 内能够达到设定值。

（2）电压适应性测试模型空载验证。电压适应性测试步骤如下：

1）调节电网模拟装置，使得并网点电压从额定值分别阶跃至 91%U_n、109%U_n 和 (91%～109%)U_n 之间的任意值保持至少 20s 后恢复到额定值。记录光伏逆变器运行时间或脱网跳闸时间。

2）在并网点标称频率条件下，调节电网模拟装置，使得母线电压从额定值分别阶跃至 111%U_n、119%U_n 和 (111%～119%)U_n 之间的任意值保持 10s 后恢复到额定值。记录光伏逆变器运行时间或脱网跳闸时间。

3）在并网点标称频率条件下，调节电网模拟装置，使得母线电压从额定值分别阶

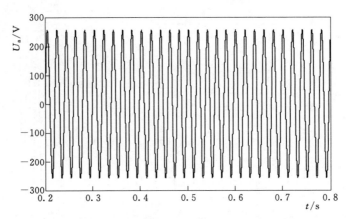

图 4-100　频率突变为 50.55Hz 时 A 相电压波形图

跃至 121%U_n、129%U_n 和（121%～129%）U_n 之间的任意值保持 0.5s 后恢复到额定值。记录光伏逆变器运行时间或脱网跳闸时间。

4）在并网点标称频率条件下，调节电网模拟装置，使得母线电压从额定值阶跃至 130%U_n，记录光伏逆变器运行时间或脱网跳闸时间。

因此，依据上述步骤验证电网适应性检测装置电压幅值变化时模型性能。测试时模型利用 RT-LAB 在线调整参数的功能，可以任意时刻改变电网电压幅值。假定电网电压额定值为 U_n，按照测试步骤对以下各点进行空载测试。

1）设定电网电压为 91%U_n 时三相电压有效值如图 4-101 所示。

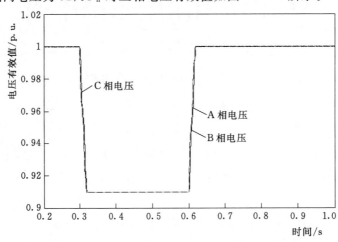

图 4-101　电压设定为 91%U_n 时三相电压有效值

2）设定电网电压为 95%U_n 时三相电压有效值如图 4-102 所示。

3）设定电网电压为 109%U_n 时三相电压有效值如图 4-103 所示。

4）设定电网电压为 111%U_n 时三相电压有效值如图 4-104 所示。

5）设定电网电压为 115%U_n 时三相电压有效值如图 4-105 所示。

6）设定电网电压为 119%U_n 时三相电压有效值如图 4-106 所示。

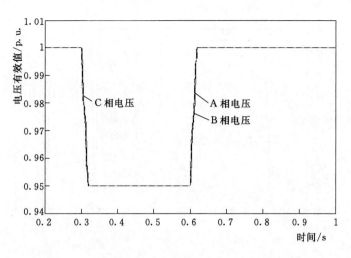

图 4-102 电压设定为 95%U_n 时三相电压有效值

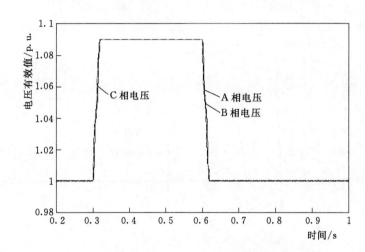

图 4-103 电压设定为 109%U_n 时三相电压有效值

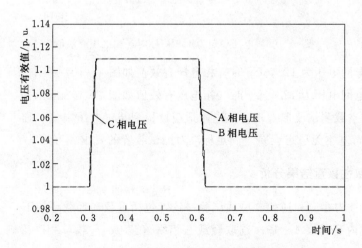

图 4-104 电压设定为 111%U_n 时三相电压有效值

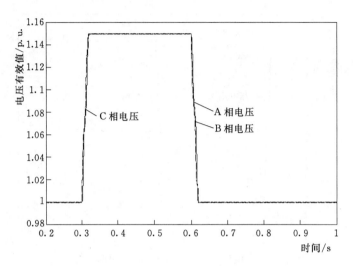

图 4 - 105　电压设定为 115％U_n 时三相电压有效值

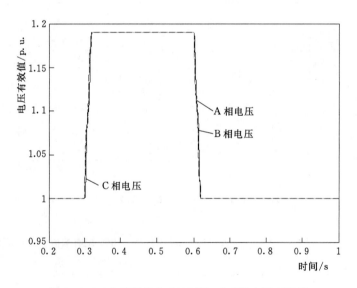

图 4 - 106　电压设定为 119％U_n 时三相电压有效值

7）设定电网电压为 121％U_n 时三相电压有效值如图 4 - 107 所示。

8）设定电网电压为 125％U_n 时三相电压有效值如图 4 - 108 所示。

通过上述空载测试波形发现，该电网适应性检测装置电压幅值、频率变化响应速度在 20ms 以内，基本无稳态误差，满足标准对测试装置的要求。

4.2.3.2　一致性核查结果分析

一致性核查内容应和逆变器型式试验一致，包括重载和轻载环境下，三相跌落和单相跌落，核查内容见表 4 - 19。选取轻载三相跌落到 0、重载单相跌落到 20％U_n 进行分析。

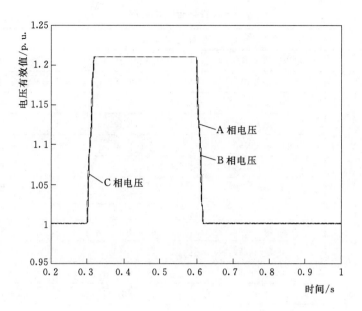

图 4-107 电压设定为 121%U_n 时三相电压有效值

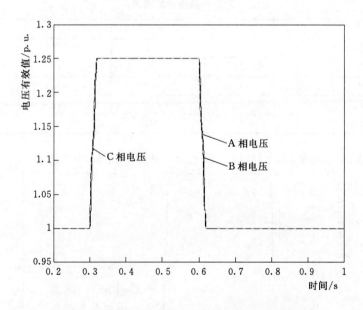

图 4-108 电压设定为 125%U_n 时三相电压有效值

1. 工况一：$0.1P_n \leqslant P \leqslant 0.3P_n$，三相跌落，跌落到 0

有功功率 P 符合 $0.1P_n \leqslant P \leqslant 0.3P_n$，逆变器交流侧三相电压对称跌落至 $0 \sim$ 0.10p.u.，持续 0.15s，两套光伏逆变器关键部件仿真与测试数据对比如图 4-111 所示，偏差计算结果见表 4-20。由此得出本工况一致性核查结论：偏差计算结果在允许值范围内，满足一致性核查要求。

表 4－19　　　　　　　　　　　　　　一致性核查测试内容

交 流 侧 扰 动 试 验			
功率范围	电压跌落范围/p. u.	电压跌落持续时间/s	用　途
$P \geqslant 0.7P_n$	0～0.10	0.15	一致性核查
	0.20～0.30	0.60	一致性核查
	0.50～0.60	1.40	一致性核查
	0.80～0.90	1.80	一致性核查
	1.10～1.15	3	一致性核查
	1.25～1.30	0.5	一致性核查
$0.1P_n \leqslant P \leqslant 0.3P_n$	0～0.10	0.15	一致性核查
	0.20～0.30	0.60	一致性核查
	0.50～0.60	1.40	一致性核查
	0.80～0.90	1.80	一致性核查
	1.10～1.15	3	一致性核查
	1.25～1.30	0.5	一致性核查

表 4－20　　　　　　　　　　　　　　工况一偏差计算结果

电 气 参 数	F_1	F_2	F_3	F_G
$\Delta U_S/U_n$	0.000	0.017	0.001	0.006
$\Delta I/I_n$	0.041	0.040	0.043	0.025
$\Delta I_q/I_n$	0.041	0.042	0.042	0.027
$\Delta P/P_n$	0.001	0.013	0.011	0.001
$\Delta Q/P_n$	0.006	0.004	0.034	0.003

9）设定电网电压为 $129\%U_n$ 时三相电压有效值如图 4－109 所示。

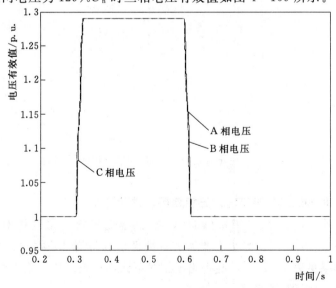

图 4－109　电压设定为 $129\%U_n$ 时三相电压有效值

10）设定电网电压为 $130\%U_n$ 时三相电压有效值如图 4-110 所示。

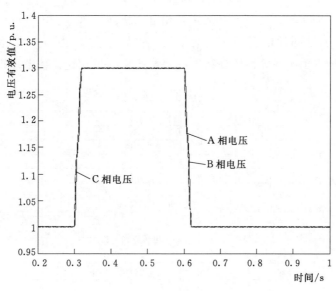

图 4-110 电压设定为 $130\%U_n$ 时三相电压有效值

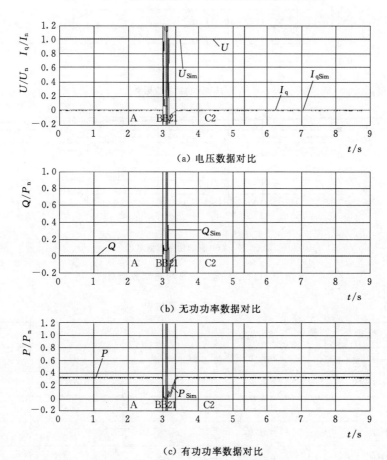

（a）电压数据对比

（b）无功功率数据对比

（c）有功功率数据对比

图 4-111 工况一仿真与测试数据对比

2. 工况二：$P \geqslant 0.8P_n$，B相跌落，跌落到 20%U_n

有功功率 $P \geqslant 0.8P_n$，逆变器交流侧B相电压跌落至 0.20～0.30p.u.，持续 0.60s，两套光伏逆变器关键部件仿真与测试数据对比如图 4-112 所示，偏差计算结果见表 4-21。由此得出本工况一致性核查结论：偏差计算结果在允许值范围内，满足一致性核查要求。

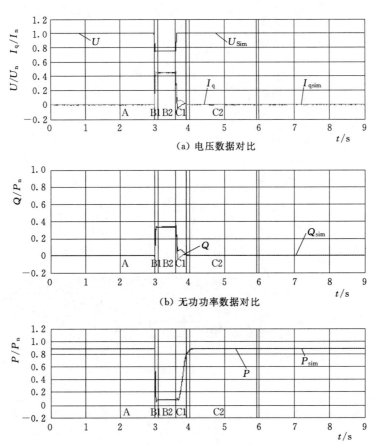

（a）电压数据对比

（b）无功功率数据对比

（c）有功功率数据对比

图 4-112　工况二仿真与测试数据对比

表 4-21　　　　　　　　　　　　工况二偏差计算结果

电气参数	F_1	F_2	F_3	F_G
$\Delta U_S/U_n$	0.001	0.006	0.036	0.001
$\Delta I/I_n$	0.006	0.014	0.021	0.005
$\Delta I_q/I_n$	0.006	0.048	0.008	0.006
$\Delta P/P_n$	0.001	0.009	0.020	0.001
$\Delta Q/P_n$	0.005	0.048	0.008	0.005

4.2.4 现场测试

4.2.4.1 测试方案

光伏发电站并网性能认证过程中，现场测试应包括光伏发电站电能质量、有功功率变化及控制能力检测、无功功率输出特性及控制能力检测。本案例中的光伏发电站通过110kV电压等级接入电网，其测试项目并网性能指标应满足标准 GB/T 19964—2012，测试仪器包括波形记录仪和电能质量分析仪。

1. 电能质量

电能质量检测是通过电能质量检测装置对光伏发电站并网点各项参数进行连续测量，在光伏发电站正常运行的方式下，使电能质量分析仪连续测量至少三天（每天具备一个完整的辐照周期）。该发电站的电能质量检测点应设在其并网点处，电能质量检测装置连接在光伏发电站并网点电压传感器 TV、电流互感器 TA 端，电能质量检测接线示意图如图 4-113 所示。测试参数应至少包括电压、电流、电压偏差、三相电压/电流不平衡度、电流谐波（2~50 次）、电流畸变率、电压/电流间谐波（2~39 次）、闪变（1min）、功率因数。设置 10s 计算一个有效值。

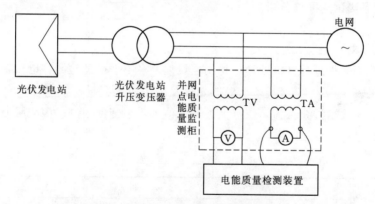

图 4-113 电能质量检测接线示意图

2. 有功功率变化及控制能力检测

（1）有功功率变化检测方法。对光伏发电站并网点长时间监测，得到各种工况下的有功功率数据，通过计算得到有功功率变化率。按照标准 GB/T 19964—2012 计算有功功率 1min 和 10min 变化最大值。

（2）有功功率控制能力检测方法。为满足连续平滑调节的能力，选择特定功率进行验证。参照图 2-17 的设定曲线控制光伏发电站有功功率，在光伏发电站并网点连续测量和记录整个检测过程的有功功率，对实测有功功率进行拟合，计算出有功功率调节精度和响应时间。P_0 为辐照度大于 400W/m^2 时被测光伏发电站的有功功率值。

3. 无功功率输出特性及控制能力检测

无功功率输出特性检测方法如下：

（1）在正常运行功率 P_0 时，按步长调节光伏发电站输出的感性/容性无功功率至光伏发电站感性/容性无功功率限值。

（2）在（0～100）％ P_0 范围内，以每 20％ 的有功功率区间为一个功率段，按步长调节光伏发电站输出的感性/容性无功功率至光伏发电站感性/容性无功功率限值。

（3）以有功功率为横坐标，无功功率为纵坐标，绘制无功功率输出特性曲线。

无功功率控制能力检测方法如下：

（1）设定被测光伏发电站输出有功功率稳定至 50％ P_0，保证光伏发电站集中无功补偿装置在运行状态。

（2）不限制光伏发电站的无功功率变化，设定 Q_L 和 Q_C 为光伏发电站无功功率输出跳变限值。Q_L 和 Q_C 为与调度部门协商确定的感性无功功率阶跃允许值和容性无功功率阶跃允许值。

（3）按照图 2-23 设定曲线控制光伏发电站的无功功率，在光伏发电站出口侧连续测量无功功率，记录实测曲线。

（4）计算无功功率调节精度和响应时间。

需要注意的是，测试过程中应确保集中无功补偿装置处于正常运行状态。

4.2.4.2　现场测试结果与分析

1. 电能质量

通过对检测数据进行分析处理，得到电压偏差、不平衡度检测、电流谐波检测、闪变检测结果见表 4-22～表 4-25。根据光伏发电站协议容量、共用变容量以及最小短路容量计算出各次谐波允许值，依据谐波允许值、不平衡度限制、闪变限制判断电能质量指标是否满足标准要求。

表 4-22　　　　　　　　　　　　　电 压 偏 差 结 果

项目	功 率 区 间								
	(0～10%)P_n	(10%～20%)P_n	(20%～30%)P_n	(30%～40%)P_n	(40%～50%)P_n	(50%～60%)P_n	(60%～70%)P_n	(70%～80%)P_n	(80%～90%)P_n	(90%～100%)P_n
AB 线电压偏差/%	6.08	6.60	7.19	7.18	7.03	7.03	6.47	7.32	—	—
BC 线电压偏差/%	5.63	6.18	6.67	6.70	6.44	6.44	5.95	6.67	—	—
CA 线电压偏差/%	5.33	5.90	6.43	6.46	6.22	6.22	5.74	6.54	—	—

表 4-23　　　　　　　　　　　　　不 平 衡 度 检 测 结 果

三相电压不平衡度									
项目	功 率 区 间								
	(0～10%)P_n	(10%～20%)P_n	(20%～30%)P_n	(30%～40%)P_n	(40%～50%)P_n	(50%～60%)P_n	(60%～70%)P_n	(70%～80%)P_n	(80%～90%)P_n	(90%～100%)P_n
95% 大值	0.87	0.84	0.96	1.03	1.00	1.17	1.05	1.11	—	—
实测最大值	1.02	0.85	0.97	1.05	1.01	1.18	1.06	1.22	—	—

项目	三相电流不平衡度 功率 区 间									
	$(0\sim10\%)P_n$	$(10\%\sim20\%)P_n$	$(20\%\sim30\%)P_n$	$(30\%\sim40\%)P_n$	$(40\%\sim50\%)P_n$	$(50\%\sim60\%)P_n$	$(60\%\sim70\%)P_n$	$(70\%\sim80\%)P_n$	$(80\%\sim90\%)P_n$	$(90\%\sim100\%)P_n$
95%大值	1.23	1.12	0.78	0.59	0.49	0.43	0.31	0.22	—	—
实测最大值	1.24	1.15	0.79	0.60	0.51	0.44	0.32	0.24	—	—

表 4-24　　　　　电流谐波检测结果（C相电流谐波子群有效值）　　　　单位：A

谐波次数	功率 区 间							
	$(0\sim10\%)P_n$	$(10\%\sim20\%)P_n$	$(20\%\sim30\%)P_n$	$(30\%\sim40\%)P_n$	$(40\%\sim50\%)P_n$	$(50\%\sim60\%)P_n$	$(60\%\sim70\%)P_n$	$(70\%\sim80\%)P_n$
1	8.2237	13.6888	28.3689	35.1436	43.4508	52.8312	60.5742	72.3667
2	0.0202	0.0166	0.0309	0.0287	0.0282	0.0358	0.0389	0.0300
3	0.0363	0.0369	0.0401	0.0742	0.0701	0.0423	0.0685	0.0637
4	0.0236	0.0288	0.0302	0.0295	0.0318	0.0177	0.0094	0.0129
5	0.3813	0.4086	0.4715	0.5058	0.5780	0.5789	0.5604	0.5874
6	0.0036	0.0046	0.0100	0.0057	0.0112	0.0094	0.0099	0.0114
7	0.2483	0.2585	0.2787	0.3213	0.3739	0.4350	0.3496	0.4672
8	0.0109	0.0116	0.0123	0.0140	0.0125	0.0137	0.0097	0.0094
9	0.0159	0.0237	0.0315	0.0367	0.0421	0.0421	0.0338	0.0379
10	0.0103	0.0111	0.0142	0.0107	0.0129	0.0091	0.0124	0.0069
11	0.0595	0.0469	0.0982	0.1142	0.1317	0.1573	0.1655	0.1887
12	0.0015	0.0022	0.0022	0.0022	0.0020	0.0023	0.0023	0.0025
13	0.0473	0.0074	0.0925	0.0942	0.0986	0.0938	0.1020	0.1010
14	0.0034	0.0032	0.0046	0.0018	0.0024	0.0009	0.0021	0.0027
15	0.0099	0.0059	0.0105	0.0146	0.0120	0.0076	0.0084	0.0152
16	0.0055	0.0044	0.0059	0.0046	0.0051	0.0037	0.0022	0.0033
17	0.0285	0.0482	0.1209	0.1141	0.1011	0.0767	0.0810	0.0769
18	0.0013	0.0012	0.0025	0.0013	0.0013	0.0013	0.0014	0.0013
19	0.0365	0.0106	0.0865	0.0848	0.0861	0.0698	0.0705	0.0564
20	0.0017	0.0013	0.0048	0.0017	0.0032	0.0011	0.0020	0.0037
21	0.0024	0.0044	0.0075	0.0092	0.0109	0.0081	0.0116	0.0071
22	0.0029	0.0023	0.0057	0.0031	0.0044	0.0030	0.0041	0.0031
23	0.0427	0.0260	0.0424	0.0576	0.0587	0.0393	0.0413	0.0554
24	0.0009	0.0007	0.0018	0.0009	0.0012	0.0014	0.0012	0.0015
25	0.0130	0.0075	0.0312	0.0492	0.0504	0.0486	0.0468	0.0455

表 4 - 25　　　　　　　　　　　　闪 变 检 测 结 果

	A 相电压								
测量次数	功 率 区 间								
	$(0\sim10\%)P_n$	$(10\%\sim20\%)P_n$	$(20\%\sim30\%)P_n$	$(30\%\sim40\%)P_n$	$(40\%\sim50\%)P_n$	$(50\%\sim60\%)P_n$	$(60\%\sim70\%)P_n$	$(70\%\sim80\%)P_n$	$(80\%\sim90\%)P_n$	$(90\%\sim100\%)P_n$
1	0.187	0.077	0.076	0.069	0.471	0.057	0.061	0.057	—	

	B 相电压								
测量次数	功 率 区 间								
	$(0\sim10\%)P_n$	$(10\%\sim20\%)P_n$	$(20\%\sim30\%)P_n$	$(30\%\sim40\%)P_n$	$(40\%\sim50\%)P_n$	$(50\%\sim60\%)P_n$	$(60\%\sim70\%)P_n$	$(70\%\sim80\%)P_n$	$(80\%\sim90\%)P_n$	$(90\%\sim100\%)P_n$
1	0.185	0.081	0.081	0.072	0.521	0.062	0.065	0.060	—	

	C 相电压								
测量次数	功 率 区 间								
	$(0\sim10\%)P_n$	$(10\%\sim20\%)P_n$	$(20\%\sim30\%)P_n$	$(30\%\sim40\%)P_n$	$(40\%\sim50\%)P_n$	$(50\%\sim60\%)P_n$	$(60\%\sim70\%)P_n$	$(70\%\sim80\%)P_n$	$(80\%\sim90\%)P_n$	$(90\%\sim100\%)P_n$
1	0.188	0.082	0.082	0.072	0.515	0.060	0.066	0.058	—	

2. 有功/无功特性

（1）有功功率变化。有功功率变化检测结果见表 4 - 26，测试当天光伏发电站最大发电功率为 17.51MW，发电率为 87.55%。1min 最大功率变化为 1.85MW，变化满足标准要求。

表 4 - 26　　　　　　　　　　有功功率变化检测结果

检测项目	数值/MW	检测项目	数值/MW
最大功率	17.51	1min 最大功率变化	1.85

（2）有功功率控制能力。有功功率控制能力检测结果见表 4 - 27，表明光伏发电站有功功率可连续调节，最大误差为 1.31%，响应时间最长为 9s。有功功率控制能力实测拟合曲线图如图 4 - 114 所示。检测结果表明光伏发电站有功功率控制能力满足要求。P_0 为被测光伏发电站的有功功率值。

表 4 - 27　　　　　　　　　　有功功率控制能力检测结果

有功功率设定值/kW	有功功率实测值/kW	调节精度/%	响应时间/s
$P_0=13000$	13097	—	—
80% $P_0=10400$	10491	0.88	9
60% $P_0=7800$	7842	0.54	5
40% $P_0=5200$	5179	0.40	4
20% $P_0=2600$	2566	1.31	9

（3）无功功率输出特性。感性无功功率输出数据见表 4 - 28，表明光伏发电站在各有功功率段，感性最大输出无功达到 3.94Mvar，达到光伏发电站无功设计要求。容性

无功功率输出数据见表4-29，光伏发电站无功功率输出特性拟合曲线图如图4-115所示，最大达到4.58Mvar。

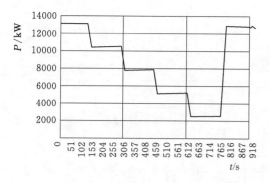

图4-114 有功功率控制能力实测拟合曲线图

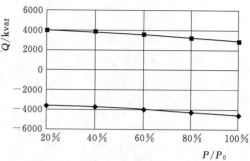

图4-115 无功功率输出特性拟合曲线图

表4-28 感性无功功率输出数据

有功功率设定值 /kW	无功功率实测 最大限值/kvar	并网点电压/V		
		A 相	B 相	C 相
$P_0=13994$	2924	68391	68369	68083
80% $P_0=10554$	3260	68536	68351	68093
60% $P_0=7974$	3554	68433	68233	68085
40% $P_0=5376$	3786	68042	68424	67808
20% $P_0=2653$	3940	67759	67766	68399

表4-29 容性无功功率输出数据

有功功率设定值 /kW	无功功率实测 最大限值/kvar	并网点电压/V		
		A 相	B 相	C 相
$P_0=12726$	−4582	67165	67000	66456
80% $P_0=10346$	−4282	66797	66764	66173
60% $P_0=7659$	−3989	66753	66639	66076
40% $P_0=5249$	−3754	67027	67085	66925
20% $P_0=2567$	−3600	66654	66688	66296

（4）无功功率控制能力。检测时有功功率为13.21MW，控制有功功率为50%P_0，无功功率输出特性检测结果见表4-30，调节误差最大值为4.17%，响应时间最大为2.53s。光伏发电站无功功率控制能力拟合曲线图如图4-116所示。

表 4-30　　　　　　　　　　　　　无功功率输出特性检测结果

有功功率 /kW	无功阶跃段	阶跃前无功功率 /kvar	阶跃设定无功功率 /kvar	阶跃后实测无功功率 /kvar	调节精度 /%	响应时间 /s
50% P_0=6605	第一次阶跃	38	−4000	−3863	3.43	0.42
	第二次阶跃	−3865	3500	3646	4.17	2.53
	第三次阶跃	3639	0	37	—	0.41

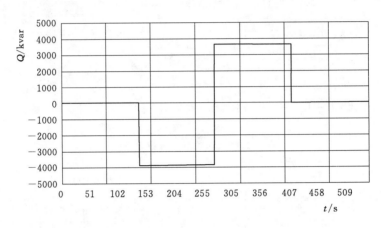

图 4-116　无功功率控制能力拟合曲线图

4.2.5　建模仿真及性能评估

通过一致性核查，可以认为光伏电站现场用光伏逆变器和型式试验光伏逆变器并网性能一致，本节将依据标准 GB/T 32892—2016、GB/T 32826—2016 以及 GB/T 19964—2012 对光伏发电站进行建模，并开展暂态性能分析，评估整站的并网性能。

4.2.5.1　光伏发电站建模

光伏发电站建模包括光伏逆变器单机模型及参数、箱式变压器参数、线缆模型以及整站模型。

1. 光伏逆变器单机模型及参数

光伏逆变器单机建模采用 DIgSILENT/Powerfactory 仿真软件的 15.1 版本，光伏模型结构采用 GB/T 32826—2016 的Ⅲ型模型。

按照 GB/T 32826—2016 Ⅲ型模型要求，光伏逆变器模型包括稳态运行控制模块、故障穿越及保护控制模块、输出电流计算等环节，控制示意图如图 4-117 所示。

（1）有功/无功控制环节。光伏逆变器有功/无功功率的详细控制框图如图 4-118 所示，有功控制环节实现最大功率跟踪或有功定值控制功能，其输出量为 I_{p_cmd}；无功控制环节实现无功定值控制功能，其输出量为 I_{q_cmd}，有功/无功功率控制环节的输出量 I_{p_cmd}、I_{q_cmd} 量作为故障及保护环节的输入量。

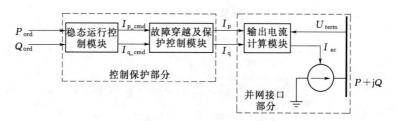

图 4-117 光伏逆变器Ⅲ型模型控制示意图

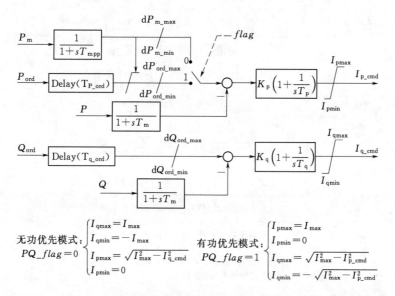

图 4-118 光伏逆变器有功/无功功率控制框图

（2）故障穿越控制及保护环节。故障穿越及保护控制模块描述逆变器在电网故障及恢复过程中的暂态特性，以及逆变器的过/欠压、过/欠频保护特性，框图如图 4-119 所示。

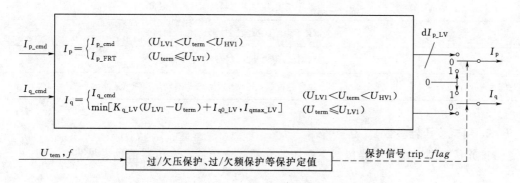

图 4-119 光伏逆变器故障穿越及保护控制框图

（3）光伏逆变器模型参数测试结果。该光伏发电站所用光伏逆变器模型参数测试结果见表 4-31，包括稳态运行控制模块、故障穿越及保护控制模块。

表 4 - 31　　　　　　　　　　　　　光伏逆变器模型参数测试结果

稳态运行控制模块

名　　称	描　　述	辨识结果
T_{mpp}/s	逆变器最大功率跟踪控制等效延时环节时间常数	0.04
T_{p_ord}/s	逆变器有功控制指令等效延时环节时间常数	1
$dP_{m\_max}/(p.u. \cdot s^{-1})$	逆变器最大功率跟踪斜率上限	10
$dP_{ord\_max}/(p.u. \cdot s^{-1})$	逆变器有功控制斜率上限	0.1
$dP_{ord\_min}/(p.u. \cdot s^{-1})$	逆变器有功控制斜率下限	−0.1
T_{q_ord}/s	逆变器无功控制指令等效延时环节时间常数	1
$dQ_{ord\_max}/(p.u. \cdot s^{-1})$	逆变器无功控制斜率上限	0.2
$dQ_{ord\_min}/(p.u. \cdot s^{-1})$	逆变器无功控制斜率下限	−0.2
K_p	逆变器有功控制环节的 PI 控制比例系数	0.10
T_p/s	逆变器有功控制环节的 PI 控制积分时间常数	0.02
K_q	逆变器无功控制环节的 PI 控制比例系数	0.10
T_q/s	逆变器无功控制环节的 PI 控制积分时间常数	0.02

故障穿越及保护控制模块

名　　称	描　　述	辨识结果
$U_{HV1}/p.u.$	逆变器进入高电压穿越控制的电压阈值	1.10
$U_{LV1}/p.u.$	逆变器进入低电压穿越控制的电压阈值	0.90
K_{q_LV}	逆变器低电压穿越控制无功电流支撑系数	1.6
$I_{qmax\_LV}/p.u.$	逆变器低/零电压穿越控制的无功电流限值	1.05
$I_{q0\_LV}/p.u.$	逆变器低/零电压穿越控制的无功电流初始值	0
$I_{max\_FRT}/p.u.$	逆变器低/零电压穿越控制的电流限值	1.05
$dI_{p\_LV}/(p.u. \cdot s^{-1})$	逆变器低/零电压穿越控制，电网电压恢复后有功电流恢复速率	10

2. 箱式变压器参数

该光伏电站所用变压器包括主变压器和箱式变压器，变压器信息表见表 4 - 32。

表 4 - 32　　　　　　　　　　　　变 压 器 信 息 表

变压器厂家	类型	型　　号	额定容量
×××有限公司	主变压器	SZ11 - 63000/110W	63MVA
×××有限公司	箱式变压器	ZGSB11 - H - 1250/37	1.25MVA

主表参数表见表 4-33，箱式变压器-双分裂变压器参数表见表 4-34。

表 4-33 **主 变 压 器 参 数 表**

额定容量/MVA	63	型 号	SZ11-63000/110W
电压组合高压/低压（kV）	115±8×1.25%/37kV	额定电流 高/低/A	316.3/983.1
调压方式	有载调压	接线方式（组别）	YN, d11
短路损耗/kW	—	阻抗电压/%	10.39
空载损耗/kW	33.455	中性点接地情况	不接地
空载电流/%	0.0893	中性点接地电抗	

表 4-34 **箱式变压器-双分裂变压器参数表**

额定容量/MVA	63	型 号	SZ11-63000/110W
电压组合高压/低压/kV	115±8×1.25%/37kV	额定电流 高/低/A	316.3/983.1
调压方式	有载调压	接线方式（组别）	YN, d11
短路损耗/kW	—	阻抗电压/%	10.39
空载损耗/kW	33.455	中性点接地情况	不接地
空载电流/%	0.0893	中性点接地电抗	—

3. 线缆模型

35kV 集电线路采用直埋电缆敷设，每 1MWp 电能从箱式变压器出线后经过电缆分接箱集中汇集至升压站 35kV 配电室，根据两回集电线路的实际连接情况，选用 ZRC-YJY23-26/35kV-3×70、ZRC-YJY23-26/35kV-3×95、ZRC-YJY23-26/35kV-3×120、ZRC-YJY23-26/35kV-3×185 四种电缆作为集电线路电缆。线缆参数表见表 4-35。

表 4-35 **线 缆 参 数 表**

序号	编号	路 径	长度/m	电缆型号
第 一 回 路				
1	35JD1-1	15 号箱式变压器-07 号箱式变压器	225	ZRC-YJY23-26/35kV-3×70
2	35JD1-2	09 号箱式变压器-08 号箱式变压器	95	ZRC-YJY23-26/35kV-3×70
3	35JD1-3	08 号箱式变压器-07 号箱式变压器	172	ZRC-YJY23-26/35kV-3×70
4	35JD1-4	07 号箱式变压器-06 号箱式变压器	143	ZRC-YJY23-26/35kV-3×70
5	35JD1-5	06 号箱式变压器-05 号箱式变压器	137	ZRC-YJY23-26/35kV-3×70
6	35JD1-6	05 号箱式变压器-04 号箱式变压器	126	ZRC-YJY23-26/35kV-3×95
7	35JD1-7	04 号箱式变压器-03 号箱式变压器	131	ZRC-YJY23-26/35kV-3×95
8	35JD1-8	03 号箱式变压器-02 号箱式变压器	168	ZRC-YJY23-26/35kV-3×95
9	35JD1-9	02 号箱式变压器-01 号箱式变压器	116	ZRC-YJY23-26/35kV-3×95
10	35JD1-10	01 号箱式变压器-升压站	252	ZRC-YJY23-26/35kV-3×120

续表

序号	编号	路　径	长度/m	电缆型号
第　二　回　路					

序号	编号	路　径	长度/m	电缆型号
11	35JD2－1	20 号箱式变压器－14 号箱式变压器	95	ZRC－YJY23－26/35kV－3×70
12	35JD2－2	14 号箱式变压器－19 号箱式变压器	110	ZRC－YJY23－26/35kV－3×70
13	35JD2－3	19 号箱式变压器－13 号箱式变压器	147	ZRC－YJY23－26/35kV－3×70
14	35JD2－4	13 号箱式变压器－18 号箱式变压器	63	ZRC－YJY23－26/35kV－3×70
15	35JD2－5	12 号箱式变压器－18 号箱式变压器	137	ZRC－YJY23－26/35kV－3×70
16	35JD2－6	12 号箱式变压器－17 号箱式变压器	90	ZRC－YJY23－26/35kV－3×95
17	35JD2－7	17 号箱式变压器－11 号箱式变压器	147	ZRC－YJY23－26/35kV－3×95
18	35JD2－8	11 号箱式变压器－16 号箱式变压器	63	ZRC－YJY23－26/35kV－3×95
19	35JD2－9	10 号箱式变压器－16 号箱式变压器	362	ZRC－YJY23－26/35kV－3×95
20	35JD2－10	16 号箱式变压器－升压站	1008	ZRC－YJY23－26/35kV－3×185

总　计			

序号	电　缆　型　号	长度/m	备注
1	ZRC－YJY23－26/35kV－3×70	1314	—
2	ZRC－YJY23－26/35kV－3×95	1203	—
3	ZRC－YJY23－26/35kV－3×120	252	—
4	ZRC－YJY23－26/35kV－3×185	1008	—

4. 光伏发电站整站模型

本案例中光伏电站建模采用 DIgSILENT/Powerfactory 仿真软件的 15.1 版本，光伏电站整站模型示意图如图 4－120 所示。输出功率为 $100\%P_n$ 状态下，光伏电站运行状态如图 4－121 所示。输出功率为 $20\%P_n$ 状态下，光伏电站运行状态如图 4－122 所示。

4.2.5.2　低电压穿越性能仿真分析

1. 短路故障设置

当光伏发电站内的每台光伏逆变器在 P_n 和 $20\%P_n$ 运行工况时，对光伏发电站进行仿真。

故障点应设置在并网点处，故障类型包括三相短路故障、两相短路故障和单相接地短路故障，光伏发电站并网点电压跌落规格见表 4－36。本节选取三相短路故障电压跌落至 0、两相短路故障电压跌落至 $2\%U_n$ 两种工况进行分析。

表 4－36　　　　　　　　　光伏发电站并网点电压跌落规格

规格	残压幅值/p.u.	故障持续时间/ms
1	0.80±0.05	1804
2	0.60±0.05	1410
3	0.40±0.05	1017
4	0.20±0.05	625
5	0~0.05	150

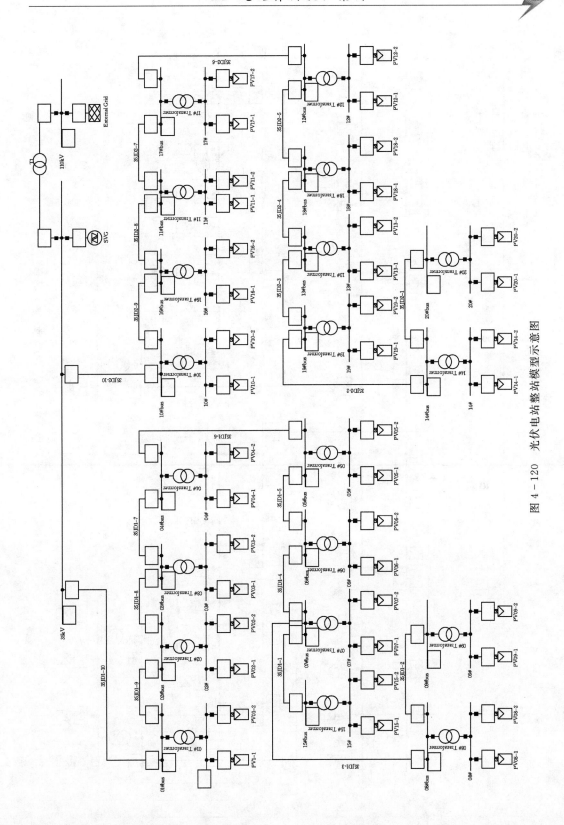

图 4-120 光伏电站整站模型示意图

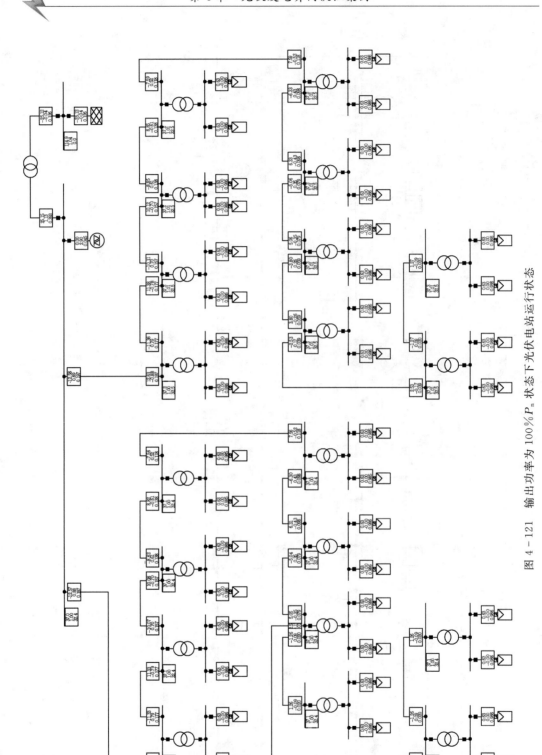

图 4 - 121 输出功率为 $100\%P_n$ 状态下光伏电站运行状态

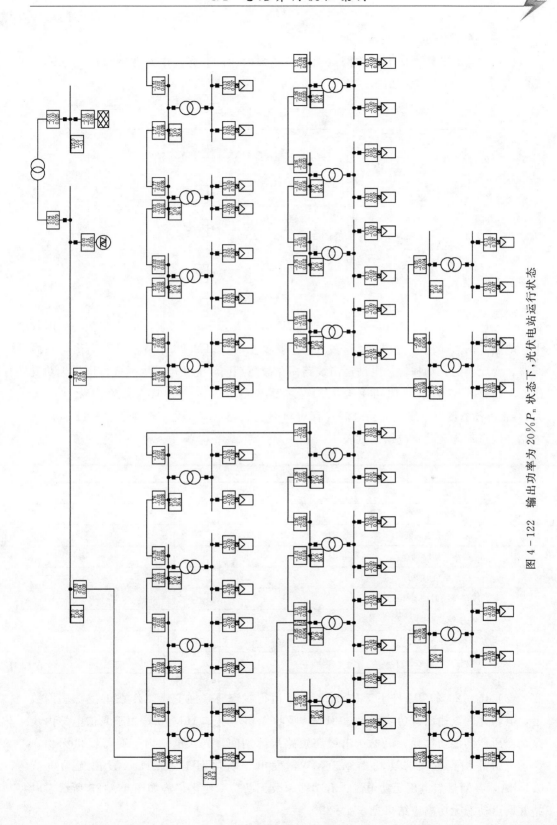

图 4 - 122　输出功率为 20%P_n 状态下，光伏电站运行状态

2. 三相短路故障电压跌落至 0

（1）空载测试。光伏电站并网点发生三相瞬时故障，光伏电站并网点电压跌落至 $5\%U_n$，并网点电压变化如图 4-123 所示。

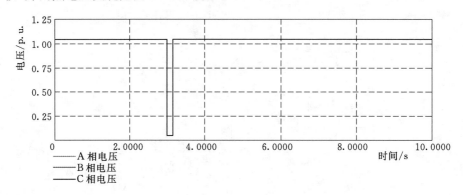

图 4-123　三相瞬时故障电压跌落至 $5\%U_n$

（2）$P_0 = 100\%P_n$ 条件下。$P_0 = 100\%P_n$ 运行状态下，逆变器工作在单位功率因数上，电站并网点输出有功功率 24.99MW，吸收无功功率 2.86Mvar，用于光伏电站内线路、变压器的无功损耗。电站送出线路短路故障期间，光伏电站内逆变器提供无功支撑，电站并网点输出有功功率 0.77MW，发出无功功率 1.27Mvar，发出无功电流 0.14kA，各测量点电压、无功电流、有功功率及无功功率变化趋势如图 4-124 所示。电站并网点动态无功响应结果见表 4-37。

表 4-37　　　　　　　　　电站并网点动态无功响应结果

测 试 指 标	仿真计算值	标准参考值
三相跌落深度/%	4.95	0~5
基波正序跌落深度/%	4.95	0~5
跌落开始时刻/s	3.00	—
跌落结束时刻/s	3.15	—
跌落持续时间 t_f/ms	155.00	≥150
功率恢复时间 t_r/s	0.67	—
平均功率恢复速率/($\%P_n \cdot t^{-1}$)	162	≥30
无功电流注入有效值/p.u.	1.27	≥1.05

（3）$P_0 = 20\%P_n$ 条件下。$P_0 = 20\%P_n$ 运行状态下，逆变器工作在单位功率因数上，电站并网点输出有功功率 5.00MW，吸收无功功率 0.16Mvar，用于光伏电站内线路、变压器的无功损耗。电站送出线路短路故障期间，光伏电站内逆变器提供无功支撑，电站并网点输出有功功率 0.56MW，发出无功功率 1.27Mvar，发出无功电流 0.14kA，各测量点电压无功电流、有功功率及无功功率变化趋势如图 4-125 所示。电站并网点动态无功响应结果见表 4-38。

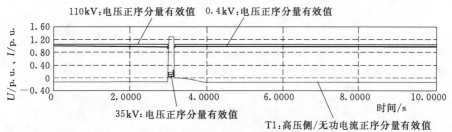

（a）电压及无功电流变化趋势

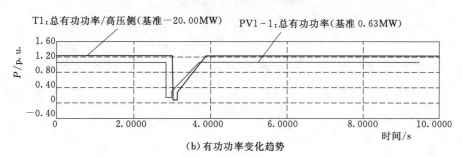

（b）有功功率变化趋势

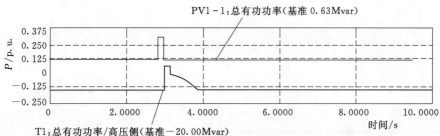

（c）无功功率变化趋势

图 4-124　各测量点电压、无功电流、有功功率及无功功率变化趋势

表 4-38　　　　　　　　　　　电站并网点动态无功响应结果

测　试　指　标	仿真计算值	标准参考值
三相跌落深度/%	4.95	0~5
基波正序跌落深度/%	4.95	0~5
跌落开始时刻/s	3.00	—
跌落结束时刻/s	3.15	—
跌落持续时间 t_f/ms	155.00	≥150
功率恢复时间 t_r/s	0.06	—
平均功率恢复速率/(%P_n·t^{-1})	164	≥30
无功电流注入有效值/p.u.	1.27	≥1.05

3. 单相接地短路故障电压跌落至 20%U_n

（1）空载测试。光伏电站并网点发生单相接地短路故障，光伏电站并网点电压跌落至 20%U_n，并网点电压变化如图 4-126 所示。

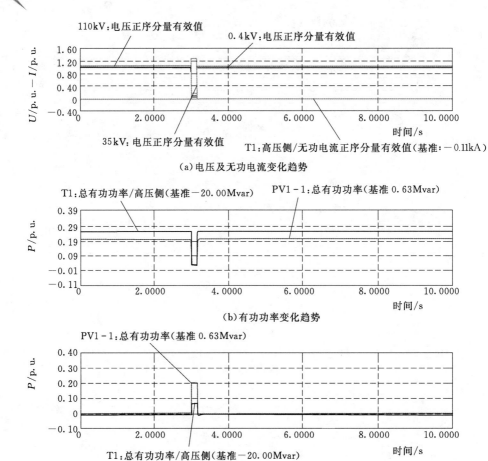

图 4-125　各测量点电压、无功电流、有功功率及无功功率变化趋势

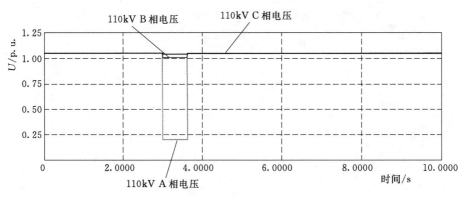

图 4-126　单相接地短路故障电压跌落至 $20\%U_{n}$，并网点电压变化

（2）$P_{0}=100\%P_{n}$ 条件下。$P_{0}=100\%P_{n}$ 运行状态下，逆变器工作在单位功率因数上，电站并网点输出有功功率 24.99MW，吸收无功功率 2.86Mvar，用于光伏电站内线路、变压器的无功损耗。电站送出线路短路故障期间，光伏电站内逆变器提供无功支撑，电站并网点输出有功功率 3.02MW，发出无功功率 4.14Mvar，发出无功电流

0.028kA，各测量点电压、无功电流、有功功率及无功功率变化趋势如图4-127所示。电站并网点动态无功响应结果见表4-39。

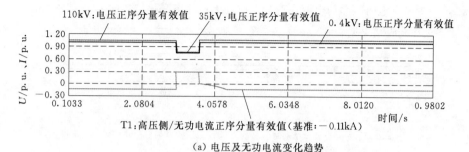

（a）电压及无功电流变化趋势

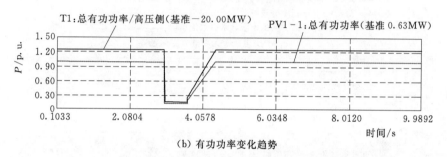

（b）有功功率变化趋势

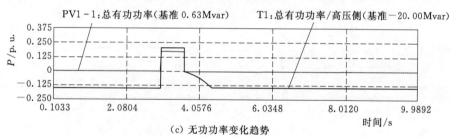

（c）无功功率变化趋势

图4-127　各测量点电压、无功电流、有功功率及无功功率变化趋势

表4-39　　　　　　　　　　电站并网点动态无功响应结果

测　试　指　标	仿真计算值	标准参考值
两相跌落深度/%	19.60	20±5
基波正序跌落深度/%	76.29	—
跌落开始时刻/s	3.00	—
跌落结束时刻/s	3.63	—
跌落持续时间 t_f/ms	630	≥625
功率恢复时间 t_r/s	0.73	—
平均功率恢复速率/(%P_n·t^{-1})	133	≥30
无功电流注入有效值/p.u.	0.26	≥0.14

（3）$P_0 = 20\%P_\mathrm{n}$ 条件下。$P_0 = 20\%P_\mathrm{n}$ 运行状态下，逆变器工作在单位功率因数上，电站并网点输出有功功率5.00MW，吸收无功功率0.16Mvar，用于光伏电站内线

路、变压器的无功损耗。电站送出线路短路故障期间，光伏电站内逆变器提供无功支撑，电站并网点输出有功功率 3.02MW，发出无功功率 4.14Mvar，发出无功电流 0.028kA，各测量点电压、无功电流、有功功率及无功功率变化趋势如图 4-128 所示。电站并网点动态无功响应结果见表 4-40。

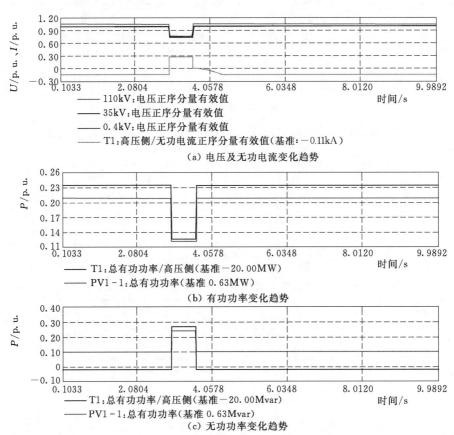

图 4-128　各测量点电压、无功电流、有功功率及无功功率变化趋势

表 4-40　　　　　　　　　　电站并网点动态无功响应结果

测　试　指　标	仿真计算值	标准参考值
两相跌落深度/%	19.60	20±5
基波正序跌落深度/%	76.29	—
跌落开始时刻/s	3.00	—
跌落结束时刻/s	3.63	—
跌落持续时间 t_f/ms	625.00	≥625
功率恢复时间 t_r/s	0.03	—
平均功率恢复速率/($\%P_n \cdot t^{-1}$)	246	≥30
无功电流注入有效值/p.u.	0.26	≥0.14

4.2.6 认证决定

依据 4.2.2～4.2.5 节的结论，该案例中光伏电站现场检查符合要求，一致性核查结果满足要求，现场测试结果满足 GB/T 19964—2012 相关条款要求，所建模型满足 GB/T 32892—2016、GB/T 32826—2016 的要求，性能评估满足 GB/T 19964—2012 相关条款技术要求，因此，该光伏电站所有审核内容均符合认证依据，认证机构根据《新能源发电并网认证实施规则》（见附录 A），可以向认证委托人颁发认证证书。

4.2.7 获证后监督

在光伏发电站并网认证证书有效期内，认证机构对该光伏电站每年至少开展一次监督审核，内容包括但不限于发电站的一次、二次设备运行情况、主要参数等。当出现特殊情况时，认证组织可对该光伏电站开展不定期监督。

第5章 展　　望

认证作为国际通行的规范经济、促进发展的重要手段，运用日益广泛，发展异常迅猛，它作为一种科学的质量控制手段和监督制度已被世界上许多国家采用，并取得了较好的社会效益和经济效益。在相关认证国际和区域合作组织、各国政府部门、企业组织的推动下，新的认证领域层出不穷；认证标准和法规不断推陈出新，促使认证工作以前所未有的速度实现了跨越式发展。但长期以来，国际认证标准和规则的制定一直由少数发达国家主导。我国认证工作开始于改革开放初期，起步相对较晚，经过近 40 年的探索和实践，积累了一定的经验，建立了与国际接轨的具有中国特色、科学高效的认证工作制度。在我国改革开放进程中发挥了不可替代的作用，有效保障了我国市场经济体制的逐步建立，既促进了我国产品的出口，又管控了进口产品的质量。随着我国改革开放的持续深入，"一带一路""中国制造 2025""能源转型""全球能源互联网建设"等战略举措的提出，对我国认证工作提出了更高的要求，促使光伏发电领域的认证工作也迎来前所未有的发展机遇。认证如何适应形势，提升认证技术水平，扩展认证领域，完善认证制度是当前乃至今后一段时间内急需解决的问题。

5.1　光伏发电认证发展现状与方向

5.1.1　目标与现状

2001 年中国国家认证认可监督管理委员会成立之初，提出了我国认证事业发展的"三步走"战略。目前，已基本完成"三步走"的第二步，成为认证大国，奠定了迈向认证强国行列的坚实基础。为实现建设认证认可强国的宏伟目标，要坚持创新发展的道路。《质检科技创新"十三五"规划》（以下简称《规划》）对认证科技创新工作进行了全面部署，规划的实施将成为认证事业发展的新动能。经过多年发展，认证技术已经成为国家科技创新体系的组成部分，为认证事业发展起到了支撑和引领作用。建设认证强国，是科技强国、质量强国的必然要求，必须放到国家大战略中去谋划和推进。

《规划》制定的认证技术发展目标是在智能制造、低碳、信息安全等新兴领域认证技术取得突破，"互联网＋"环境下基础通用认证技术体系基本构建，突破国际或区域领先的认证技术方案。为此，在规划中明确提出要分析研究国际认证技术发展趋势，开展国际认证前瞻性和战略性研究，积极参与国际认证新领域的技术研发与标准制修订。针对智能制造、服务、应对气候变化等热点领域建立 6 套国际或区域领先的认证技术整体解决方案，推动建立以我国为主导的认证技术标准和制度，为建立我国主导的认证区域组织提供支撑。认证科技创新工作在"十三五"期间要紧紧围绕认证强国建设，实现跨越式发展。

我国的认证制度体系主要包括两个方面：一是根据经济和社会发展的需要，建立了对产品、服务和管理体系的认证制度；二是采取了自愿性认证和强制性认证相结合的认证制度。光伏发电认证工作是随着近几年光伏行业大发展推动起来的，是推进"能源转型""全球能源互联网建设"的有力抓手。我国的光伏发电产品认证工作启动得相对较晚，我国光伏产品认证工作开始于 2004 年。到目前为止我国有能力开展光伏产品认证工作的有中国质量认证中心、北京鉴衡认证技术有限公司、中电赛普认证技术（北京）有限公司、广州赛宝认证中心服务有限公司等多家认证机构。开展光伏发电认证工作需要具备一定的基础条件，首先是行业要具有一定规模；其次需要具备产品和系统的基本标准；此外还需要具备相应的检测机构和检测手段。我国光伏认证能力起步阶段的建设，曾得到一些国际合作项目的支持，如发改委与世界银行全球环境基金合作的中国可再生能源发展项目等，有关管理部门对 CQC 和 CGC 在获取资质、光伏认证规则制定、签约实验室方面给予了很大支持。经过几年的工作，我国光伏认证工作已经逐渐步入正轨。

认证工作的开展对我国光伏发电产业的发展起到了关键的引领和指导作用。首先，认证提高和保证了光伏发电产品的质量。其次，认证对保护用户权益起到积极作用，认证是用户选择产品的重要参考，也保证了产品的可信度和可靠度。第三，认证促进了整个光伏发电产业的发展，督促行业自律，规范企业管理。第四，认证对光伏发电产品进入国际市场具有重要作用。如我国光伏产品进入欧盟市场，必须要通过欧盟标准（如BDEW 系列、VDE 系列、EN 系列标准等）的认证，进入美国市场要通过 UL 认证，甚至要满足美国各州提出的标准及认证要求。认证在贸易方面的作用需要认证活动本身的质量来保证。第五，认证不仅规范行业，还是常用的技术性贸易措施之一。我国产品进入国际市场要满足目标市场的认证标准，同样，国外光伏产品要进入我国市场，也应该满足我国的认证标准要求。

总体来说，从企业、政府和相关机构各方面的评价来看，我国光伏认证体系的建设工作处于良性发展的状态。相对于国外认证机构而言，我国光伏发电认证机构认证价格低、服务好，但由于我国光伏认证工作还处于起步阶段，认证技术水平有待进一步提升、认证模式有待进一步优化，认证制度有待进一步深化与完善。首先，认证标准急需进一步优化与完善。光伏发电是新兴产业，相关领域和环节的标准建立与完善需要一个过程，没有完善的覆盖全部光伏发电领域的标准会给相应的认证工作带来困难，造成无法可依的局面。现今认证机构采取自己制定的认证实施规则，通过在认监委备案的方式作为认证用标准，这只是在当前标准欠缺条件下的一种过渡性做法，可以暂时起到规范企业生产的作用。其次，在检测能力、检测手段方面急需扩充与完善。近年来，随着国家能源太阳能发电研发（实验）中心、国家太阳能光伏产品质量监督检验中心、许昌开普检测研究院股份有限公司等一批试验检测机构在光伏发电领域检测能力的建成，尤其是国家能源太阳能发电研发（实验）中心在光伏发电并网性能检测与评估领域的能力建成，使我国具备了国际先进的光伏发电检测能力，为光伏发电认证工作的开展奠定了基础。但是，随着光伏发电技术水平的提升，新的技术路线不断出现，产品功率等级不断提高，急需不断提升检测能力，完善检测手段，扩充检测资源。最后，认证机构尚需加强自身的认证能力建设。认证是个比较特殊的行业，我国认证机构需要做好认证服务工作，同时也要提高认证的权威性，创出自己的品牌，形成国际影响力，争取早日实现光伏认证结果的国际互认。

5.1.2　发展方向

光伏发电是快速发展的技术领域，新技术不断涌现，在产品层面，光伏认证要能增加覆盖范围，跟上技术和市场发展步伐。要大力扩展光伏发电领域的认证对象，向光伏的整个产业链上下游及其相关的应用领域扩展，保证整个光伏产业的健康发展。在产品认证方面，如光伏发电并网接口装置、光储一体机、能源路由器、储能变流器等都是急需开拓的产品认证对象；在电站及系统认证方面，如分布式光伏发电、各类微电网、储能系统及户用光伏发电等都是急需开拓的系统认证对象。我国光伏发电认证机构一方面需要加强与国际权威认证机构的交流联系，借鉴其成熟经验提升国内认证技术能力，完善认证体系制度，提高认证结果的国际采信度；另一方面需要深入开展光伏发电认证的技术创新工作，全面掌握核心技术，以技术创品牌，以品牌树形象。

随着"大数据""人工智能"等新技术的不断出现和快速发展，新应用领域和应用模式的不断扩展，将对认证技术带来巨大的挑战，或将迫使认证技术发生重大变革。新形势下信息技术的发展，不但决定了认证技术要向全样本、系统性、定量化方向发展，而且为之提供了变革的工具、实现的途径。《规划》的实施，将提升认证的供给质量，进一步加强认证制度供给和制度保障能力，有效应对世界经济发展格局变化为认证科技创新提出的新挑战，为构建"一带一路"互联互通机制提供强有力的技术支撑。认证科技创新重心要从传统的产品认证、体系认证、服务认证向系统认证拓展，从局部的产品质量领域向"大质量"领域拓展，从单一的合格评定服务向复合型的合格评定服务拓展。认证科技创新要精准发力，通过与支撑对象、服务对象的深度融合，帮助企业等组织加强管理和服务，提高产品质量水平、全要素生产率，为政府部门提供科学高效的政策工具，改善公共产品和服务供给，提高供给体系的质量和效率。

我国认证将采取市场和政府协同推进的发展模式。从认证发展的国际历程和趋势看，认证存在三种基本发展模式，即市场拉动发展模式、政府主导模式和市场政府协同推进发展模式。市场拉动发展模式主要在一些自由市场国家比较通行，如美国等国家，而正在由计划经济向市场经济转轨、进行工业化建设的国家则多采用政府主导的模式。在我国过去认证发展的过程中，为了适应社会经济转型以及经济增长方式转变的要求，政府主导模式是认证发展的一种主要模式。在今后一个时期内，由于我国科技、文化事业发展仍有巨大提升空间，农村经济基础相对薄弱，市场环境和诚信机制的不完善，微观主体的行为能力和法律意识相对淡薄，目前的机构设置和形成的工作格局不完善等，政府主导推动还会成为我国认证与标准化发展的重要力量。

协同推进模式作为市场拉动发展模式和政府主导模式的混合，比较适合有一定发展基础，市场力量逐步增强的国家，有利于充分发挥市场和政府推动认证发展的作用。随着我国市场经济的发展和经济结构调整的不断深入，根据我国现实经济发展和科技进步的具体情况，以及世界经济贸易特点和国际认证的发展趋势，市场机制和力量将在我国认证发展过程中发挥出越来越大的作用。这种市场和政府相结合、协同推进、动态调整的做法，将成为我国认证发展的一种目标模式。针对我国具体国情，可以对有些行业和领域采用政府主导推动模式，对有些行业或领域采用市场拉动发展模式。

在国际化方面未来将继续深化质量认证国际合作互认。一是构建光伏发电认证国际合作机制。加强政府间从业机构间多层次合作，推动认证机制政策沟通，标准协调，制度对接、技术合作和人才交流，加快光伏发电、绿色低碳等新领域互认进程。二是提高国内光伏发电检验检测认证市场开放度。积极引入国外先进认证标准、技术和服务，扩大国内短缺急需的光伏发电检验检测认证环节服务进口。三是加快我国光伏发电检验检测认证"走出去"步伐。鼓励支持国内检验检测认证机构拓展国际业务，推动检验检测认证与对外投融资项目、建设项目配套服务，助推我国企业"走出去"和国际产能合作。四是提升我国光伏发电认证国际影响力。积极参与和主动引领光伏发电认证国际标准、规则制定，向国际社会提供质量认证"中国方案"，培育具有国际影响力的中国认证品牌。加强国际化人才培养和输出，扩大在相关国际组织中的影响力。

5.2 认证工作建议

质量认证是国际通行、社会通用的质量管理手段和贸易便利化工具，是市场经济条件下加强质量管理、提高市场效率的基础性制度。其本质属性是"传递信任、服务发展"，向消费者、企业、政府、社会、国际传递信任，有效提高企业管理水平和产品、服务质量，保护消费者利益，促进贸易便利，服务经济社会发展，保护消费者利益，促进贸易便利，服务经济社会发展，可以形象地成为质量管理的"体检证"、市场经济的"信用证"、国际贸易的"通行证"。近年来，我国光伏发电等新能源得到了空前的发展，技术水平大幅提升，行业规模不断扩大。随着我国光伏发电领域的认证制度初步建立并在持续完善，行业机构蓬勃发展，国际交流合作不断深化，我国光伏发电认证事业也迎来了有利的发展条件。

首先，光伏发电认证的基本框架已经形成，具有一定的发展基础。依托我国以《产品质量法》《进出口商品检验法》《认证认可条例》和以相关产品标准与质量体系为骨干的法律法规体系和技术标准体系，以及国家部委发布的关于促进光伏发电产业发展的相关文件，形成了覆盖包括光伏发电电池组件、光伏发电平衡部件、光伏发电系统在内的光伏发电全环节认证制度布局体系；形成了包括认证机构、检测机构、监察机构、培训机构、咨询机构在内的相对完整、符合认证行业特点的组织机构体系；形成了一支相对独立的、市场化运作的光伏发电认证机构队伍，认证监督、管理和实施人员的能力、经验和素质不断提升。其次，行业认知逐渐深入统一，对认证工作的重视程度逐步提高。经过多年的发展和实践，光伏发电行业以及相关决策层意识到认证对于促进光伏行业发展和技术水平提升有着不可替代的作用，对于统一的认证制度、完整的认证工作体系、有效的认证工作机制、规范的认证市场的认识逐步深入并趋向一致。最后，认证工作国际交往进一步加强，获取先进经验的机会增多。随着全球化的发展以及全球能源转型的持续推进，光伏发电领域的认证交流日益频繁，我国学习世界先进认证经验和认证技术的机会增多，我国在国际认证领域的影响将逐步显现并不断增强。

　　尽管目前在光伏发电领域认证需求较为广阔且具有一定的发展基础和条件，但是今后的发展也将面临许多挑战和困难，如社会认知与应用程度不高、认证服务供给不足、认证评价活动亟需规范等问题。我国经济已由高速增长阶段转为高质量发展阶段，要坚持质量第一、效益优先，推动经济发展质量变革，以提高供给体系质量为主攻方面，显著增强我国经济质量优势，建设质量强国。我国经济转入高质量发展阶段后，市场化、国际化程度越来越高，质量认证所具有的市场化、国际化等突出特点，使得其作用越来越彰显。2017 年 9 月，中共中央、国务院印发《关于开展质量提升行动的指导意见》（以下简称《意见》），作出了实施质量强国战略、开展质量提升行动的总体部署，明确提出完善国家合格评定体系，夯实认证认可等国家质量基础设施。《意见》提出按照实施质量强国战略和质量提升行动总体部署，运用国际先进质量管理标准和方法，构建统一管理、共同实施、权威公信、通用互认的质量认证体系，促进行业发展和改革创新，强化全面质量管理，全面提高产品、工程和服务质量，显著增强我国经济质量优势，推动经济发展进入质量时代。要坚持统一管理、顶层设计，市场主导、政府引导，深化改革、创新发展，激励约束、多元共治的基本原则。

　　根据《意见》给出的基本原则，结合光伏发电行业和技术发展状况，未来可在如下几个方面重点开展相关工作：

　　（1）建议在法律层面进一步强化光伏发电认证工作的必要性，完善认证管理制度，促进认证能够更多地融入到国民经济、社会发展规划以及光伏产业升级和贸易政策中。

　　（2）加强认证人员队伍建设，培养建立一支素质较高的检测与认证技术队伍。尽管我国目前已有了一批检测与认证人员，但是数量还不能满足行业与市场需求，在人员素质上需要进一步培养提高。需要增补检测认证人员，采取积极措施进一步提高现有人员素质，以适应工作不断发展以及参加国家认证活动的需要。

　　（3）建立有效的认证和标准协调发展机制。加快适应检测认证工作的标准制定与修订工作，使相应领域的国家标准、行业标准等能适应认证工作的需要，尤其是在新能源发电领域，需要结合行业和技术发展状况，做出科学判断，制定能够引领新领域技术发展和行业进步的标准，为认证工作提供必要的依据。

（4）要不断充实先进的检测手段，要组织研究先进的实验技术、实验方法、检测设备。要加强认证实验机构的管理，已适应开展国内国际认证不断发展的要求。

（5）积极参加国际认证机构，参与国际认证活动，使我国检测试验机构参加到国际检测试验行列中去，为我国光伏发电产品及系统的进出口贸易服务，以维护我国的合法权益。

（6）在政治、经济体制改革不断深化过程中进一步理顺各方面关系，做到既能保证光伏发电产品质量、监督工作质量又给检测试验机构减少工作量，给企业减少负担。

（7）积极做好各项准备工作，尽快扩展光伏发电认证产品及系统的覆盖范围，建立覆盖光伏发电各环节、各应用场景的检测认证制度。

（8）加强宣贯，增强行业乃至全社会对光伏发电产品和系统的质量意识和对认证的认知采信程度。

（9）建立基础性的光伏发电认证采信信息共享平台。整合认证信息资源，建立统一权威的认证信息发布体系，对分散在各监管部门的认证信息资源进行整合。建立区域性乃至全国性的认证信息通报网络，构建统一的认证信息沟通平台，建立一个统一的认证信息管理机构，加强认证信息共享标准化建设。

附　　录

附录 1　CEPRI - B - 204 - 01/2016 光伏发电并网逆变器产品认证实施规则

1. 适用范围
本实施规则规定了光伏发电并网逆变器产品并网认证的程序与基本要求。

2. 认证依据标准
(1) GB/T 19964—2012。
(2) GB/T 29319—2012。

3. 认证模式
产品型式试验＋初始工厂检查＋获证后监督。

4. 认证单元划分
原则上，按照产品型号申请认证。相同生产者、不同生产企业生产的相同产品，或不同生产者、相同生产企业生产的相同产品，可在一个单元的样品上进行认证，其他生产企业/生产者的相同产品需按不同单元进行认证。

认证机构应依据国家认监委发布的相关规定文件，结合生产企业分类管理，在认证实施细则中明确单元划分具体要求（单元划分原则见附件 1）。

5. 认证委托
5.1　认证委托人应具备的条件
(1) 取得国家工商行政管理部门或有关机构注册登记的法人资格。
(2) 光伏发电并网逆变器产品在 6 个月内未被认证机构撤销认证证书。
(3) 不符合国家法律法规要求时，认证机构不得受理委托人的委托。

5.2　认证委托的提出与受理。认证委托人需要携带相关的文件向认证机构提出认证委托。对符合要求的认证委托，在 5 个工作日内对提交的申请文件和资料进行评审并保存评审记录。

5.3　申请资料
申请认证应提交正式申请（认证申请书），并随附以下文件：
(1) 中文使用说明书。

（2）中文铭牌和警告标记。

（3）认证委托人、生产者（制造商）、生产企业的注册证明（含营业执照、税务登记证、组织机构代码证）。

（4）光伏发电并网逆变器产品的基本信息（用于确认具体测试方案）。

（5）关键原材料生产者（制造商）和/或生产企业质量证明文件（如有）。

（6）认证委托人、生产者（制造商）、生产企业之间签订的有关协议书或合同，如 OEM 协议书，ODM 授权书等。

（7）其他需要的文件，如维修手册、配置代码等。

认证委托人按认证实施规则中申请资料清单的要求提供所需资料后，认证机构负责检查、管理、保存、保密有关资料，并将资料检查结果告知认证委托人。

5.4 实施安排

认证机构应与认证委托人约定双方在认证实施各环节中的相关责任和安排，并根据生产企业实际和分类管理情况，按照本规则的要求，确定认证实施的具体方案并告知认证委托人。

6. 认证实施

6.1 型式试验

6.1.1 型式试验方案

认证机构应在进行资料审核后制定型式试验方案，并告知认证委托人。

型式试验方案包括型式试验的全部样品要求和数量、检测标准项目、实验室信息等。型式试验对应的测试项目明细见附件 3。

6.1.2 型式试验样品要求

由申请认证企业送样进行试验，所送样品必须与申请认证的光伏发电并网逆变器型号相同。

为保证样品唯一性，需要同时提供样品编号和送检产品关键技术参数表（详见附件 4）。

6.1.3 型式试验的实施

由认证机构指定的实验室对样品进行型式试验，并对检测全过程做出完整记录并归档留存，以保证检测过程和结果的记录具有可追溯性。

6.1.4 型式试验报告

认证机构应规定统一的型式试验报告格式。型式试验报告应至少存档 5 年，其有效期应与认证周期一致。实验室及其相关人员应对做出的型式试验报告内容及检测结论正确性负责，对检测结果保密。

产品如有部分试验项目不符合标准要求，允许申请人整改后重新提交样品进行试验，整改期限不得超过 6 个月（自型式试验不合格通知之日起计算），未能按期完成整改的，视为申请人放弃申请；申请人也可主动终止申请。

型式试验结束后，实验室应及时向认证机构、认证委托人出具型式试验报告。实验报告应包含对样品与认证相关信息的描述。认证委托人应确保在获证后监督时能够向认证机构和执法机构提供完整有效的型式试验报告。

6.1.5　型式试验时限

一般情况下，型式试验周期为 15 个工作日。

因检测项目不合格，企业进行整改和重新检测的时间不计算在内，型式试验时限从收到样品及检测费用算起。

6.2　初始工厂检查

6.2.1　初始工厂检查依据

工厂检查依据附件 2 执行。

6.2.2　产品一致性检查

工厂检查时，应在生产现场对申请认证的产品按照每个制造商、每种型号产品至少抽取一件样品进行一致性检查，产品一致性检查内容包括部分试验和核实以下内容：①认证产品的铭牌和包装箱上所标明的产品名称、规格型号应与型式试验报告上所标明的一致；②认证产品的结构（主要为涉及功率元件和并网开关等与安全相关的结构）应与型式试验测试时的样机一致；③认证产品所用的对并网安全性能有影响的主要元器件应与型式试验时申报并经认证机构所确认的一致；④认证产品的保护功能软件版本、校验码、生成时间应与型式试验报告记录的内容一致。

6.2.3　初始工厂检查内容、范围和原则

初始工厂检查内容按《光伏发电并网逆变器产品认证工厂产品质量保证能力要求》进行检查。

初始工厂检查范围应覆盖申请认证的所有产品、所有加工场所。

初始工厂检查的基本原则是：以产品质量指标为核心，以进货检验—过程检验—最终检验为基本审查路线，对影响产品质量指标的关键部件和板卡进行现场确认，并对工厂的试验室条件以及资源配置情况进行现场确认。

当初始工厂检查出现不符合项时，工厂应在 40 个工作日内完成整改，认证机构采取工厂复查的方式对整改结果进行验证。未能按期完成整改的，按初始工厂检查结论不合格处理。当初始工厂检查存在严重不合格（包括质保能力和产品生产能力等）时，应直接终止。

6.2.4　初始工厂检查时间和结论

一般情况下，产品型式试验合格后，再进行初始工厂检查。产品型式试验和工厂检查也可同时进行，但需重点核查工厂检查中申请人生产产品与型式试验样品关键零部件/元器件的一致性。工厂检查原则上应在产品型式试验结束后一年内完成，否则应重新进行产品型式试验。初始工厂检查时，工厂应生产申请认证范围内的产品。

初始工厂检查的时间根据所申请认证产品的单元数量确定，并适当考虑工厂的生产规模和场所，一般为每个场所 2～4 个（人·日）。

6.2.5　初始工厂检查报告

初始工厂检查组向认证机构报告认证申请方的产品生产及质量管理情况，确认产品质量能否满足相关标准的要求。

初始工厂检查组收集现场检查和产品检验信息，提出初始工厂检查报告。

6.3　认证评价与决定

认证机构对初始工厂检查结论、型式试验结论和有关资料/信息进行综合评价，做出认证决定。对符合认证要求的，颁发认证证书，准许使用认证标识。对型式试验结论、初始工厂检查结论任一不符合认证要求的，认证机构不予批准认证申请，认证终止。

6.4　认证时限

认证时限是指自受理认证之日起至颁发认证证书止所实际发生的工作日，其中包括型式试验时间、初始工厂检查时间及提交报告时间、认证结论评定和批准时间以及证书制定时间，预计时限为50个工作日。

型式试验时间一般为一套产品15个工作日（因检测项目不合格，企业进行整改和复试的时间不计算在内）。初始工厂检查后提交报告时间一般为10个工作日，以检查员完成现场检查，收到生产厂递交的不合格纠正措施报告之日起计算。

认证结论评定、批准时间以及证书制作时间一般不超过10个工作日。

7. 获证后监督

获证后的监督包括对企业产品质量保证能力进行现场检查和对认证的产品进行抽样检验，以保证获证产品持续满足认证标准的要求。

7.1　获证后的跟踪检查

7.1.1　获证后的跟踪检查原则。认证机构应对获证产品及其生产企业实施有效的跟踪检查，以验证生产企业的质量保证能力持续符合认证要求、确保获证产品持续符合标准要求并保持与型式试验样品的一致性。

获证后的跟踪检查应在生产企业正常生产时，优先选择不通知被检查方的方式进行。对于非连续生产的产品，认证委托人应向认证机构提交相关生产计划，便于获证后的跟踪检查有效开展。

7.1.2　获证后的跟踪检查内容

跟踪检查内容包括工厂产品质量保证能力的复查＋认证产品一致性检查，必要时抽取样品送检测机构检验，采用简单随机抽样的原则。

认证机构应按照《光伏发电并网逆变器产品认证工厂产品质量保证能力要求》制定获证后监督检查要求、产品一致性检查要求、生产企业质量控制检测要求等具体内容。（具体要求见《光伏逆变器工厂检查作业指导书》）

产品一致性检查的具体测试项目，由认证机构在产品生产线末端随机抽取与认证产品同型号的样品，并根据实际情况，决定在工厂或认证机构认可的实验室重复认证测试内容，要求不小于30％测试项目，且每5年要覆盖全部测试项目。

生产企业质量控制检测要求包括例行检验和确认检验。

7.2　获证后监督的频次和时间

一般情况，从初始工厂检查之日起 12 个月内应进行一次监督审核。若发生下列情况的，可增加监督频次：

1）获证产品出现严重质量问题或用户提出严重投诉，并查实为证书持有人责任的。

2）认证单位有足够理由对获证产品与相关标准要求的符合性提出质疑时。

3）有足够信息表明产品生产厂、制造商因组织机构、生产条件、质量保证体系等变更，从而可能影响产品一致性时。

4）如企业因故不能如期接受监督检查时，须向认证机构提出申请并经批准，否则暂停认证证书的使用。

工厂监督检查时间根据获得认证产品的单元数量确定，一般为每个地点 2～4 个（人·日）。

7.3　获证后监督的记录

认证机构应当对获证后监督全过程予以记录并归档留存，以保证认证过程和结果具有可追溯性。

7.4　获证后监督检查结果

监督检查结论以报告形式在检查完成，并于结束后 3 个工作日之内由检查组提交给认证机构。监督检查结论为不通过的，检查组直接向认证机构报告。监督检查存在不符合项的，工厂应在 40 个工作日内完成整改，认证机构采取适当方式对整改结果进行验证。未能如期完成整改或者整改不通过的，按监督检查不通过处理。

7.5　获证后监督检查评价

认证机构对跟踪检查的结论和有关资料/信息进行综合评价。评价通过的，可继续保持认证证书、使用认证标志；评价不通过的，认证机构应当根据相应情形做出暂停或撤销认证证书的处理，并予以公布。

8. 认证证书

8.1　认证证书的内容

认证证书应至少包括以下内容：

（1）委托人名称、地址。

（2）产品名称、型号、规格，需要时对产品功能、特征的描述。

（3）产品商标、制造商名称、地址。

（4）产品生产厂名称、地址。

（5）认证依据的标准、技术要求。

（6）认证模式。

（7）证书编号。

（8）发证机构、发证日期和证书有效期。

（9）其他需要说明的内容。

8.2　认证证书的保持

本规则覆盖产品认证证书的有效期为 5 年。有效期内，证书的有效性依赖认证机构的获证后监督获得。

认证证书有效期届满，需要延续使用的，认证委托人应当在认证证书有效期届满前3个月重新提出认证申请。

8.3 认证证书的变更

获证组织在认证证书有效期内，有下列情形之一的，应当向认证机构申请认证证书的变更：

1）申请人、制造商或生产企业地址发生变更的，需向认证机构提交相应的变更信息，认证机构在完成相应的审核工作后，于60个工作日内换发新证书。

2）光伏发电产品关键技术参数发生变更的，认证机构需要对变更信息进行评价，由于参数变化导致的型式试验无效的部分，需要补做相应的测试项目。

3）光伏发电产品关键元器件发生变更的，认证机构需要对变更信息进行评价，对需要补做的测试项目进行补测，并且在证书附件中注明变更信息。

4）其他需要变更的情况。

换发新证书的，新证书的编号保持不变，并注明换证日期。

8.4 认证证书覆盖产品的扩展（认证范围扩大）

8.4.1 单元内扩展

持证人需要扩展已经获得认证产品单元的覆盖范围时，应从认证申请开始办理手续。原则上认证证书持有者应按照本规则6认证实施中型式试验的要求进行送样，中电赛普认证技术（北京）有限公司应核查扩展产品与原认证产品的一致性，确认原认证结果对扩展产品的有效性，包括标准版本的有效性，针对差异做补充检测或检查，并根据持证人的要求单独颁发认证证书或换发认证证书。

原则上，应以最初进行全项型式试验的认证产品为扩展评价的基础。

8.4.2 认证范围扩大

认证证书持有者增加证书认证单元覆盖范围外产品时按新认证单元申请认证，并按照本规则6认证实施中型式试验的要求进行型式试验。

一般情况下，上文所述的单元内扩展或增加认证单元不进行工厂检查，结合下次年度监督对增加产品的工厂质量保证能力及产品的一致性进行核查，此时需要对附件3中的条款3设计/开发进行审核。

8.5 认证证书的暂停、恢复、撤销和注销

认证证书的暂停、恢复、撤销和注销执行认证机构制定的《中电赛普自愿性产品认证管理规定》。

对暂时不能接受监督检查和/或监督抽样检验的持证人，认证机构应暂停其持有的认证证书。暂停时限一般不超过6个月，逾期未提出恢复申请的自动撤销认证证书。

因工厂停产等可接受的原因申请暂停认证证书的，证书暂停期限可延长至12个月。暂停期限超过12个月而未能恢复的，认证机构应撤销该认证证书。

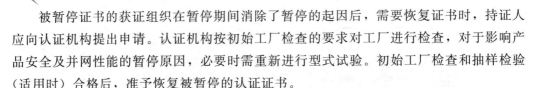

　　被暂停证书的获证组织在暂停期间消除了暂停的起因后，需要恢复证书时，持证人应向认证机构提出申请。认证机构按初始工厂检查的要求对工厂进行检查，对于影响产品安全及并网性能的暂停原因，必要时需重新进行型式试验。初始工厂检查和抽样检验（适用时）合格后，准予恢复被暂停的认证证书。

　　对拒绝接受监督检查和/或监督抽样检验、发生重大质量事故或遭受重大投诉的持证人，认证机构应撤销其持有的认证证书；监督检查结论不合格的，视监督检查不合格的程度，由认证机构决定暂停、撤销相关认证证书；未按规定使用认证证书或认证标志的，由认证机构决定撤销相关认证证书。

　　有下列情形之一的，认证机构应当注销获证组织认证证书，并对外公布：认证委托人申请注销的；认证产品停产的；其他依法应当注销的情形。

　　持证人可以向认证机构申请暂停、注销其持有的认证证书。

　　中电赛普认证技术（北京）有限公司应采取适当方式对外公告被暂停、注销、撤销的认证证书。

9. 认证证书与认证标识的使用

　　认证证书与标识的使用应遵守《中电赛普自愿性产品认证管理规定》对标识使用的要求。

　　获得产品认证的组织应当在广告、产品介绍等宣传材料中正确使用产品认证标志，可以在通过认证的产品及其包装上标注产品认证标志，但不得利用产品认证标志误导公众认为其服务、管理体系也通过了认证。

10. 收费

　　认证收费项目由认证机构和检测机构按照国家关于自愿性产品认证收费标准的规定收取。

11. 认证责任

　　证书申请者有责任如实提供有关产品的一切信息，并且对所提交的委托资料及样品的真实性、合法性负责。

　　中电赛普认证技术（北京）有限公司应对其做出的认证结论负责。

　　指定的检测机构应对其检测结果和检测报告负责。

　　中电赛普认证技术（北京）有限公司及其所委派的工厂检查员应对初始工厂检查结论负责。

附件1　光伏发电并网逆变器单元划分原则

表1　　　　　　　　　　不同类型光伏发电并网逆变器单元划分原则表

产品类型	单元划分原则	备　注
微型并网逆变器	拓扑相同，输出参数相同，关键结构相同，仅元器件规格、数量不同，可划分为一个单元	例如，两种微逆仅接线端子不同，其余相同，可划分为一个单元

续表

产品类型	单元划分原则	备　注
组串式并网逆变器	拓扑相同，输出参数相同，关键结构相同，控制方法相同，仅元器件规格、数量不同，可划分为一个单元	例如，两种组串式逆变器，内部使用了不同的滤波电感，其余相同，可划分为一个单元
集中式并网逆变器	拓扑相同，输出参数相同，关键结构相同，控制方法相同，仅元器件规格、数量不同，可划分为一个单元 对于带变压器改变输出电压的，视变压器为逆变器的一部分，不可划分为一个单元	例如，两种集中式并网逆变器，IGBT模块使用不同的品牌，其余相同，可划分为一个单元 如一个带变压器，输出 500V，另一个不带变压器，输出 380V，则不能划分为一个单元
其他类型	对于单机大于 50kW 的模块，仅模块数量不同，允许以小于 200kW 的组合划分为一个单元 对于集散式逆变器，后级逆变器输出参数相同，前级控制器数量不同，可划分为一个单元	例如，某型号逆变器以 50kW 一个模块组合，则 200kW、150kW、100kW 和 50kW 四个型号可以划分为一个单元

附件 2　光伏发电并网逆变器产品认证工厂产品质量保证能力要求

1. 职责和资源

（1）职责。工厂应规定与认证产品质量活动有关的部门和各类人员的职责及相互关系并形成文件，工厂应在组织内指定一名质量负责人，无论该成员在其他方面的职责如何，应具有以下方面的职责和权限：

1）负责建立满足本文件要求的产品工厂质量保证体系，并确保其实施和保持。

2）建立文件化的程序，确保认证标准或技术要求的执行。

3）建立文件化的程序，确保认证产品符合认证单位要求。

4）建立文件化的程序，确保认证证书和标志的妥善保管和使用。

5）建立文件化的程序，确保顾客对认证产品的投诉得到有效处理。

（2）资源。工厂应配备相应的人力资源，确保从事对光伏发电并网产品质量有影响的工作人员具备必要的能力；应配备必要的生产设备和检验设备以满足稳定生产符合认证标准产品的要求；建立并保持适宜产品生产、检验、储存等环节所需的必要环境。

2. 文件和记录

工厂应建立并保持文件化的光伏发电并网产品质量控制计划或类似文件，以及为确保产品质量控制的相关过程有效运作和控制所需要的文件。

（1）质量控制计划或文件应具备以下内容：

1）认证产品相关的法律、法规、标准或技术要求、实施方案。

2）认证产品有关的设计/开发文件、生产过程文件、采购控制文件、生产过程控制

文件和检验控制文件、标志的使用管理文件等。

3）获证产品的认证材料档案，至少应包含证书、试验报告、工厂检查报告、获证产品变更的申请和批准资料（标准、工艺、关键材料部件等）等。

（2）文件的控制。工厂应建立并保持文件化的程序以对本文件要求的文件和资料进行有效的控制。确保：

1）文件的发布和更改应由授权人批准，以确保文件的适宜性。

2）文件应保持清晰和易于识别，并控制其分发。

3）文件的修改和现行状态应得到识别，在使用处可获得适用文件的有效版本，防止作废文件的非预期使用。

（3）记录的控制。工厂应建立并保持文件化的程序，确保与光伏发电并网逆变器产品认证有关记录的标识、存储、检索和处置得到有效控制。质量记录应清晰、完整以作为产品符合规定要求的证据，质量记录应有适当的保存期限。

3. 设计/开发

工厂应对产品质量进行设计/开发策划，并在设计/开发方案或相应文件中确定产品主要质量指标并满足相应标准或技术要求。

工厂应对设计/开发结果进行评审和验证，并对其在满足顾客使用条件下进行有效确认。工厂应保存产品质量设计/开发的评审、验证和确认环节的记录，记录应能够体现主要质量指标和认证单位产品认证评价指标的实现过程和结果。

4. 采购控制

（1）供应商的控制。工厂应建立并实施文件化的程序，以实现对关键原材料供应商的选择、评定和日常管理，确保供应商具有提供满足要求的生产关键原材料的能力。工厂应保存对供应商的选择、评定和日常管理的记录。

（2）关键原材料的检验/验证。工厂应建立并实施文件化的程序，以实现对关键原材料的检验/验证及定期确认检验，确保所供材料满足认证要求。关键原材料的检验由工厂或供应商完成均可。当由供应商检验时，工厂应对供应商提出明确的检验要求。工厂应保存关键原材料的检验/验证记录、确认检验记录及供应商提供的合格证明和有关检验数据等。

5. 生产过程控制

（1）工厂应对关键和特殊生产工序进行识别，制定相应的工艺文件和作业指导书，对认证产品的生产过程进行控制，并使生产过程操作人员具备相应能力。

（2）工厂应具备满足生产需要的设备，建立并保持对生产设备进行维护保养的制度，保证工作环境满足生产需求。

（3）工厂应对适宜的过程参数和产品特性进行监控，在生产的适当阶段对产品进行检查，以确保产品及原材料与认证样品一致。

（4）工厂所进行的任何包装、搬运操作和储存环境应不影响产品符合认证用标准要求。

6. 检验程序

工厂应制定并保持文件化的检验程序，以验证产品是否满足规定的要求。检验程序中应包括检验项目、试验内容、试验方法和判定标准等，应完整保存检验记录。具体的检验要求应满足相应产品的认证规则执行。

检验程序包括进货检验、过程检验、成品检验和确认检验四个步骤；工厂应按进货检验或验证文件规定进行进货检验，检验项目和主要技术指标应满足采购技术文件的要求；工厂应规定的过程检验要求及方法对生产过程中的半成品进行检验；工厂应规定成品检验要求和方法，包括认证产品质量评价指标，并按文件规定进行成品检验，检验结果应满足规定及产品标准和认证用标准或技术要求，成品检验要求做到100％出品检验，通常检验后，除包装和加贴标签外，不再进一步加工。确认检验是为验证产品持续符合标准要求进行的抽样检验。

7. 检验/试验仪器设备

工厂应具备符合产品标准和认证用标准或技术要求的检测设备，应对检测设备的使用、管理、检定校准和存放维护实施有效管理，检验人员应经过必要的岗位培训并掌握有关产品的技术标准、检测方法及操作规程。试验环境应能充分保证检测工作的需求。

对用于成品检验和确认检验的设备，除进行日常操作检查外，还应进行运行检查。当发现运行检查结果不能满足规定要求时，应能追溯至已检测过的产品。必要时，应对这些产品重新进行检测。操作规程中应规定操作人员在发现设备功能失效时所需要采取的措施。

8. 不合格品的控制

工厂应建立和实施文件化的程序，对不合格品的标识、隔离、处置、预防和纠正措施进行控制。经返修、返工后的产品应重新检测。应保存对不合格品的处置记录。

9. 内部质量审核

工厂应建立和实施文件化的内部质量审核程序，确保质量体系运行的有效性和认证产品的一致性，并保存相关内部审核记录。对工厂的投诉尤其是对产品质量不符合标准要求的投诉，应保存记录，并作为内部审核的信息输入。对内部审核中发现的问题，应采取纠正和预防措施，并进行记录。

10. 认证产品的一致性

工厂应对生产的产品与提交认证检验合格产品的一致性进行控制，以使认证产品持续符合规定的要求。

工厂应建立关键原材料、结构等影响产品符合要求的因素的变更控制程序，认证产品的变更（可能影响与相关标准的符合性或型式试验样品的一致性）在实施前应向认证机构申报并获得批准后方可执行。

11. 投诉

工厂应确保对认证产品的投诉得到及时有效的处理，并保存处理记录。

附件3 光伏发电并网逆变器产品认证测试项目列表

表2   GB/T 19964－2012 规定的测试项目

序号	测试项目	条款号
1	有功功率控制	4.1.1
2	有功功率输出特性	4.2.1
3	功率预测	5.1
4	无功功率输出特性	6.1.2
5	无功功率控制	7.1.1
6	低电压穿越	8.1
7	电压适应性	9.1
8	电能质量	9.2
9	频率适应性	9.3
10	二次系统	12.1

表3   GB/T 29319－2012 规定的测试项目

序号	测试项目	条款号
1	无功容量和电压调节	4.1/4.2
2	启动	5.1/5.2
3	电压适应性	6.1
4	电能质量	6.2
5	频率适应性	6.3
6	低/高压保护	8.2
7	频率保护	8.3
8	防孤岛保护	8.4
9	逆功率保护	8.5
10	恢复并网	8.6
11	接地	9.1
12	电磁兼容	9.2
13	耐压要求	9.3
14	安全标示	9.4
15	电能计量	10.2/10.3

附件 4　送检产品关键技术参数表

表 4　　　　　　　　　　　　送检产品关键技术参数表

直流侧参数		系统特性参数		
直流母线启动电压 U_{dc}		整机最高效率/%		
最低直流母线电压 U_{dc}		运行自耗电/kW		
最高直流母线电压 U_{dc}		待机自耗电/W		
满载 MPPT 电压范围 U_{dc}		运行环境温度范围/℃		
最佳 MPPT 工作点电压 U_{dc}		运行环境相对湿度/%		
最大输入电流/A		满载工作最高海拔/m		
直流母线电容/μF		整机防护等级/IP		
		整机净重量/kg		
交流侧参数		人机交互界面	按键式 ☐	触摸式 ☑
额定输出功率/kW		是否具备急停功能	有 ☑	无 ☐
最大输出功率/kW		运行冷却方式	水冷 ☐	风冷 ☑
额定网侧电压/U_{ac}			自冷 ☐	其他 ☐
允许网侧电压范围/U_{ac}		外型尺寸/mm×mm×mm		
额定电网频率/Hz		（宽×高×深）		
允许电网频率范围/Hz		通信接口	RS232 ☐	RS485 ☑
交流额定输出电流/A			以太网 ☐	其他 ☐
总电流谐波畸变率/%		保护功能种类	过压保护 ☑	
			过载保护 ☑	
功率因素（超前～滞后）			短路保护 ☑	
			过热保护 ☑	
功率器件开关频率/kHz			孤岛保护 ☑	
			直流接地保护 ☑	
有无隔离变/升压变	有 ☐　无 ☑		极性反接保护 ☑	
送检产品软件版本号				
总控 DSP 软件				
液晶软件				
送检产品 PCB 板件号				
主控 PCB 板件				
采样 PCB 板件				
液晶板				
IGBT 驱动板				
驱动转接板				
光纤板				

续表

电　路　拓　扑

关键零部件清单

序号	名称	厂家/型号	数量	是否通过论证	认证标准
1	直流断路器				
2	直流 EMI				
3	直流熔断器				
4	直流母线电容				
5	功率器件				
6	滤波器电抗				
7	吸收电容				
8	滤波器电容				
9	交流 EMI				
10	交流接触器				
11	交流开关				
12	交流熔断器				
13	主散热风机				
14	水冷控制器				
15	水冷热交换器			—	
16	直流霍尔元件				
17	电流传感器				
18	交流霍尔元件				
19	直流侧防雷元件				
20	交流侧防雷元件		1		
21	隔离变压器		—	—	
22	升压变压器		—	—	
23	二次回路变压器			—	
24	开关电源				
25	直流继电器				
26	交流继电器				
27	急停按钮				
28	PFC 电感				
29	漏电流保护器				

续表

关键零部件清单				
30	人机交互接口			
31	主控制器芯片			
32				
33				
34				

送检产品的其他补充性说明	

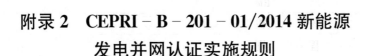

附录 2　CEPRI－B－201－01/2014 新能源发电并网认证实施规则

1. 适用范围

本实施规则规定了从事新能源发电并网认证的认证机构（以下简称认证机构）对新能源发电站的并网特性实施认证的程序与基本要求。

本实施规则适用于通过 110（66）kV 及以上电压等级线路与电力系统连接的风电场；通过 35kV 及以上电压等级并网，以及通过 10kV 电压等级与公共电网连接的光伏发电站。

2. 标准依据

GB/T 19963—2011。

GB/T 19964—2012。

3. 认证模式

现场检查＋仿真分析＋现场测试＋获证后监督。

4. 认证程序

4.1　认证申请与受理

（1）认证申请。认证委托人应具备以下条件：①取得国家工商行政管理部门或有关机构注册登记的法人资格；②新能源发电站在 6 个月内未被认证机构撤销认证证书。

（2）认证受理。认证机构应至少公开以下信息：①认证资质范围及有效期；②认证依据；③认证程序及认证收费标准；④认证机构和认证委托人的权利与义务；⑤认证机构处理申诉、投诉和争议的程序；⑥批准、保持、暂停/恢复、撤销/注销和变更认证证书的规定与程序；⑦获证组织使用认证标志、认证证书和认证机构标识或名称的要求；⑧获证组织正确宣传的要求。

（3）申请评审。对符合要求的认证委托，认证机构应在 10 个工作日内对提交的申请文件和资料进行评审并保存评审记录，以确保：①认证要求描述明确、形成文件并得到理解；②认证机构和认证委托人之间在理解上的差异得到解决；③对于申请的认证范围、认证委托人的工作场所和任何特殊要求，认证机构均有能力开展认证服务。

（4）评审结果处理。申请材料齐全、符合要求的，予以受理。对不予受理的，应当书面通知认证委托人，并说明理由。

4.2　认证文件提交与审核

（1）认证文件提交。认证机构受理认证申请后，认证委托人应按要求提交下列文件：①新能源发电站基本信息；②新能源发电站接入系统设计审查意见；③风电机组/光伏逆变器的低电压穿越能力和电网适应性测试/评估报告；④风电机组/光伏逆变器、无功补偿设备的仿真模型及说明文件；⑤新能源发电站的一次设备和二次设备信息；⑥其他相关材料。

（2）认证文件审核。认证机构对认证委托人提交的认证文件进行审核，若认证文件齐全，能满足认证过程需要，则认证机构开展认证工作；否则应要求认证委托人修改或补齐认证文件。

认证委托人应对认证文件的真实性负责。

4.3 现场检查

现场检查内容至少应包括：

（1）新能源发电站的容量、一次主接线图等基本信息核查。

（2）风电机组/光伏逆变器、无功补偿设备、变压器、接地系统等主要一次设备核查。

（3）有功功率控制系统、功率预测系统、无功电压控制系统、继电保护及安全自动装置、调度自动化、通信系统等主要二次设备核查。

（4）其他信息核查。

审核组在现场检查结束后向认证机构报告检查结论。现场检查存在不符合项时，受审核方应在认证机构规定的期限内完成整改，认证机构采取适当方式对整改结果进行验证，未能按期完成整改的，按现场检查结论不合格处理，认证终止。

4.4 仿真分析

（1）模型要求：①应在电力系统仿真软件中建立新能源发电站的详细仿真模型，包含风电机组/光伏逆变器、变压器、无功补偿设备、集电线路、外部电网等；②风电机组/光伏逆变器、无功补偿设备应采用通过验证的仿真模型；③外部电网模型可采用等效模型，模型参数至少包括短路容量和电网等效阻抗。

（2）仿真内容：认证机构利用新能源发电站仿真模型开展新能源发电站稳态仿真和暂态仿真。

1）稳态仿真。进行新能源发电站稳态仿真时，应从以下两种运行方式中选择对电压稳定最不利的情况进行计算分析。

正常运行方式包括按照负荷曲线以及季节变化出现的水电大发、火电大发、最大或最小负荷、最小开机和抽水蓄能运行工况等可能出现的运行方式。

特殊运行方式是主干线路、重要联络变压器等设备检修及其他对系统安全稳定运行影响较为严重的方式。

稳态仿真的内容包括无功/电压特性分析和静态安全分析。

2）暂态仿真。当新能源发电站内的每台风电机组/光伏逆变器在额定功率和 20% P_n 运行工况时，对新能源发电站进行仿真。

故障点应设置在并网点处，故障类型包括三相短路故障、两相短路故障和单相接地短路故障。风电场和光伏发电站并网点电压跌落规格见表1和表2。

审核组向认证机构报告仿真分析结论。仿真分析结论存在不符合项时，受审核方应在认证机构规定的期限内完成整改，认证机构采取适当方式对整改结果进行验证，未能按期完成整改的，按仿真分析结论不合格处理，认证终止。

表 1　　　　　　　　　　　　风电场并网点电压跌落规格

规格	残压幅值/p. u.	故障持续时间/ms
1	0.85～0.90	2000
2	0.75±0.05	1705
3	0.50±0.05	1214
4	0.35±0.05	920
5	0.20±0.05	625

表 2　　　　　　　　　　　　光伏发电站并网点电压跌落规格

规　格	残压幅值/p. u.	故障持续时间/ms
1	0.80±0.05	1804
2	0.60±0.05	1410
3	0.40±0.05	1017
4	0.20±0.05	625
5	0～0.05	150

4.5　并网评定

认证机构依据现场检查和仿真分析的结论对新能源发电站的并网特性进行并网评定。新能源发电站通过并网评定后，认证机构将并网评定结果书面通知认证委托人。

4.6　现场测试

（1）测试条件。测试期间风电场 95% 以上的风电机组可正常运行，光伏电站实际运行容量应大于峰值容量的 95%。

测试期间，影响新能源发电站并网特性的电气设备状况不应发生变化。

（2）测试项目。新能源发电站现场测试项目包括电能质量测试、有功功率测试、无功功率测试和无功补偿设备性能测试。

1）电能质量测试内容包括闪变、谐波和间谐波。

2）有功功率测试包括有功功率设定值运行能力测试和有功功率变化测试。有功功率设定值运行能力测试时，设定新能源发电站在某一时间段内的有功功率输出值，在输出功率大于 $75\%P_n$ 时测试新能源发电站跟踪设定值运行的能力。

有功功率变化测试时，应分别测试新能源发电站在正常运行、正常启动及正常停机时的有功功率变化情况，测试结果包括 1min 有功功率变化和 10min 有功功率变化。

3）无功功率测试包括无功容量测试和无功电压调节能力测试。无功容量测试时，应新能源发电站容性无功容量极限、感性无功容量极限。

无功电压调节能力测试时，应在如下两项中选择一项进行测试，测试新能源发电站对并网点电压调节、保持的能力：①测试新能源发电站调节并保持并网点电压在调度运行方式要求的电压上、下限值之间的能力；②测试新能源发电站调节并保持并网点高压侧母线电压在 97%～107% 标称电压的能力。

4）无功补偿设备性能测试至少应测试无功补偿设备的动态响应特性、无功调节能力、电压调节能力、功率因素调节能力、控制模式切换能力等，同一新能源发电站升压站内装有多套无功补偿装置的，还应测试无功补偿装置之间协调控制特性。

4.7 测试评审

认证机构依据测试数据计算新能源发电站的电能质量、有功/无功特性、无功补偿设备性能的测试结果，并对测试结果与认证依据标准的符合性进行评定，现场测试结果存在不符合项时，受审核方应在认证机构规定的期限内完成整改，认证机构采取适当方式对整改结果进行验证。未能按期完成整改的，按现场测试结论不合格处理，认证终止。

4.8 认证决定

（1）认证决定。新能源发电站的所有审核内容均符合本规则和认证依据标准的要求时，认证机构向认证委托人颁发认证证书，否则不予颁发认证证书。

（2）申诉。认证委托人如对认证决定结果有异议，可在 30 个工作日内向认证机构申诉，认证机构自收到申诉之日起，应在 60 个工作日内进行处理，并将处理结果书面通知认证委托人。

认证委托人如认为认证机构的行为严重侵害了自身合法权益，可以直接向认证监管部门申诉。

4.9 获证后监督与再认证

（1）认证证书有效期为 5 年。

（2）在证书有效期内，认证机构对获组织每年至少开展一次监督审核，内容包括但不限于发电站的一次、二次设备运行情况、主要参数等。

（3）当出现特殊情况时，认证组织可对获证组织开展不定期监督。

（4）当发电站的结构、设备及参数发生变化时，认证委托人需要及时将变化内容提交至认证机构，认证机构视变化情况对部分项目重新认证。

（5）证书到期前 8 个月，认证委托人可向认证机构提交再认证申请。再认证可与证书有效期最后一年的监督审核合并。

5. 认证证书

5.1 认证证书的变更

获证组织在认证证书有效期内，有下列情形之一的，应当向认证机构申请认证证书的变更：

（1）新能源发电站的名称或者法人发生变更的。

（2）新能源发电站内的主要电气部件发生变更的。

（3）其他需要变更的情况。

5.2 认证证书的注销

有下列情形之一的，认证机构应当注销获证组织认证证书，并对外公布：

（1）认证证书有效期届满前，未申请证书顺延的。

（2）新能源发电站不再并网发电的。

（3）认证委托人申请注销的。

（4）其他依法应当注销的情形。

5.3　认证证书的暂停

有下列情形之一的，认证机构应当暂停认证证书，并对外公布：

（1）未按规定使用认证证书或认证标志的。

（2）出现重大电力安全事故的。

（3）监督审核结果证明获证组织不符合认证实施规则或相关标准要求的。

（4）故意隐瞒发电站的结构、设备及参数变化的。

（5）无正当理由不接受认证机构正常监督审核的。

（6）其他需要暂停认证证书的情形。

5.4　认证证书的撤销

有下列情况之一的，认证机构应当撤销认证证书，并对外公布：

（1）采取不正当手段获取认证证书的。

（2）认证证书暂停期间，获证组织未采取有效纠正和或纠正措施的。

（3）认证委托人/获证组织违规使用认证证书、认证标志，情节严重的。

（4）其他需要撤销认证证书的。

5.5　认证证书的恢复

被暂停证书的获证组织在暂停期间消除了暂停的起因并经认证机构确认后，方可恢复认证证书。获证组织应至少在暂停期满前 60 天内向认证机构提出恢复认证申请。

6. 认证证书与认证标志的使用

认证证书和认证标志的使用应当符合国家相关规定。

7. 收费

认证机构根据相关规定收取认证费用。